21世纪高等职业教育计算机技术规划教材

计算机应用基础

左伟志 罗玮 唐永军 主 编
肖莉贞 王成 黄承明 副主编
赵琼 主 审

U0874322

人 民 邮 电 出 版 社
北 京

图书在版编目（C I P）数据

计算机应用基础 / 左伟志，罗玮，唐永军主编. --
北京 ： 人民邮电出版社，2018.9（2021.9重印）
21世纪高等职业教育计算机技术规划教材
ISBN 978-7-115-49075-9

Ⅰ. ①计… Ⅱ. ①左… ②罗… ③唐… Ⅲ. ①电子计
算机－高等职业教育－教材 Ⅳ. ①TP3

中国版本图书馆CIP数据核字(2018)第175465号

内 容 提 要

本书是根据教育部最新制订的《高职高专教育计算机公共基础课程教学基本要求》和《全国计算机等级考试考试大纲（2018 年版）》文件精神，结合高职高专院校在校学生的学习特点编写而成的。

本书系统介绍了认识计算机、Windows 7 操作系统、Internet 应用、Word 2010 文字处理、Excel 2010 电子表格、PowerPoint 2010 演示文稿 6 个项目，其中的工作任务都是经过精心挑选和组织的，具有很强的针对性、实用性和可操作性。

本书可作为高职高专院校“计算机应用基础”等课程的教材，也可供参加全国计算机等级考试（一级）的人员自学和参考。

◆ 主　　编　左伟志　罗　玮　唐永军
副 主 编　肖莉贞　王　成　黄承明
主　　审　赵　琼
责任编辑　王亚娜
责任印制　焦志炜

◆ 人民邮电出版社出版发行　　北京市丰台区成寿寺路 11 号
邮编　100164　　电子邮件　315@ptpress.com.cn
网址　http://www.ptpress.com.cn
北京市艺辉印刷有限公司印刷

◆ 开本：787×1092　1/16
印张：16　　　　2018 年 9 月第 1 版
字数：397 千字　　　　2021 年 9 月北京第 7 次印刷

定价：45.00 元

读者服务热线：(010) 81055256　印装质量热线：(010) 81055316
反盗版热线：(010) 81055315
广告经营许可证：京东市监广登字 20170147 号

本书编委会

主　　编：左伟志　罗　玮　唐永军

副 主 编：肖莉贞　王　成　黄承明

编　　委：（按姓氏笔画排序）

王一军　尹　魁　邓　磊

匡孟秋　刘春晖　全海燕

张小寒　陈泰峰　李雪军

李增福　周扬帆　段辉军

洪新军　陶　军　彭之澍

谢　超　廖洪富

前　言

现代计算机技术已经渗透到人类社会的各个领域，改变了人们的工作、学习和生活方式。计算机应用能力也已成为人们求职所必备的基本能力，同时各类职业资格考试对计算机应用水平都有考核要求，因此提高大学生的计算机知识水平和操作能力，已成为高等职业教育的重要任务之一。

本书作为高职院校优秀精品资源共享课程的研究成果，内容、体系经过多年的教学实践检验。本书编写坚持“理论知识够用、突出实践操作”的原则，全书以项目为线索组织编写，每个项目通过几个典型工作任务组织实施，强调工作场景、工作过程、职业道德等，并注重构建完整的知识结构体系，力求理论与实践相统一，典型工作任务与教学目标相一致，课程学习与计算机考证无缝衔接。

本书主要介绍了 Windows 7 操作系统和 Office 2010 办公软件的操作方法和应用技巧。全书采用工作任务的方式开展教学，尤其注重提升学生的实践操作技能。为方便读者学习，本书每个任务实施的关键操作均制作了微课视频。

本书的任务采取了“任务描述—操作要点—任务实施—拓展训练—知识链接”的结构进行组织，将课程考核目标完全融入精心设计的典型工作任务，使学生可以边学习、边实践、边思考、边总结，增强学生处理类似问题的能力，积累工作经验，养成良好的工作习惯。任务描述至任务实施部分设计典型工作任务并提供完整、清晰的解决方案；拓展训练部分对任务进行了扩展和补充，使学有余力者可以进一步掌握计算机的应用技巧，引导学生逐步建立自主学习、终身学习的意识；知识链接部分是对任务中所涉及知识点的说明、归纳与总结，以求构建知识的体系性与完整性；每个项目最后还安排了课外训练，通过课外训练，帮助学生巩固所学的知识与技能，对学习成果予以评价，并为后续学习做好必要的准备。

本书由左伟志、罗玮、唐永军主编，参与编写的人员都是“计算机应用基础”精品资源共享课程的建设者，有着丰富的教学实践经验，且多年来一直致力于计算机基础教学的研究与教改实践。本书在编写过程中借鉴了许多优秀教材的成功经验，参考了大量计算机专业教师的建议，也听取了其他专业教师以及信息处理行家的宝贵意见，在此表示感谢。

为了便于教学与学习，本书配有 PPT 教案、教学素材等内容，如有需要，可与编者联系（E-mail：hycgyxgx@126.com）。

限于编者水平，加之计算机应用技术发展迅速，书中难免存在疏漏和不足之处，恳请读者批评指正。

编　者

2018 年 6 月

目　　录

项目一

认识计算机

教学目标

- 了解计算机的发展历程、分类及特点。
- 掌握数据在计算机中的表示。
- 掌握计算机系统的组成及配置。

教学内容

- 计算机的发展及特点。
- 计算机中数据的表示。
- 计算机系统的组成及配置。

21 世纪以来，计算机得到了高速发展和普及，广泛应用于国防、航天、工业、教育、娱乐等各个领域。计算机已经成为我们生活的亲密助手，为了更好地使用计算机，我们先来简单了解一下计算机。

本项目通过典型任务，主要介绍了计算机的发展、分类及特点、计算机中数据的表示、计算机的组成及配置。通过学习，大家应该了解计算机的发展历程、未来计算机的发展趋势，了解计算机中的数据是如何表示的以及数制的转换，并掌握计算机的基本组成以及如何选配一台个人计算机。

任务 1　计算机的发展及特点

【任务描述】

世界上第一台电子数字积分计算机（Electronic Numerical Integrator And Computer，ENIAC）是一个庞然大物，由莫克利教授和埃克特工程师研制，如图 1-1 所示，它重达 30 多吨，占地 167m^2，投资金额高达 140 万美元。这样一台“巨大”的计算机器每秒可进行 5 000 次加减运算。

我们生活中的个人计算机由主机、显示器、键盘、鼠标等组成。台式计算机和笔记本电脑的外观如图 1-2 所示，其中主机内部包括主板、内存、硬盘、显卡、声卡、电源等。

任务要求：

- 认识计算机。
- 了解计算机的发展、分类、特点。

ENIAC

莫克利与埃克特

图 1-1　ENIAC 与其研制人员

图 1-2　台式计算机和笔记本电脑外观图

【操作要点】

- 计算机发展阶段划分的依据。
- 计算机分类的标准。

【任务实施】

1. 了解计算机的发展

1889 年，美国科学家赫尔曼 • 何乐礼研制出以电力为基础的电动制表机，用以存储计算资料。

1930 年，美国科学家范内瓦 • 布什造出了世界上首台模拟电子计算机。

1946 年 2 月，世界上第一台计算机（ENIAC）在美国宾夕法尼亚大学诞生，开创了计算机科学的新纪元。

在计算机发展史上，美籍匈牙利数学家冯 • 诺依曼提出了“存储程序、程序控制”的计算机解决方案，今天的计算机基本结构仍采用冯 • 诺依曼提出的原理和思想，因此人们称符合这种设计原理的计算机为冯 • 诺依曼计算机。

根据计算机使用的电子元器件不同，计算机的发展大致可分为 4 代（见表 1-1）。

表 1-1　计算机发展的 4 代

	时间	主要电子元件	技术特点与应用领域
第 1 代	1946—1957 年	电子管	体积大，速度低，耗电量大，存储容量小，使用机器语言和汇编语言；主要应用于科学和工程计算
第 2 代	1958—1964 年	晶体管	体积减小，耗电量较少，运算速度提高，价格下降，使用高级语言；除科学计算外，还应用于数据处理、实时控制等领域

续表

	时间	主要电子元件	技术特点与应用领域
第 3 代	1965—1971 年	中小规模集成电路	体积、功耗进一步减少，可靠性进一步提高；应用范围扩大到企业管理、辅助设计等领域
第 4 代	1972 年至今	大规模、超大规模集成电路	性能大幅度提高，价格大幅度下降；广泛应用于社会生活的各个领域

我国从 1956 年开始研制计算机，1958 年第一台电子管计算机 103 机研制成功，多年来我国在计算机领域不断取得重大成功。尤其是最近几年，我国的计算机发展更是日新月异：2008 年 8 月，我国自主研发制造的百万亿次超级计算机“曙光 5000”获得成功；2010 年 9 月，我国首台千万亿次超级计算机“天河一号”开始进行系统调试与测试；2013 年 6 月 17 日，由国防科技大学研制的“天河二号”超级计算机以峰值计算速度每秒 54 902.4 万亿亿次、持续计算速度每秒 33 862.7 万亿次双精度浮点运算的优异成绩，获得世界超级计算机 500 强的榜首，比第二名美国的泰坦快了一倍。我国近年来正在加大对于高性能超级计算机芯片和超级计算机的投入。“神威 · 太湖之光”超级计算机（见图 1-3）标志着中国高性能计算技术发展的又一个里程碑。

图 1-3 “神威 · 太湖之光”超级计算机

2. 了解计算机的分类

计算机的种类很多，可以从不同的角度对计算机进行分类。计算机按照原理可分为数字式电子计算机、模拟式电子计算机和混合式电子计算机；按照用途可分为通用计算机和专用计算机；按照性能可分为巨型机、大型机、小型机、工作站和微型计算机。

（1）巨型机

巨型机又称超级计算机，它是性能最高、功能最强，具有巨大数字计算能力和数据信息处理能力的计算机，其浮点运算速度已达每秒亿亿次。2017 年公布的全球巨型计算机 500 强榜单中，我国的“神威 · 太湖之光”超级计算机以每秒 12.5 亿亿次的峰值计算能力以及每秒 9.3 亿亿次的持续计算能力，再次蝉联第一名，“天河二号”位居第二名。

（2）大型机

大型机是计算机中通用性能和功能都很强的计算机，其运算速度为每秒几百万次到几亿次，字长为 32～64 位，内存一般为 1GB 以上，一般在大企业、银行、高校、科研院所等单位使用。

（3）小型机

小型机结构简单，价格较低，使用和维护方便，备受中小企业欢迎。20 世纪 70 年代开始出现小型机热，到 80 年代，其市场份额已超过了大型机。

（4）工作站

工作站是一种新型的计算机系统。工作站的特点是联网容易，内存容量也较大，具有较强的网络通信功能和较高的运算速度，并且兼有微型计算机操作便利、人机界面良好的优点。工作站最突出的特点是具有很强的图形交互能力，因此在计算机辅助设计（Computer Aided Design，CAD）、图像处理和三维动画等领域得到广泛应用。

（5）微型计算机

微型计算机简称微机，是目前发展最快、应用最广泛的一种计算机。它以技术先进、软件丰富、功能齐全、价格低廉等优势得到广大用户的认可，因而快速推动了计算机的普及应用。现在常见的微机除了台式计算机、笔记本电脑，还有掌上型电脑、手表型电脑等。

3．了解计算机的特点

（1）运算速度快

计算机的运算器是由一些数字逻辑电路构成的，由于电子速度非常快，所以计算机是一种高速计算工具，每秒能进行数万亿次运算，使许多过去无法处理的问题都得以解决。例如，气象预报需要分析大量资料，若手工计算需要数十天才能完成，而利用计算机的快速运算能力，十几分钟就能计算出一个地区内数天的气象状况。

（2）计算精度高

由于计算机采用二进制数字运算，其计算精度随着二进制数字的位数增加而提高，再加上计算机是自动运行，能有效避免了人为误差。

（3）存储能力强

计算机中拥有容量很大的存储设备，可以存储和“记忆”大量的文字、图像、声音等信息。例如，一台计算机能将一个中等规模的图书馆的全部图书资料信息存储起来，方便人们查找和管理。

（4）逻辑判断能力

计算机不仅能进行算术运算和逻辑运算，而且能对文字和符号进行判断或比较，还能进行逻辑推理和定理证明。

（5）自动运行能力

计算机是一个自动化电子装置，在工作过程中无须人工干预，能自动执行存放在存储器中的程序。人们将事先要完成的事情编成程序输入计算机，计算机就会自动发出运行命令并运行。

【拓展训练】

1. 列举出我们身边存在的计算机种类。
2. 谈谈计算机在生活中给我们带来的好处。

任务 2 计算机中数据的表示

【任务描述】

计算机的基本功能是对数据进行运算和加工处理，计算机中的数据分为两大类：一类是数值数据，如−57、248.65 等；另一类是非数值数据，如图像、文字、音频信号等。

计算机中常用的数制有二进制、八进制、十进制和十六进制。

任务要求：

- 了解数制的概念。
- 掌握常用数制之间的转换。
- 掌握位、字节、字和字长的概念及信息单位的换算方法。
- 了解计算机中的字符编码。

【操作要点】

- 二进制、八进制、十进制和十六进制的表示。
- 数制之间的相互转换。
- 信息单位的换算。
- 字符编码的表示。

【任务实施】

1. 了解数制的概念

数制是用一组固定的数字符号和一套统一的规则来表示数目的方法。若用 R 个基本符号来表示数目，则称为 R 进制，R 称为基数。例如，二进制的基数为 2，数符有 2 个（0 和 1）；十进制的基数为 10，数符有 10 个（0 到 9）。

按进位的原则进行计算称为进位计数制。进位计数制中有两个重要的概念：基数和位权。

基数是指用来表示数据的数码的个数，超过（等于）此数后就要向相邻高位进一。同一数码处在数据的不同位置时所代表的数值是不同的，它所代表的实际值等于数字本身的值乘上一个确定的与位置有关的系数，这个系数则称为位权，位权是以基数为底的指数函数。例如，$128.9=1\times10^2+2\times10^1+8\times10^0+9\times10^{-1}$，即 128.9 这个数值中的 1 的权值是 10^2，9 的权值就是 10^{-1}。

在计算机中常用的进位计数制有二进制、八进制、十进制和十六进制。在日常生活中，通常使用十进制表示法，而计算机内部采用的是二进制表示法，有时为了简化二进制数据的书写，也采用八进制和十六进制表示法。为了区别不同进制的数据，可在数的右下角标注，一般用 B（Binary）或 2 表示二进制数，用 O（Octal）或 8 表示八进制数，用 H（Hexadecimal）或 16 表示十六进制数，用 D（Decimal）或 10 表示十进制。在本书中用字母 B、O、H、D 表示法，如果省略进制字母，则默认为十进制数。

（1）二进制数

二进制用 0 和 1 两个数字表示，逢二进一，其运算规则如表 1-2 所示。

表 1-2　二进制数运算规则

加法	乘法
0+0=0	0×0=0
0+1=1	0×1=0
1+0=1	1×0=0
1+1=10	1×1=1

课堂练习：

① 计算 $(11011)_2+(10010)_2$ 的结果。

② 计算 $(11010)_2-(10110)_2$ 的结果。

③ 计算 $(10010)_2 \times (10100)_2$ 的结果。

表示方法：$(11011)_2$ 或 11011B。

权表示法：$(11011)_2 = 1\times2^4 + 1\times2^3 + 0\times2^2 + 1\times2^1 + 1\times2^0$ 。

（2）八进制数

八进制用 0、1、2、3、4、5、6、7 共 8 个数字表示，逢八进一。

表示方法：$(4127)_8$ 或 41270。

权表示法：$(4127)_8 = 4\times8^3 + 1\times8^2 + 2\times8^1 + 7\times8^0$ 。

（3）十进制数

十进制用 0、1、2、3、4、5、6、7、8、9 共 10 个数字表示，逢十进一。

表示方法：$(4927)_{10}$ 或 4927D。

权表示法：$(4927)_{10} = 4\times10^3 + 9\times10^2 + 2\times10^1 + 7\times10^0$ 。

（4）十六进制数

十六进制用 0、1、…、9、A、B、C、D、E、F 共 16 个数字表示，逢十六进一。

表示方法：$(5A0D8)_{16}$ 或 5A0D8H。

权表示法：$(5A0D8)_{16} = 5\times16^4 + 10\times16^3 + 0\times16^2 + 13\times16^1 + 8\times16^0$ 。

2．掌握常用数制之间的转换

在各种进制数之间进行转换，需要掌握转换的方法和规则，为了便于理解，将进制的转换分成“二进制、八进制、十六进制之间的转换”和“二进制、八进制、十六进制与十进制之间的转换”两类。

（1）二进制、八进制、十六进制之间的转换

① 二进制数转换为八进制数、十六进制数

由于 $8^1=2^3$（八进制数的一位等于二进制数的 3 位）、$16^1=2^4$（十六进制数的一位等于二进制数的 4 位）的关系，它们之间的转换就变得很简单。二进制数转换为八进制数、十六进制数的转换规则是以小数点为中心，左右“按位组合”，前后不够则补 0，即八进制是按 3 位组合，十六进制是按 4 位组合。

例 1.1 把二进制 $(11111110.01111)_2$ 转换为八进制数和十六进制数。

$(11111110.01111)_2 = (011,111,110.011,110)_2 = (376.36)_8$

$(11111110.01111)_2 = (1111,1110.0111,1000)_2 = (FE.78)_{16}$

课堂练习：把二进制 $(10110110.1011)_2$ 转换为八进制数和十六进制数。

② 八进制数、十六进制数转换为二进制数

八进制数、十六进制数转换为二进制数的转换规则仍是以小数点为中心，“按位展开”（八进制数的一位等于二进制数的 3 位、十六进制数的一位等于二进制数的 4 位），最后去掉前后的 0。

例 1.2 把 $(376.36)_8$ 、$(FE.78)_{16}$ 转换为二进制数。

$(376.36)_8 = (011,111,110.011,110) = (11111110.01111)_2$

$(FE.78)_{16} = (1111,1110.0111,1000)_2 = (11111110.01111)_2$

课堂练习：把 $(456.72)_8$ 、$(CDAB)_{16}$ 转换为二进制数。

（2）二进制、八进制、十六进制与十进制之间的转换

① 二进制数、八进制数、十六进制数转换为十进制数

二进制数、八进制数、十六进制数转换为十进制数的转换规则相同，都是“按权展开相加”，同十进制的展开一样，只是其权位不同而已。

例 1.3 把$(101.01)_2$、$(257)_8$、$(32CF.4)_{16}$转换为十进制数。

$(101.01)_2 = 1\times2^2 + 0\times2^1 + 1\times2^0 + 0\times2^{-1} + 1\times2^{-2} = (5.25)_{10} = 5.25$

$(257)_8 = 2\times8^2 + 5\times8^1 + 7\times8^0 = (175)_{10} = 175$

$(32CF.4)_{16} = 3\times16^3 + 2\times16^2 + 12\times16^1 + 15\times16^0 + 4\times16^{-1} = (13007.25)_{10} = 13007.25$

课堂练习：把$(101101)_2$、$(27.6)_8$、$(14DE.3)_{16}$转换为十进制数。

② 十进制数转换为二进制数、八进制数、十六进制数

前面已讲了二进制、八进制、十六进制之间的转换，当将十进制数转换成八进制数、十六进制数时，可以将二进制数作为一个桥梁，这里只介绍十进制数转换成二进制数。十进制数转换成二进制数分两种情况进行：整数部分和小数部分，具体规则如下。

W1.2.1 数制转换

整数部分：除 2 取余倒排，即采用除 2 取余，直到商为 0，先得的余数排在低位，后得的余数排在高位。

小数部分：乘 2 取整顺排，即采用乘 2 取整数，直到值为 0 或达到精度要求，先得的整数排在高位，后得的整数排在低位。

例 1.4 把$(43.625)_{10}$转换为二进制数。

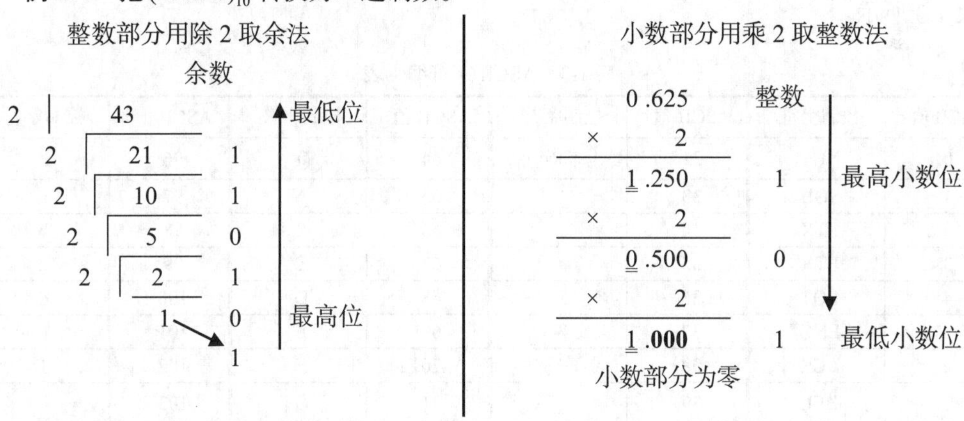

$(43.625)_{10} = (101011.101)_2$

课堂练习：将$(38.24)_{10}$转换成二进制数。

3．掌握位、字节、字和字长

计算机中的信息是用二进制表示的，反映这些二进制信息的量有位、字长、字节、字等指标。

（1）位或比特

计算机中的存储信息是由许多个电子线路单元组成的，每一个单元称为一个“位”（bit），它有两个稳定的工作状态，分别以 0 和 1 表示。位是计算机中最小的数据单位。两个二进制可表示 4 种状态 00、01、10、11。n 个二进制位可以表示 2^n 种状态。

（2）字节

在计算机中，8 位二进制数称为一个“字节”（byte，简写为 B），构成一个字节的 8 个位被看作一个整体。它是计算机存储信息的基本单位，同时它也是计算机存储空间大小的最基本容量单位。字节又是衡量计算机存储二进制信息量的单位，有千字节（KB）、兆字节（MB）、吉字节（GB）和太字节（TB）。

1B=8bit

1KB=1 024B=2^{10}B　　　　1MB=1 024KB=2^{20}B

$1GB=1\,024MB=2^{30}B$　　　　$1TB=1\,024GB=2^{40}B$

（3）字

若干个字节组成一个“字”（word）。一个“字”可以存放一条计算机指令或一个数据。

（4）字长

计算机内每个字可包含的二进制的长度称为“字长”。它是计算机存储、传送和处理数据的信息单位，是衡量和比较计算机的功能精确度及运算速度的主要性能指标之一。字长越长，在相同时间内就能传送越多的信息，从而使计算机运算速度更快、精度越高、寻址空间越大、内存储器容量更大，计算机系统支持的指令数量也越多。低档微机的字长为 8 位（一个字节），高档微机的字长有 16 位、32 位等。

4．了解计算机中字符的编码

在计算机中对非数值信息（如文字、符号、图形、图像、语音和音乐等）进行处理时，先要对这些非数值信息进行数值化处理。西文是由拉丁字母、数字、标点符号及一些特殊符号所组成的，它们统称为字符，所有字符的集合称为字符集。字符集中每一个字符都有一个二进制的编码，因此构成了字符集的编码表。目前计算机中使用得最广泛的西文字符集及其编码是美国标准信息交换代码（American Standard Code for Information Interchange，ASCII），如表 1-3 所示。

表 1-3　ASCII 字符编码表

ASCII 值	控制字符	ASCII 值	控制字符	ASCII 值	控制字符	ASCII 值	控制字符
0	NUT	32	（space）	64	@	96	、
1	SOH	33	!	65	A	97	a
2	STX	34	"	66	B	98	b
3	ETX	35	#	67	C	99	c
4	EOT	36	$	68	D	100	d
5	ENQ	37	%	69	E	101	e
6	ACK	38	&	70	F	102	f
7	BEL	39	,	71	G	103	g
8	BS	40	(	72	H	104	h
9	HT	41	)	73	I	105	i
10	LF	42	*	74	J	106	j
11	VT	43	+	75	K	107	k
12	FF	44	,	76	L	108	l
13	CR	45	-	77	M	109	m
14	SO	46	.	78	N	110	n
15	SI	47	/	79	O	111	o
16	DLE	48	0	80	P	112	p
17	DCI	49	1	81	Q	113	q
18	DC2	50	2	82	R	114	r
19	DC3	51	3	83	S	115	s
20	DC4	52	4	84	T	116	t
21	NAK	53	5	85	U	117	u
22	SYN	54	6	86	V	118	v
23	TB	55	7	87	W	119	w
24	CAN	56	8	88	X	120	x
25	EM	57	9	89	Y	121	y

续表

ASCII 值	控制字符	ASCII 值	控制字符	ASCII 值	控制字符	ASCII 值	控制字符
26	SUB	58	:	90	Z	122	z
27	ESC	59	;	91	[	123	{
28	FS	60	<	92	/	124	|
29	GS	61	=	93	]	125	}
30	RS	62	>	94	^	126	`
31	US	63	?	95	_	127	DEL

汉字也是字符，与西文字符相比，汉字数量大，字形复杂，同音字多，这就给汉字在计算机中的输入、输出、存储和传输带来一系列问题。为了能直接使用西文标准键盘输入汉字，必须为汉字设计相应的编码。

（1）汉字字符集

常用的汉字字符集有以下几种。

GB2312 编码：1981 年 5 月 1 日发布的简体中文汉字编码国家标准。GB2312 对汉字采用双字节编码，收录 7 445 个图形字符，其中包括 6 763 个汉字。

GBK 编码：1995 年 12 月发布的汉字编码国家标准，是对 GB2312 编码的扩充，对汉字采用双字节编码。GBK 字符集共收录 21 003 个汉字，包含国家标准 GB13000.1 中的全部中日韩汉字，和 BIG5 编码中的所有汉字。

Unicode 编码：国际标准字符集，它将世界各种语言的每个字符定义一个唯一的编码，以满足跨语言、跨平台的文本信息转换。Unicode 字符集有多个编码方式，分别是 UTF-8、UTF-16、UTF-32 和 UTF-7。

（2）汉字编码

① 汉字输入码

汉字字符比西文字符量大且复杂，给计算机处理带来了困难。汉字处理技术首先要解决的是汉字输入、输出及计算机内部的编码问题。根据汉字处理过程中的不同要求，有多种编码形式，主要可分为 4 类：汉字输入码、汉字交换码、汉字机内码和汉字字形码。

② 汉字区位码

将 GB2312 字符集放置在一个 94 行、94 列的方阵中，方阵的每一行称为汉字的一个“区”，区号范围是 1～94，方阵的每一列称为汉字的一个“位”，位号范围是 1～94。这样，汉字在方阵中的位置可以用它的区号和位号来确定，将区号和位号组合起来就得到该汉字的区位码。区位码用 4 位数字编码，前两位是区号，后两位是位号。例如，汉字“啊”在 16 区 01 位，其区位码就是 1601。

③ 汉字国标码

每一个汉字和字符与区位码都是一一对应的，而两个字节均从 21H 开始的编码称为汉字信息交换码，简称国标码，这样就存在区位码和国标码之间的转换问题，方法很简单：将一个汉字的十进制区号和十进制位号分别转换成十六进制数，然后分别加上 20H，就成为此汉字的国标码，即字符的国标码=字符的区位码+2020H。

例如，汉字“啊”的区位码为 1601，用十六进制表示为 1001H，则国标码= 1001H+2020H=3021H。

④ 汉字机内码

为解决如何在计算机内部表示汉字与西文的问题，引进了汉字机内码。目前计算机采用的汉字内码绝大部分采用“高位为 1 的两字节码”，即把某汉字的国标码的第一、二字节的最高位均置 1，就是该汉字的机内码（简称内码），即机内码=汉字国标码+8080H。

例如，汉字“啊”的国标码为 3021H，则其机内码为 3021H+8080H=BOAIH。

综上所述，汉字区位码、国标码和机内码之间的关系为

国标码=区位码+2020H

机内码=国标码+8080H

课堂练习：已知汉字“中”的区位码为 5448，计算其国标码和机内码各是多少。

⑤ 汉字字形码

汉字字形码是指在显示或打印输出汉字时产生的字形，该种编码是通过点阵形式产生的。不论汉字的笔画多少，都可以在同样大小的方块中书写，从而把方块分割为许多小方块，组成一个点阵，每个小方块就是点阵中的一个点，即二进制的一个位。每个点由 0 和 1 表示“白”和“黑”两种颜色。这样就得到了字模点阵的汉字字形码。

【拓展训练】

1. 把二进制 $(11111000.101)_2$ 分别转换为八进制数、十进制数和十六进制数。
2. 把 $(258)_{10}$、$(254.24)_8$、$(A7.68)_{16}$ 转换为二进制数。
3. 把数据 1.2GB 转换成字节。
4. 已知某汉字的区位码是 3565，试求出其国标码和机内码。

任务 3 微机系统的组成及配置

【任务描述】

微机很多时候被称为个人计算机（Personal Computer，PC），俗称电脑，本任务中讲的计算机都是个人计算机。

进入大学生活，许多学生开始购置计算机，由于对计算机内部配件缺乏认识，导致购置的计算机性能无法满足个人需要。通过本任务的学习，你可以了解一台计算机的完整结构，掌握每个配件的基本性能，从而组装一台满足自己需要的计算机。

任务要求：

- 掌握计算机系统的基本组成。
- 了解计算机的运行原理。
- 了解计算机的技术指标。
- 了解计算机的基本配件。
- 了解计算机的组装流程。

【操作要点】

- 通过熟悉计算机系统的基本结构来了解计算机运行原理。
- 通过了解计算机的技术指标来选购计算机配件。
- 通过了解计算机的配件性能来组装自己的计算机。

【任务实施】

1. 掌握计算机系统的基本组成

一个完整的计算机系统由硬件系统（Hardware）和软件系统（Software）两大部分组成，如图 1-4 所示。计算机硬件由主机和外部设备两部分组成。软件是各种系统软件和应用软件

及相应说明文件的总称。程序是为了完成某种计算或控制过程而编制的指令序列，程序是组成计算机最基本的操作指令。计算机所有指令的集合称为指令系统。

- 计算机系统
  - 硬件系统
    - 主机
      - 中央处理器
        - 运算器
        - 控制器
      - 内存储器
        - ROM
        - RAM
    - 外部设备
      - 外部存储器：硬盘、软盘、光盘等
      - 输入设备：键盘、鼠标、扫描仪等
      - 输出设备：显示器、打印机、绘图仪等
      - 其他设备：调制解调器等
  - 软件系统
    - 系统软件
      - 操作系统
      - 程序语言处理系统
      - 数据库管理系统
      - 服务程序：检查、诊断、排错
    - 应用软件
      - 通用应用软件：如Office 2010办公软件等
      - 专用应用软件：用户程序

图 1-4　计算机系统的组成示意图

2. 了解计算机的硬件系统

计算机从产生到发展已有几十年的历史，计算机的硬件也发生了翻天覆地的变化，但时至今日，计算机的硬件组成仍是冯·诺依曼提出的模型结构。它由运算器、控制器、存储器、输入设备和输出设备 5 部分组成，如图 1-5 所示。

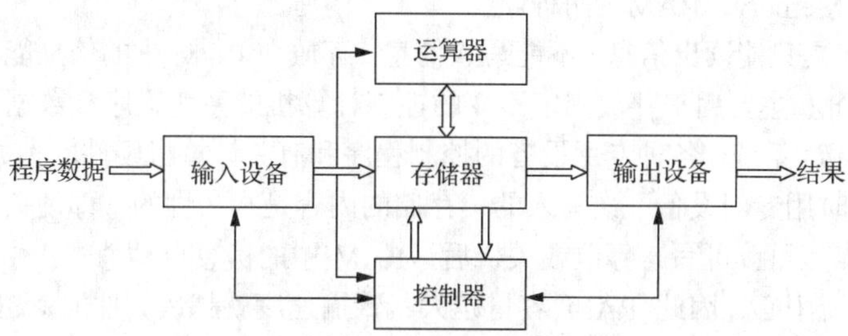

图 1-5　计算机的硬件结构

从图 1-5 可以看出，程序数据由输入设备输入并经运算器存于存储器中，最后结果由运算器通过输出设备输出。在运行过程中，数据从存储器读入运算器进行运算，中间结果也要存入存储器中。人们用机器自身所具有的指令编写的指令序列即程序，也是以数据的形式由存储器送入控制器，再由控制器向机器的各个部分发出相应的控制信号。另一种数据是控制信息，它控制计算机的各部件执行指令规定的各种操作。

可以看出，计算机的工作流程就是以存储器为中心的工作过程，任何部件的工作都是在控制器的指挥下首先从存储器读取数据，并将一些中间结果值放入存储器暂存，因此，所有应用程序在执行前都必须先装入内存，计算机才能执行。下面简要介绍计算机硬件系统 5 部分的功能。

（1）中央处理器

中央处理器（Central Processing Unit，CPU）是计算机的核心部件，由控制器和运算器组成。

在硬件实现上，通常把控制器和运算器，以及数量不等的寄存器集成到一个大规模集成电路芯片上，称为中央处理器。它由算术逻辑部件、累加器和通用寄存器组、程序计数器、时序和控制逻辑部件，以及内部总线等组成。

① 运算器

运算器能够按程序要求完成算术运算和逻辑运算，并可暂存运算结果，是计算机对数据进行加工处理的部件，它的主要功能是对二进制数进行加、减、乘、除等算术运算和与、或、非等基本逻辑运算，实现逻辑判断。运算器在控制器的指挥下工作，并将运算结果送入存储器中。

② 控制器

控制器是计算机的核心部件、指挥中心，也可以说是大脑中枢。控制器主要由指令寄存器、指令译码器、程序计数器、操作控制器等组成。控制器是分析和执行指令的部件，也是统一指挥和控制计算机各个部件按时序协调操作的部件。它的基本功能就是从内存中读取指令和执行指令（通常一条指令包括操作码和操作数，操作码决定要完成的操作，操作数指参加运算的数据及其所在的单元地址），即控制器按程序计数器指出的指令地址从内存中取出该指令进行译码，然后根据该指令功能向有关部件发出控制命令，使计算机能一步一步地完成程序所规定的任务。

（2）存储器

存储器（Memory）是计算机的记忆装置，主要用来存放程序和数据。存储器分为内存储器（简称内存）和外存储器（简称外存），以及高速缓冲存储器。CPU 只能直接访问存储在内存和高速缓冲存储器中的数据，外存中的数据只有先调入内存后，才能被 CPU 访问和处理。

① 内存又称为主存储器，包括只读存储器（Read-Only Memory，ROM）和随机存储器（Random Access Memory，RAM）两种。

ROM 的特点是只能读出信息，不能写入信息，存放在 ROM 中的信息能长期保存而不受停电的影响。ROM 主要用来存放固定不变的控制计算机的系统程序和数据，如常驻内存的监控程序、基本 I/O 系统、各种专用设备的控制程序和有关计算机硬件的参数表等。ROM 中的信息是在制造时用专门设备一次写入的，存储的内容是永久性的，即使关机也不会丢失。

RAM 的特点是可读可写，停电或关机后，RAM 中的信息自动消失。由于 RAM 是计算机数据的信息交流中心，因此 RAM 容量越大，传输速度就越快，性能就越好。目前 RAM 的容量可达到 2GB 以上，还可以根据需要进行扩充。

② 外存又称为辅助存储器，一般是磁性介质的存储设备，作为外部设备来使用，存放当前不参与运行的程序和数据。它与主存储器交换信息，当需要时，将参与运行的程序和数据调入主存储器，或将主存储器中的信息转来保存，具有容量大、存取速度慢、价格低、存储的信息能够长期保留的特点。常用的外存储器有磁盘、U 盘、光盘等。

③ 高速缓冲存储器（Cache）用于存放正在运行的一小段程序和数据。 由于系统主板上的响应时间远低于 CPU 的速度，Cache 起到一个协调它们之间的速度的作用，也即起缓冲作用。它在 CPU 与主存储器之间不停地进行程序和数据交换，把需要的内容调入，把用过的内容返还。它具有存储容量很小、存取速度很快、价格高、存储信息不能长期保留的特点。

④ 虚拟存储，是指可以将多种、多个存储设备统一管理起来，为用户提供大容量、高数据传输性能的存储系统，即把多个存储介质模块（如硬盘、RAID）通过一定的手段集中管理起来，所有的存储模块在一个存储池（Storage Pool）中得到统一管理，从主机和工作站的

角度看到的就不是多个硬盘，而是一个分区或者卷，就好像是一个超大容量（如 1TB 以上）的硬盘。

（3）输入输出设备

输入/输出设备又简称 I/O 设备。输入设备的主要作用是把程序和数据等信息转换成计算机所适用的编码，并顺序送往内存。常见的输入设备有键盘、鼠标、扫描仪等。输出设备的主要作用是把计算机处理的数据、计算结果等内部信息按人们要求的形式输出。常见的输出设备有显示器、打印机、绘图仪等。

3．了解计算机的技术指标

计算机的性能指标涉及体系结构、软硬件配置、指令系统等多种因素，一般来说主要有下列技术指标。

（1）字长

字长是指计算机运算部件一次能同时处理的二进制数据的倍数。字长越长，CPU 一次处理的信息位数就越多，精度就越高。通常字长总是 8 的 2^n（$n = 0,1,2\cdots$）倍，如 8 位、16 位、32 位、64 位等，目前主流 CPU 字长已达 64 位。

（2）时钟主频

时钟主频是指 CPU 的时钟频率，决定 CPU 在单位时间内的运算次数，主频越高，速度越快，主频以兆赫兹（MHz）为单位。

（3）运算速度

计算机的运算速度通常是指 CPU 每秒处理指令的多少，单位为 MIPS（Million Instructions Per Second），即百万条指令每秒。这个指标更能直观地反映机器的速度。

（4）存储容量

存储容量通常分为内存容量和外存容量，这里主要指内存容量。显示，内存容量越大，机器所能运行的程序就越大，计算机运行越流畅。目前的个人计算机中通常配置的内存容量已达到 8GB，硬盘等外存储器的存储容量更是达到数 TB。

（5）存取周期

内存储器的存取周期也是影响整个计算机系统性能的主要指标之一。简单地讲，存取周期就是 CPU 从内存器中存、取数据所需的时间。

此外，计算机的可靠性、可维护性、平均无故障时间和性能价格比也都是计算机的技术指标。

4．了解计算机的基本配件

一台完整的微机硬件系统有主板、CPU、内存、硬盘、光驱（光盘驱动器）、声卡（声音适配器）、显卡（显示适配器）、网卡（网络适配器）、显示器、键盘、鼠标、数据线、电源和机箱等部件组成，如图 1-6～图 1-15 所示。

图 1-6　机箱和电源

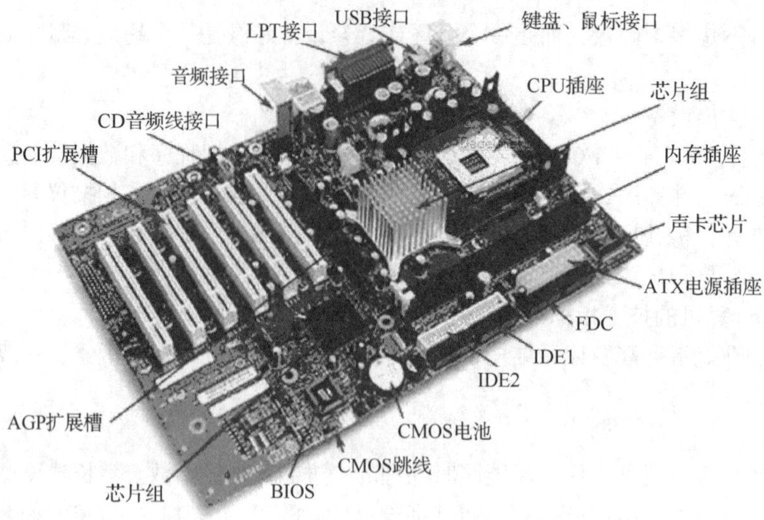

图 1-7　主板结构图

图 1-8　CPU

图 1-9　内存条

图 1-10　硬盘

图 1-11　光驱

图 1-12　数据线

图 1-13　显卡

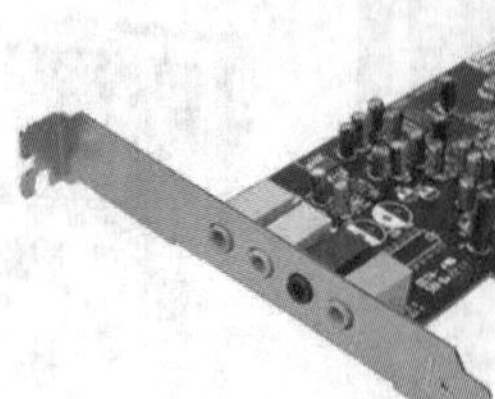

图 1-14　声卡

图 1-15　网卡

常用的计算机外部设备有显示器、打印机、键盘、鼠标、扫描仪和U盘等，如图1-16～图1-20所示。

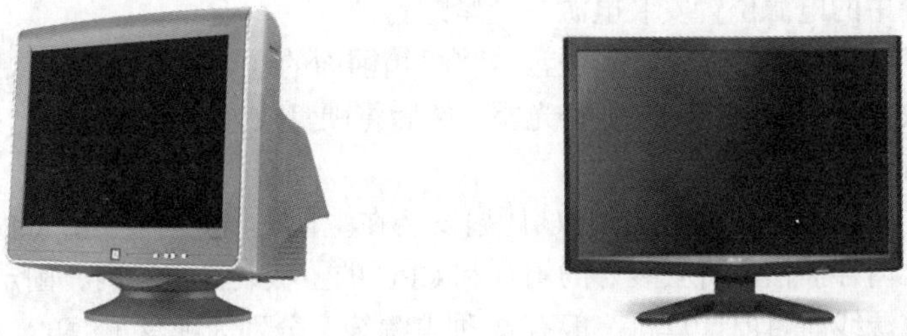

图1-16　显示器

图1-17　键盘和鼠标

图1-18　打印机

图1-19　扫描仪

图1-20　移动存储器

【拓展训练】

1. 请出指出打印机、扫描仪、写字板、鼠标、键盘中哪些是输入设备，哪些是输出设备。

2. 拆开一台计算机，请分别指出每个配件的名称及作用。

3. 请利用已学的知识，自己选好计算机的各种配件，虚拟组装一台计算机。

【知识链接】

W1.3.1 装机过程

准备好组装一台计算机的全部配件后，装机的一般过程如下。

（1）在机箱中的电源位置安装电源，上紧螺钉。

（2）安装光盘驱动器（光驱）和硬盘。将机箱前面的 5 寸挡片取下，在其适当位置放入光驱，用螺钉固定好光驱。然后将硬盘放入硬盘固定架上，固定好螺钉。

（3）安装主板。首先将 CPU 和 CPU 风扇安装在主板上，然后连接好 CPU 风扇电源，最后将内存条插入内存插槽。将安装好的内存和 CPU 的主板装入机箱内，固定好底板螺钉。

（4）安装电源线。目前计算机一般有 3 种电源线，分别为硬盘（SATA 串口）电源线、光驱（D 型）电源线和主板电源线。分别对号入座地插入主板电源线、硬盘电源线和光驱电源线。安装电源时，需要注意其正负极。

（5）连接数据线。数据线有两种：一种是光驱及原 IDE 接口硬盘通用的扁平数据线，如图 1-12 左边的数据线；另一种是 SATA 接口硬盘的数据线，如图 1-12 右边的数据线。将数据线的一端接在主板对应的 IDE 及 SATA 接口上,另一端接在光驱及硬盘对应的数据接口上。

（6）安装显卡、声卡和网卡。

大部分主板自带有显卡、声卡和网卡功能与接口，可以不再安装外来显卡、声卡和网卡。也有一些主板只自带声卡和网卡功能，则要安装显卡。主板上有两种总线插槽，一种是白色的 PCI 插槽，另一种是棕色或其他颜色的显卡插槽。将显卡插入显卡插槽，并用螺钉固定好。

（7）参照主板说明书，将主机箱上的电源开关、电源指示灯、硬盘指示灯、复位键及 PC 扬声器连接线接在主板上。

（8）通过主机箱外部的接口，接上键盘和鼠标，将显示器连接到显卡接口，将音箱连接到声卡音频输出口。将打印机、U 盘和扫描仪连接到相应的接口上。

这样，一台计算机的硬件部分就组装完成了。

课外训练

1．单选题

（1）美国宾夕法尼亚大学 1946 年研制成功了世界上第一台大型通用数字电子计算机______。

（A）ENIAC （B）Z3 （C）IBM PC （D）Pentium

（2）第四代计算机采用大规模和超大规模______作为主要电子元件。

（A）微处理器 （B）集成电路 （C）存储器 （D）晶体管

（3）计算机中最重要的核心部件是______。

（A）CPU （B）DRAM （C）CD-ROM （D）CRT

（4）冯 • 诺依曼计算机包括输入设备、输出设备、存储器、控制器、______5 部分。

（A）处理器 （B）运算器 （C）显示器 （D）模拟器

（5）一条指令通常由______和操作数两个部分组成。

（A）程序 （B）操作码 （C）机器码 （D）二进制数

（6）计算机的内存储器是指______。

（A）RAM 和 C 磁盘 （B）ROM

（C）ROM 和 RAM （D）硬盘和光盘

（7）我国自主研发制造的计算机“天河二号”属于______。
（A）超级计算机　（B）大型计算机　（C）小型计算机　（D）微型计算机

（8）能够直接与 CPU 进行数据交换的存储器称为______。
（A）外存　（B）内存　（C）光盘　（D）闪存

（9）______是微机中各种部件之间共享的一组公共数据传输线路。
（A）数据总线　（B）地址总线　（C）控制总线　（D）总线

（10）程序翻译有解释和______两种方式。
（A）英译中　（B）中译英　（C）说明　（D）编译

（11）在计算机内部对汉字进行存储、处理和传输的汉字代码是______。
（A）汉字国标码　（B）汉字输入码　（C）汉字机内码　（D）汉字字形码

（12）下列不是汉字输入码的______。
（A）五笔字型码　（B）全拼音码　（C）智能 ABC 码　（D）字形码

（13）早期的计算机用来进行______。
（A）科学计算　（B）系统仿真　（C）自动控制　（D）动画设计

（14）将计算机应用于办公自动化属于计算机应用领域中的______。
（A）科学计算　（B）信息处理　（C）过程控制　（D）计算机辅助

（15）计算机辅助设计简称______。
（A）CAT　（B）CAM　（C）CAI　（D）CAD

（16）下列各种编码中，每字节最高位均是“1”的是______。
（A）汉字国标码　（B）汉字机内码　（C）外码　（D）ASCII

（17）计算机之所以能够实现连贯运行，是由于采用了______工作原理。
（A）布尔逻辑　（B）存储程序　（C）数字电路　（D）集成电路

（18）微型计算机主机的主要组成部分有______。
（A）运算器和控制器　（B）CPU 和键盘
（C）CPU 和显示器　（D）CPU 和内存储器

（19）微型计算机中运算器的主要功能是进行______。
（A）算术运算　（B）逻辑运算
（C）初等函数运算　（D）算术运算和逻辑运算

（20）CPU、存储器和 I/O 设备是通过______连接起来的。
（A）接口　（B）内部总线　（C）系统总线　（D）控制总线

（21）8 位字长的计算机可以表示的无符号整数的最大值是______。
（A）8　（B）16　（C）255　（D）256

（22）二进制数 110000 转换为十六进制数是______。
（A）77　（B）D7　（C）60　（D）30

（23）将十进制数 100 转换成二进制数是______。
（A）01100100　（B）01100101　（C）00100110　（D）01100110

（24）下列各种进制的数中，最小的数是______。
（A）（101001）B　（B）（52）O　（C）（43）D　（D）（2C）H

（25）下列无符号十进制整数中，能用 8 位二进制位表示的是______。
（A）257　（B）201　（C）313　（D）296

（26）下列字符中，ASCII 值最小的是______。
（A）a　（B）A　（C）x　（D）Y

（27）要放置 10 个 24×24 点阵的汉字字模，需要的存储空间是______。

（A）72B　（B）320B　（C）720B　（D）72KB

（28）若某汉字机内码十六进制编码为 C9EA，则其对应的国标码的十六进制编码为______。

（A）496A　（B）EAC9　（C）AE9C　（D）A694

（29）“国标”中的“国”字的十六进制编码为 397A，则它对应的机内码是______。

（A）B9FA　（B）BB3H7　（C）A8B2　（D）C9HA

（30）已知字符 B 的 ASCII 码的二进制数是 1000010，字符 F 对应的 ASCII 码是______。

（A）1000011　（B）1000100　（C）1000101　（D）1000110

2．计算题

（1）请将下列二进制数分别转换成十进制数、八进制数和十六进制数。

① 11010110　② 111011.11　③ 1001001.01　④ 11101011.1

（2）请将下列十进制数分别转换成二进制数、八进制数和十六进制数。

① 62.625　② 192.5　③ 168.25　④ 58

（3）完成下列二进制数的计算。

① 11100101+10001111

② 10111010-10011011

③ 1011101.101+0110110.011

④ 10011101∧10111010

⑤ 11001000∨01010011

3．简答题

（1）电子计算机的发展经历了哪几个阶段，它们的划分依据是什么？

（2）简述汉字的国标码与机内码之间的转换过程。

（3）请指出至少 3 种常用输入设备的功能及其使用方法。

（4）请指出至少 3 种常用输出设备的功能及其使用方法。

（5）16 位二进制编码表示的无符号整数中，有多少个不同的数，其表示数的范围是多少？

项目二

Windows 7 操作系统

教学目标

- 掌握 Windows 7 的基本操作。
- 掌握 Windows 7 工作环境的配置。
- 掌握 Windows 7 文件组织与管理。
- 了解操作系统的基本概念和 Windows 操作系统的历史。

教学内容

- Windows 系统的启动与退出。
- 桌面、开始菜单与基本操作。
- 个性化及工作环境配置。
- 文件的创建、重命名、删除、复制和移动。
- 文件的属性设置。

Windows 操作系统是微软（Microsoft）公司推出的计算机操作系统。Windows 是在 2009 年第三季度推出的新一代桌面操作系统，是当前主流的计算机操作系统之一。同以往版本的 Windows 系统相比，Windows 7 在性能、易用性、安全性等方面都有了非常明显的提高，操作更加简单、快捷。本项目通过 3 个典型任务，介绍了 Windows 7 中文版的基本操作，包括文件管理、程序管理、对工作环境的定制、计算机管理等内容。

任务 1 认识 Windows 操作系统

【任务描述】

小何是一名刚入学的大学新生，之前对计算机有所了解，但非常有限，仅仅是使用 QQ 聊天、用浏览器上网。大学入学后，小何决定系统地学习一下 Windows 操作系统。

本任务要求系统地了解 Windows 7 操作系统启动与退出、桌面、窗口、菜单以及键盘鼠标的基本操作与相关术语，并进一步了解操作系统的概念以及 Windows 操作系统的发展历史。

【操作要点】

- 熟悉 Windows 操作系统启动和关闭的正确操作流程。

- 通过任务演练掌握 Windows 的各项基本功能的规范操作，如键盘、鼠标、窗口等操作。
- 了解 Windows 系统的各种名词、术语及 Windows 部件的名称，便于今后的学习和交流。

【任务实施】

1. 启动 Windows

在计算机上安装 Windows 7 操作系统后，启动计算机便可进入 Windows 7 的操作界面。启动计算机进入 Windows 7 操作系统有两种方式：冷启动和热启动。

（1）冷启动

使用接通电源启动计算机的方式，称为冷启动。

步骤 1：检查计算机设备的连接状况，检查计算机及相关设备的通电是否良好。

步骤 2：首先开启显示器电源开关 ⏻（通常在显示器的右下角），然后打开主机面板电源开关 ⏻ 。

步骤 3：计算机进行自检并载入 Windows 7 操作系统，如图 2-1 所示。

步骤 4：通常计算机自检通过并启动完成后，将直接进入 Windows 系统界面，如果 Windows 7 设置有用户密码或有一个以上的用户时，Windows 7 还会提供用户选择和用户登录界面。

（2）热启动

热启动是指在计算机已经开启的状态下，通过键盘重新引导操作系统。通常是在计算机安装新软件、修改计算机配置或计算机进入死机状态时使用热启动。

执行热启动操作后，计算机将不经过自检过程，直接加载操作系统启动并进入 Windows 7 系统。

热启动有以下两种方式。

方式 1：按下主机箱面板上的复位按钮重新启动。

方式 2：使用“开始”菜单按钮，在打开的菜单上单击“关机”右侧的三角按钮，从弹出的列表中选择“重新启动”命令重新启动计算机，如图 2-2 所示。

图 2-1 Windows 7 启动界面

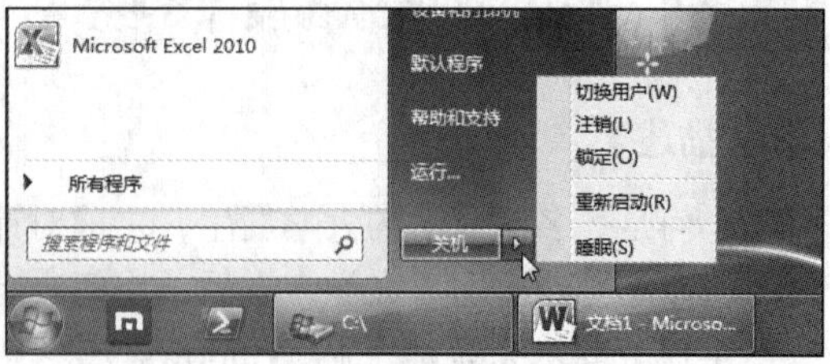

图 2-2 “开始”菜单热启动

2. 认识 Windows 桌面

Windows 7 启动完成后，屏幕上就会出现 Windows 7 桌面。在默认情况下，Windows 7 的桌面由桌面图标、鼠标指针、任务栏等部分组成，如图 2-3 所示。

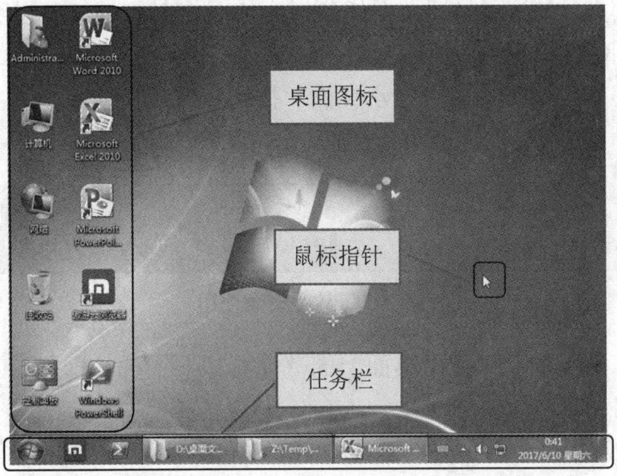

图 2-3　Windows 桌面

Windows 桌面是计算机的主要工作界面，下面就对 Windows 桌面的各组成部分进行介绍。

- 桌面图标。桌面图标一般是程序或文件的快捷方式，程序或文件的快捷图标左下角有一个小箭头。安装新软件后，桌面上一般会增加相应的快捷图标，如“腾讯 QQ”的快捷图标为，除此之外，还包括“计算机”图标、“网络”图标、“回收站”图标、“个人文件夹”图标等系统图标。双击桌面上的某个图标可以打开该图标对应的窗口。
- 语言栏。在 Windows 7 中，语言栏一般浮动在桌面上，用于选择系统所用的语言和输入法。单击语言栏右上角的“最小化”按钮，将语言栏最小化到任务栏上，且该按钮变为“还原”按钮。
- 任务栏。任务栏默认情况下位于桌面的最下方，由“开始”菜单按钮、快速启动工具栏、任务区、通知区域和“显示桌面”按钮（单击可快速显示桌面）等部分组成，如图 2-4 所示。在 Windows 中，每启动一个程序或打开一个文档，任务区就会创建一个对应的任务缩略图，单击该图标就会与对应的窗口进行切换。

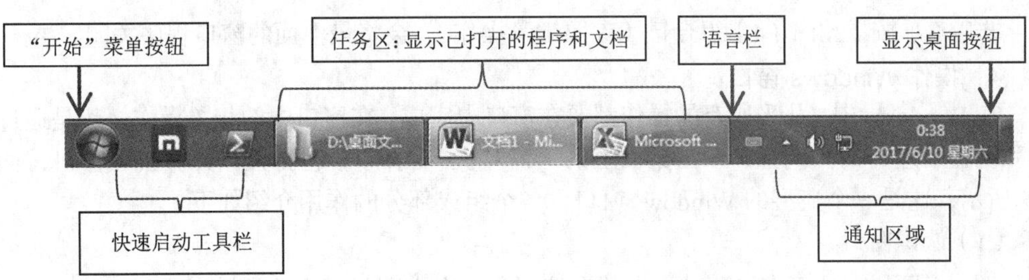

图 2-4　任务栏

3．程序的启动与关闭

计算机是通过不同的程序来完成各种任务，在 Windows 系统中，有 3 种类型的程序：后台服务程序、控制台程序和窗口程序（也称桌面程序）。我们常用的几乎都是窗口程序，本节任务将通过窗口程序的启动与关闭来了解窗口程序的基本操作。

W2.1.1　从“开始菜单”启动程序

所有运行的窗口程序都提供一个称为窗口的图形界面来实现人与计

算机之间的交互及信息传递，同时还会在任务栏添加一个对应的任务栏图标，也称窗口按钮。

（1）通过桌面图标启动窗口程序

步骤 1：单击任务栏最右边的“显示桌面”按钮一次或两次，确保显示桌面上的图标，如图 2-5 所示。

图 2-5　显示桌面按钮

步骤 2：双击（参照鼠标操作）桌面上的“计算机”图标，即打开一个窗口，说明计算机资源管理程序已启动。

步骤 3：双击桌面上的“Microsoft Excel 2010”图标，即会打开一个新窗口，说明 Excel 电子表格程序已启动。

（2）通过“开始”菜单启动窗口程序

步骤 1：单击“开始”菜单按钮，然后在弹出的“开始”菜单中依次单击“所有程序”→“附件”→“记事本”菜单项，打开记事本程序。

步骤 2：单击“开始”菜单按钮，然后在弹出的“开始”中依次单击“所有程序”→“Microsoft Office”→“Microsoft Word 2010”菜单项，打开 Word 文字处理程序。

（3）通过快捷菜单启动窗口程序

步骤 1：在桌面空白处单击（参照鼠标操作）鼠标右键，在弹出的菜单中选择“屏幕分辨率”命令，即可打开屏幕分辨率设置程序。

步骤 2：在桌面上，用鼠标右键单击“Administrator”图标，在弹出的菜单中选择“打开”命令，即可打开当前用户的个人文件夹。

（4）关闭窗口程序

窗口程序的关闭方法较多，常见的有 3 种，操作如下。

步骤 1：找到打开的“记事本”窗口，单击窗口右上角的“关闭”按钮。

步骤 2：在任务栏上找到的“Excel”窗口对应的任务栏图标，右击该图标，再选择菜单中的“关闭窗口”命令。

步骤 3：按【Alt + F4】组合键（参照键盘操作），会将最上面的窗口程序关闭。

4．操作 Windows 窗口

在 Windows 中，几乎所有的操作都要在窗口中完成，在窗口中的相关操作一般是通过鼠标和键盘来进行的。例如，双击桌面上的“计算机”图标，将打开“计算机”窗口，如图 2-6 所示，这是一个典型的 Windows 窗口，各个组成部分的作用介绍如下。

（1）认识窗口

- 标题栏：位于窗口顶部，右侧有控制窗口大小和关闭窗口的按钮。
- 菜单栏：主要用于存放各种操作命令，要执行菜单栏上的操作命令，只需单击对应的菜单名称，然后在弹出的菜单中选择某个命令即可。在 Windows 7 中，常用的菜单类型主要有子菜单、菜单和快捷菜单（如单击鼠标右键弹出的菜单），如图 2-6 所示。
- 地址栏：显示当前窗口文件在系统中的位置，其左侧包括“返回”按钮和“前进”按钮，用于打开最近浏览过的窗口。
- 搜索栏：用于快速搜索计算机中的文件。

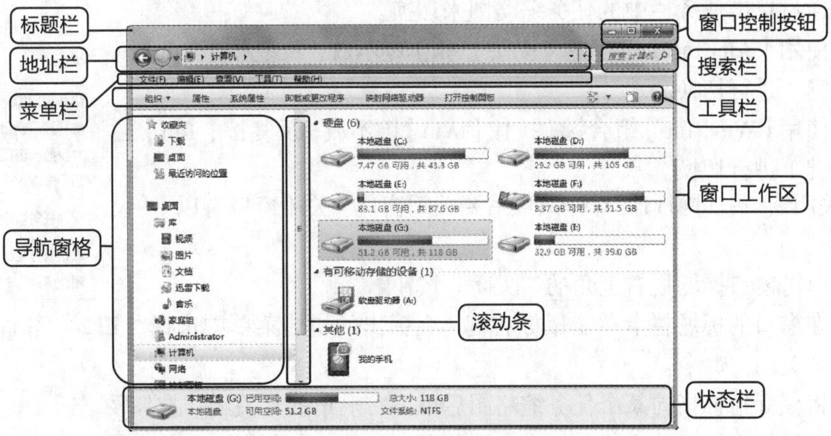

图 2-6　Windows 窗口

- 工具栏：会根据窗口中显示或选择的对象同步进行变化，以便用户进行快速操作。其中单击组织按钮，可以在打开的下拉列表中选择各种文件管理操作，如复制、删除等操作。
- 导航窗格：单击可快速切换或打开其他窗口。
- 窗口工作区：用于显示当前窗口中存放的文件和文件夹内容。
- 状态栏：用于显示计算机的配置信息或当前窗口中选择对象的信息。
- 窗口控制按钮：包括最小化、最大化/还原、关闭 3 个控制按钮。
- 滚动条：当显示内容较多，当前区域不能全部显示时，可以通过滚动条调整显示内容。

（2）窗口管理操作

W2.1.2　Windows 窗口操作

① 打开窗口：在 Windows 中双击桌面图标或窗口对象（或单击鼠标右键→在快捷菜单中选择“打开”命令）将会执行一个程序或打开一个文档，且都会打开一个新的窗口。

② 最小化窗口：单击窗口右上角的“最小化”按钮，此时该窗口将隐藏，单击任务栏中对应的应用程序图标，窗口将还原到屏幕显示状态。

③ 最大化窗口：单击窗口标题栏右侧的“最大化”按钮，此时窗口将铺满整个显示屏幕，同时“最大化”按钮将变成“还原”按钮，单击“还原”即可将最大化窗口还原成原始大小。

④ 移动窗口：在窗口标题栏上按住鼠标不放，拖动窗口，当拖动到目标位置后释放鼠标即可移动窗口位置。将窗口向屏幕最上方拖动到顶部时，窗口会最大化显示；向屏幕最左侧拖动时，窗口会半屏显示在桌面左侧；向屏幕最右侧拖动时，窗口会半屏显示在桌面右侧。

⑤ 调整窗口大小：将鼠标指针移至窗口的外边框上，当鼠标指针变为⇔或⇕形状时，按住鼠标左键不放拖动到窗口变为需要的大小时释放鼠标左键即可调整窗口大小。或者将鼠标指针移至窗口的 4 个角上，当其变为⤢或⤡形状时，按住鼠标左键不放拖动到需要的大小时释放鼠标左键，可使窗口的长宽大小按比例缩放。

⑥ 排列窗口：在任务栏空白处单击鼠标右键，弹出图 2-7 所示的快捷菜单，选择“层叠窗口”“堆叠显示窗口”“并排显示窗口”命令将会得到不同的窗口排列方式。

⑦ 切换窗口：窗口间的切换有 3 种方式。

- 通过单击任务栏中的任务缩略图来切换。
- 使用【Alt+Tab】组合键（按住【Alt】键不放，反复按【Tab】键）进行切换。
- 使用【Win+Tab】组合键（按住【Win】键不放，反复按【Tab】键）进行切换。

⑧ 关闭窗口：对窗口的操作结束后要关闭窗口。关闭窗口有以下5种方法。

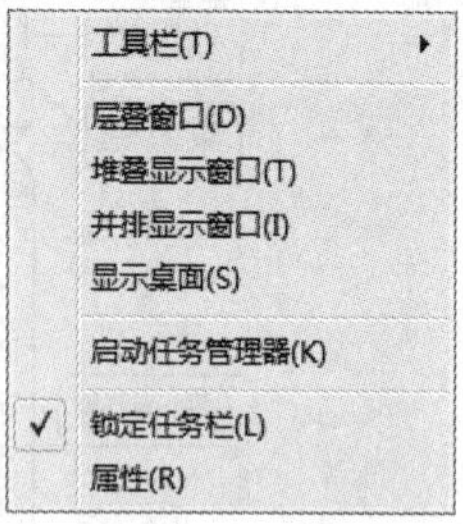

图 2-7　窗口管理菜单

- 单击窗口标题栏右上角的“关闭”按钮。
- 在窗口的标题栏上单击鼠标右键，在弹出的快捷菜单中选择“关闭”命令。
- 将鼠标指针指向某个任务缩略图后单击右上角的“关闭”按钮。
- 将鼠标指针移动到任务栏中需要关闭窗口的任务图标上，单击鼠标右键，在弹出的快捷菜单中选择“关闭窗口”命令或“关闭所有窗口”命令。
- 按【Alt+F4】组合键。

5. 用户操作

（1）锁定计算机

当用户离开计算机时，为了不让其他人使用自己的计算机，可使用锁定功能来实现，计算机锁定后进入锁定界面，只有当用户输入正确的密码后才能进入 Windows 系统。

（2）切换用户

多人使用计算机时，可使用不同的账户进入 Windows 系统，当需要使用另一账户进入 Windows 系统时，可使用切换用户操作。

（3）注销账户

注销是指用户退出 Windows 系统，但不关闭计算机。注销后，用户仍然可以选择自己的账户重新进入 Windows 系统。

操作方法如下。

步骤 1：使用“开始”菜单按钮，在打开的菜单上单击“关机”右侧的三角按钮 ，弹出图 2-2 所示的菜单列表。

步骤 2：选择“锁定”“切换用户”“注销”功能。

6. 退出 Windows

步骤 1：保存文件或数据，然后关闭所有打开的应用程序。

步骤 2：单击“开始”菜单按钮，在打开的菜单上选择“关机”命令关闭计算机。

步骤 3：关闭显示器电源以及其他外部设备的电源。

【知识链接】

1. 操作系统

（1）操作系统的概念

操作系统（Operating System，OS）是一种系统软件，用于管理计算机系统的硬件与软件资源，控制程序的运行，改善人机操作界面，为其他应用软件提供支持等，从而使计算机系统所有资源得到最大程度的发挥与应用，并为用户提供方便、有效和友善的服务界面。操作系统是一个庞大的管理控制程序，它直接运行在计算机硬件上，是最基本的系统软件，也是计算机系统软件的核心，同时还是靠近计算机硬件的第一层软件，其所处的地位如图 2-8 所示。

（2）操作系统的功能

通过前面介绍的操作系统的概念可以看出，操作系统的功能是控制和管理计算机的硬件资源和软件资源，从而提高计算机的利用率，方便用户使用。具体来说，它包括以下 6 个方面的管理功能。

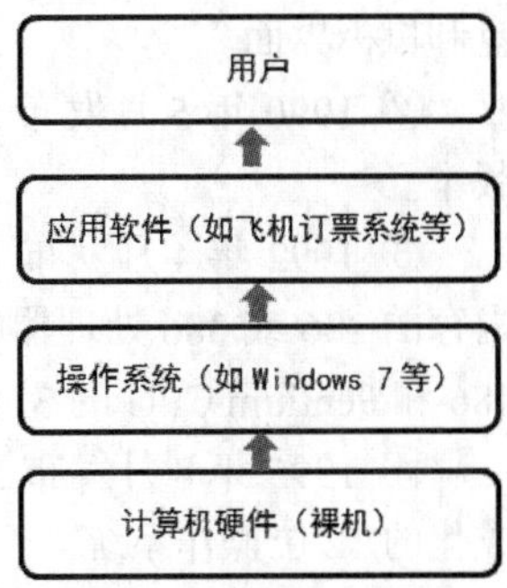

图 2-8　操作系统的地位

① 进程与处理机管理。通过操作系统处理机管理模块来确定对处理机的分配策略，实施对进程或线程的调度和管理，包括调度（作业调度、进程调度）、进程控制、进程同步、进程通信等内容。

② 存储管理。存储管理的实质是对存储“空间”的管理，主要指对内存的管理。操作系统的存储管理负责将内存单元分配给需要内存的程序以便让它执行，在程序执行结束后再将程序占用的内存单元收回以便再使用。此外，存储管理还要保证各用户进程之间互不影响，保证用户进程不能破坏系统进程，并提供内存保护。

③ 设备管理。设备管理指对硬件设备的管理，包括对各种输入/输出设备的分配、启动、完成和回收。

④ 文件管理。文件管理又称信息管理，指利用操作系统的文件管理子系统，为用户提供一个方便、快捷、可共享、有保护的文件使用环境，包括文件存储空间管理、文件操作、目录管理、读写管理和存取控制。

⑤ 网络管理。随着计算机网络功能的不断加强，网络应用不断深入人们生活的各个角落，因此操作系统必须具备计算机与网络进行数据传输和网络安全防护的功能。

⑥ 提供良好的用户界面。操作系统是计算机与用户之间的接口，因此，操作系统必须为用户提供一个良好的用户界面。

（3）操作系统的分类

操作系统可以从以下 3 个角度分类。

① 从用户角度分类，操作系统可分为 3 种：单用户、单任务（如 DOS 操作系统），单用户、多任务（如 Windows 9x 操作系统），多用户、多任务（如 Windows 7 操作系统）。

② 从硬件的规模角度分类，操作系统可分为微型机操作系统、中小型机操作系统和大型机操作系统 3 种。

③ 从系统操作方式的角度分类，操作系统可分为批处理操作系统、分时操作系统、实时操作系统、PC 操作系统、网络操作系统和分布式操作系统 6 种。

目前计算机上常见的操作系统有 UNIX、Linux、Windows、Mac OS X 等，虽然操作系统的形态多种多样，但所有的操作系统都具有并发性、共享性、虚拟性和不确定性 4 个基本特征。

手机是一种微型的计算机，其中也有操作系统，苹果（Apple）手机的操作系统是 iOS，安卓智能手机的操作系统是 Android。

2．Windows 操作系统的历史

微软自 1985 年推出 Windows 操作系统以来，其版本从最初运行在 DOS 下的 Windows 3.0，到现在风靡全球的 Windows XP、Windows 7、Windows 8 和最近发布的 Windows 10。Windows 操作系统的发展主要经历了以下 10 个阶段。

① Windows 是由美国微软公司在 1983 年 11 月宣布，并在 1985 年 11 月发行的，标志着

计算机开始进入了图形用户界面时代。1987 年 11 正式在市场上推出 Windows 2.0，增强了键盘和鼠标界面。

② 1990 年 5 月发布了 Windows 3.0，它是第一个在家用和办公室市场上取得立足点的版本。

③ 1992 年 4 月发布了 Windows 3.1，只能在保护模式下运行，并且要求至少配置了 1 MB 内存的 286 或 386 处理器的计算机。1993 年 7 月发布的 Windows NT 是第一个支持 Intel 386、486 和 Pentium CPU 的 32 位保护模式的版本。

④ 1995 年 8 月发布了 Windows 95，具有需要较少硬件资源的优点，是一个完整的、集成化的 32 位操作系统。

⑤ 1998 年 6 月发布了 Windows 98，具有许多加强功能，包括执行效能的提高、更好的硬件支持以及网络功能的扩展。

⑥ 2000 年 2 月发布的 Windows 2000 是由 Windows NT 发展而来的，同时从该版本开始，正式抛弃了 Windows 9x 的内核。

⑦ 2001 年 10 月发布了 Windows XP，它在 Windows 2000 的基础上增强了安全特性，同时加入了验证盗版的技术，Windows XP 是最为易用的操作系统之一。此后，于 2006 年发布了 Windows Vista，它具有华丽的界面和炫目的特效。

⑧ 2009 年 10 月发布了 Windows 7，该版本吸收了 Windows XP 的优点，已成为当前市场上的主流操作系统之一。

⑨ 2012 年 10 月发布了 Windows 8，该版本采用全新的用户界面，被应用于个人计算机和平板电脑上，且启动速度更快、占用内存更少，并兼容 Windows 7 所支持的软件和硬件。

⑩ Windows 10 是微软于 2015 年发布的最后一个 Windows 版本，自 2014 年 10 月 1 日开始公测，Windows 10 经历了技术预览版（Technical Preview）及内测者预览版（Insider Preview）。

3．键盘操作

键盘是计算机系统中必不可少的输入设备，除了用来输入文字、符号外，Windows 还为键盘定义了许多快捷键，因此，利用键盘也可以完成窗口的切换、菜单的操作、对话框的操作、应用程序的启动等。

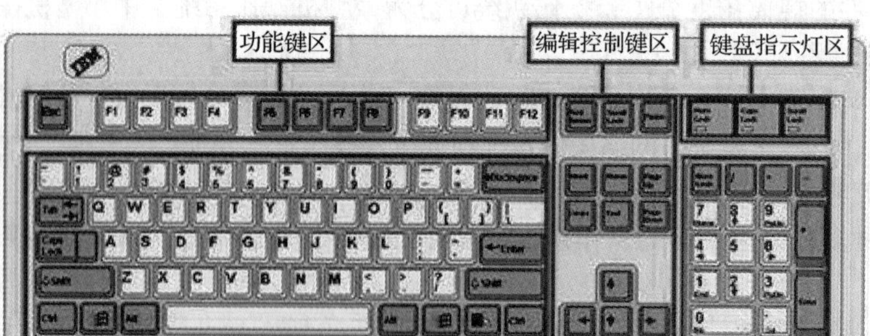

图 2-9　键盘

图 2-9 所示为 104 标准键盘布局示意图，总体上分为功能键区、输入键区、编辑控制键区、数字键区和键盘指示灯区。在输入键区中，【Ctrl】键、【Alt】键、【Shift】键各有两个，称为控制键。

组合键是指同时按下两个或两个以上的按键，用来执行特定的操作。如组合键【Ctrl + Alt+ Delete】是表示同时按下【Ctrl】键、【Alt】键和【Delete】键，表示执行重新启动计算机命令。组合键一般由一个以上控制键或控制键与其他键组成。

初学者经常按不好组合键，根据组合键的构成，我们可以先按住控制键不放，再按其他键，然后全部放开，如【Ctrl + Alt + Delete】组合键，可以先按住【Ctrl】键和【Alt】键不放，然后按一下【Delete】键，最后全部放开按键。

Windows 定义了许多功能键，其作用如表 2-1 所示。

表 2-1　常用功能键

键位	功能	键位	功能
Enter	确认	Tab	在对话框中切换到下一项
Esc	取消	Shift+Tab	在对话框中切换到上一项
Delete	删除	PrintScreen	将屏幕画面放入剪贴板
Alt+F4	关闭当前窗口	Alt+PrintScreen	将当前窗口画面放入剪贴板
Ctrl+Esc	打开“开始”菜单	Ctrl+C	复制
Ctrl+X	剪切	Ctrl+V	粘贴
Ctrl+Space	中英文输入法切换	Ctrl+·	中英文标点切换
Ctrl+Shift	各种输入法切换	Shift+Space	半角 / 全角切换
Ctrl+Alt+Delete	启动任务管理器	Alt+菜单项字母	打开窗口菜单

4．鼠标操作

鼠标是计算机最常用的输入设备，鼠标上面有左键、右键和滚轮，如图 2-10 所示，鼠标的常用操作如下。

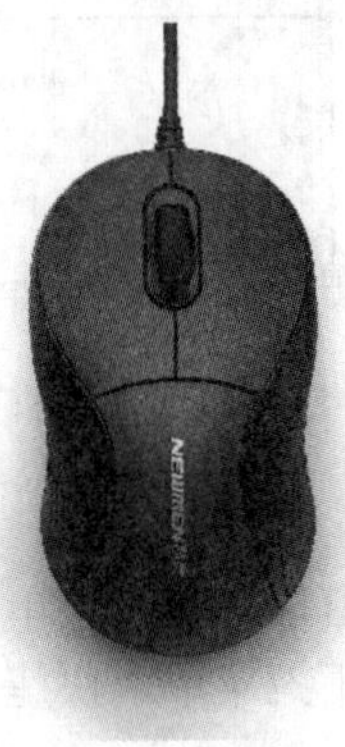

图 2-10　鼠标

（1）单击：按下再放开鼠标的左键一次。通常用来选择对象或执行菜单命令。

（2）双击：鼠标指针指向某对象，快速按下再放开鼠标左键两次。用于启动程序或打开窗口。

（3）拖放：鼠标指针指向某对象，按住左键不放，移动鼠标指针到指定位置，然后放开左键。

（4）右键单击：按下再放开鼠标的右键一次。用于打开或弹出对象的快捷菜单。

鼠标的指针在不同的状态下有不同的形状，这样可直观地告诉用户当前可进行的操作或系统状态。常用鼠标指针及其对应的状态如表 2-2 所示。

表 2-2　鼠标指针形态与含义

鼠标指针	表示的状态	鼠标指针	表示的状态	鼠标指针	表示的状态
	准备状态		调整对象垂直大小		精确调整对象
	帮助选择		调整对象水平大小		文本输入状态
	后台处理		等比例调整对象 1		禁用状态
	忙碌状态		等比例调整对象 2		手写状态
	移动对象		候选		超链接选择

5. Windows 对话框

对话框实际上是执行某些命令后打开的一种特殊的窗口，该窗口用于对该命令或操作对象进行下一步设置，用户可通过选择选项或输入数据来进行设置。选择不同的命令，所打开的对话框也各不相同，但其中包含的参数类型是类似的。图 2-11 所示为 Windows 7 对话框中各组成元素的名称。

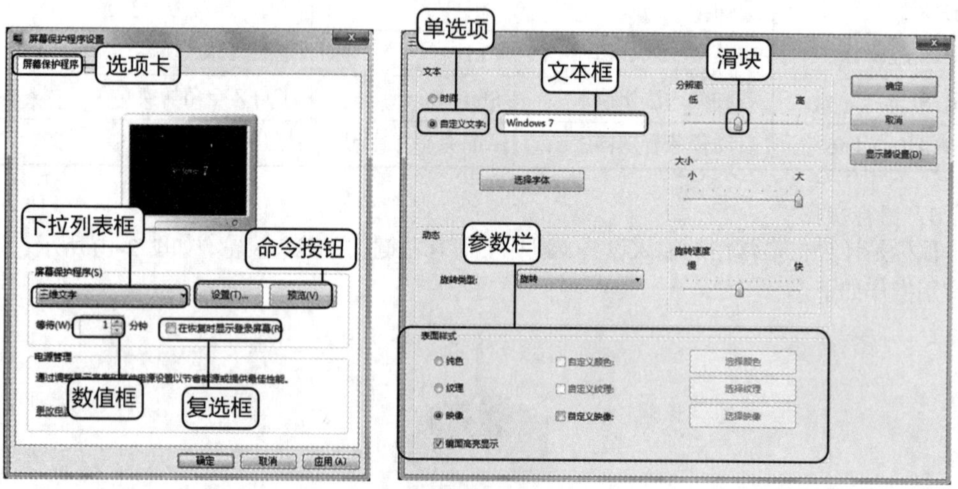

图 2-11　Windows 对话框

6. Windows 菜单

Windows 中的菜单是一个重要的窗口对象，菜单的本质是一个命令选单。在 Windows 系统中，有 3 种菜单："开始"菜单、下拉菜单、快捷菜单，如图 2-12 所示。

（1）"开始"菜单

"开始"菜单位于桌面，单击桌面任务栏左下角的"开始"按钮 ，即可打开"开始"菜单。"开始"菜单是 Windows 系统的程序入口，几乎所有的程序都可以通过"开始"菜单来启动执行。"开始"菜单的结构较其他菜单稍微复杂一点，包括常用程序、搜索区、用户头像、退出按钮等。

通过"开始"菜单启动 Windows 程序的基本步骤如下。

步骤 1：单击"开始"菜单按钮，打开菜单。

步骤 2：先在常用程序区查找，找到后单击执行，否则进入步骤 3。

步骤 3：单击所有任务菜单项，逐个展开查找，找到后单击执行，否则进入步骤 4。

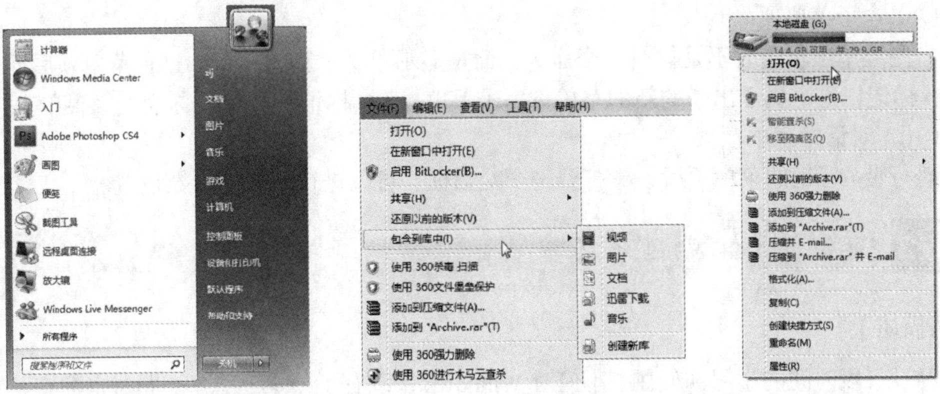

“开始”菜单　　下拉菜单　　快捷菜单

图 2-12　Windows 菜单

步骤 4：在搜索区输入要执行的程序名称，系统将会自动显示查询结果，找到后单击执行。

（2）下拉菜单

下拉菜单是窗口程序的组成部分，也称窗口菜单，菜单内容因程序的不同而不同，下拉菜单提供相应窗口程序的操作命令。

（3）快捷菜单

快捷菜单又称上下文菜单或弹出菜单，它是在选择 Windows 对象（如磁盘、文件等）后单击鼠标右键或通过键盘操作来打开，快捷菜单提供的菜单项会因选取的对象不同而不同。

在 Windows 菜单中有图 2-13 所示的一些约定。

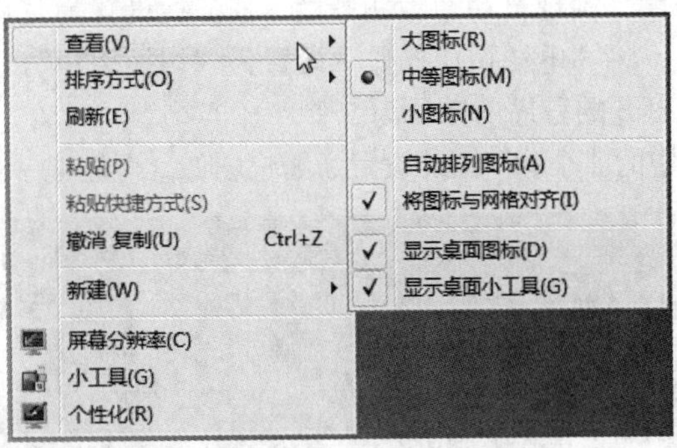

图 2-13　Windows 菜单标记约定

（4）菜单项

菜单由若干条菜单项组成，每条菜单项包括图标、菜单名称、快捷键、菜单标记。

（5）菜单组

菜单中一些功能相关的菜单项放在一起，用灰色横线进行区分，称为菜单组。

（6）不可用菜单项

菜单中有时候一些菜单项变成了灰色，表示对应的功能被禁用，菜单项不可用。

（7）开关菜单项

带✓标记表示已将该命令选中并应用了效果，同时其他相关的命令也将同时存在，可以同时应用。

（8）单选菜单项

带●标记表示已将该命令选中并应用，同时其他相关的命令将不再起作用。

（9）含子菜单项

有些菜单项单击时不是执行一个命令，而是显示出一个新的菜单，这种菜单项后面会有一个▸标记，这个显示出来的新的菜单称为子菜单，带▸标记的菜单项称为上级菜单。

（10）对话框菜单项

执行带…标记的菜单项后，将打开一个对话框，可以进行相关的参数设置。

任务 2　定制 Windows 工作环境

【任务描述】

经过一段时间的学习和使用，小何对 Windows 系统有了一定的了解，同时也拥有了自己的笔记本电脑，并安装了 Windows 7 操作系统，小何决定自己的笔记本电脑自己做主，好好“打扮”一下，修改一些设置以符合自己的使用习惯。

- 在桌面上显示“计算机”和“控制面板”图标，然后将“计算机”图标样式更改为样式，如图 2-14 所示。
- 查找系统提供的应用程序“calc.exe”，并在桌面上建立快捷方式，快捷方式名为“我的计算器”。
- 在桌面上添加“日历”和“时钟”桌面小工具。
- 将系统自带的“建筑”Aero 主题作为桌面背景，设置图片每隔 1 小时更换一次，图片位置为“拉伸”。
- 设置屏幕保护程序的等待时间为“15”分钟，屏幕保护程序为“彩带”。
- 设置任务栏属性，实现自动隐藏任务栏，任务栏设置为“从不合并”，再设置“开始”菜单属性，将“电源按钮操作”设置为“切换用户”，同时设置“开始”菜单中显示的最近打开的程序的数目为 5 个。
- 将“图片库”中的“小狗”图片设置为账户图像，再创建一个名为“公用”的账户。

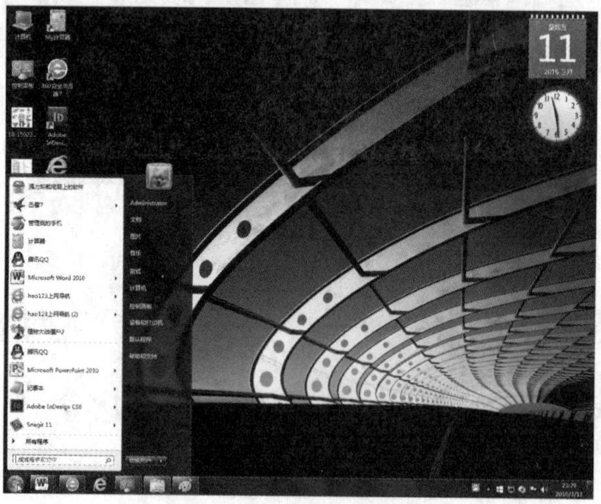

图 2-14　个性化桌面效果

【操作要点】

- 可用鼠标右键单击桌面，在弹出的快捷菜单中选择“个性化设置/小工具”命令，或打开控制面板窗口找到“个性化”“桌面小工具”“用户账户”图标，打开后完成相关的内容设置。

- 通过“个性化”对话框找到相应的选项：“我的主题”“桌面背景”“窗口颜色”“屏幕保护程序”“桌面图标”“更改桌面图标”“更改账户图片”“显示—文本大小 125%”。
- 通过“小工具”选中“日历”双击添加或单击鼠标右键选择快捷菜单中的相应命令添加。
- 通过控制面板找到“用户账户”添加新用户。

【任务实施】

1. 快捷方式

Windows 操作系统包含很多系统程序、实用程序以及第三方应用程序，前面介绍了利用“开始”菜单启动程序的方法，对于经常使用的应用程序，每次都要翻翻找找还是比较麻烦，在 Windows 操作系统中可以通过创建快捷方式来快速启动某个程序、打开某个文件、打开某个文件夹。创建快捷方式的方法有两种：桌面快捷方式和程序锁定到任务栏。

快捷方式提供一种启动程序、打开文件或文件夹的快捷途径，我们可以将快捷方式理解为程序、文件或文件夹在另一个地方的影子，还可以理解为程序、文件或文件夹的遥控器，快捷方式本质上是一个扩展名为.lnk 的特殊文件，快捷方式的删除并不对目标程序、文件或文件夹的本身造成任何影响。

（1）桌面快捷方式

W2.2.1 创建快捷方式

桌面快捷方式是指左下角带有符号的桌面图标，双击这类图标可以快速访问或打开某个程序，因此创建桌面快捷方式可以提高操作效率。用户可以根据需要在桌面上添加应用程序、文件或文件夹的快捷方式，其方法有如下 3 种。

步骤 1：单击“开始”菜单按钮，在弹出的“开始”菜单中依次单击“所有程序”→“附件”，然后用鼠标右键单击菜单列表中的“记事本”，在弹出的快捷菜单中选择“发送到”→“桌面快捷方式”命令。

步骤 2（文件夹快捷方式）：双击打开“计算机”，双击打开“C 盘”，找到“Windows”文件夹，然后用鼠标右键单击“Windows”文件夹图标，在弹出的快捷菜单中单击“发送到”→“桌面快捷方式”。

步骤 3（文件或程序快捷方式）：双击打开“计算机”，依次双击“C 盘”→“Windows”文件夹→“system32”文件夹，找到“mspaint.exe”程序，然后用鼠标右键单击该程序的图标，在弹出的快捷菜单中选择“发送到”→“桌面快捷方式”命令。

步骤 4-1：在桌面空白区域或“计算机”窗口中的目标位置，单击鼠标右键，在弹出的快捷菜单中选择“新建”子菜单下的“快捷方式”命令，打开图 2-15 所示的“创建快捷方式”对话框。

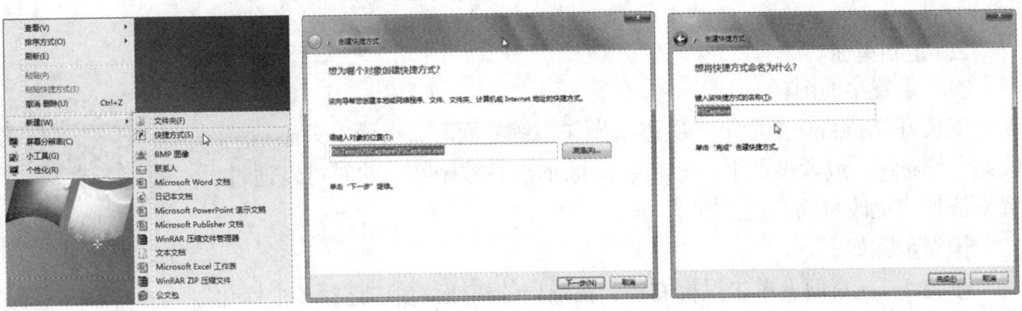

图 2-15　设置快捷方式

步骤 4-2：在“创建快捷方式”对话框中，单击浏览(R)...按钮，选择要创建快捷方式的程序文件（D:\Temp\FSCapture\FSCapture.exe），然后单击下一步(N)按钮，输入快捷方式的名称，单击完成(F)按钮，完成创建。

另外还有一种创建快捷方式的方法：在“计算机”窗口中找到程序、文件或文件夹后，单击鼠标右键，在弹出的快捷菜单中选择“创建快捷方式”命令，则会在当前位置创建一个该程序、文件或文件夹的快捷方式，然后可以将快捷方式剪切后粘贴在任何其他位置。

不再需要的快捷方式直接删除即可。

（2）程序锁定到任务栏

将常用程序锁定到任务栏的常用方法有以下两种。

① 将桌面上用户定义的“Microsoft Word 2010”“Microsoft Excel 2010”“Microsoft PowerPoint 2010”桌面图标（快捷方式）锁定到任务栏。

步骤 1：在桌面上找到“Microsoft Word 2010”快捷方式桌面图标，右键单击该快捷方式桌面图标，在弹出的快捷菜单中单击“锁定到任务栏”。

步骤 2：在桌面上找到“Microsoft Excel 2010”快捷方式桌面图标，用鼠标拖动该图标到任务栏的“快速启动工具栏”区域。

步骤 3：双击桌面上的“Microsoft PowerPoint 2010”图标启动 Microsoft PowerPoint 2010 程序，在任务栏上找到对应的任务栏按钮，用鼠标右键单击该按钮，在弹出的快捷菜单中选择“将此程序锁定到任务栏”命令，如图 2-16 所示。

② 如果要将任务栏的快速启动工具栏中不再使用的程序图标解锁（即取消显示），可在要解锁的程序图标上单击鼠标右键，在弹出的快捷菜单中选择“将此程序从任务栏解锁”命令。

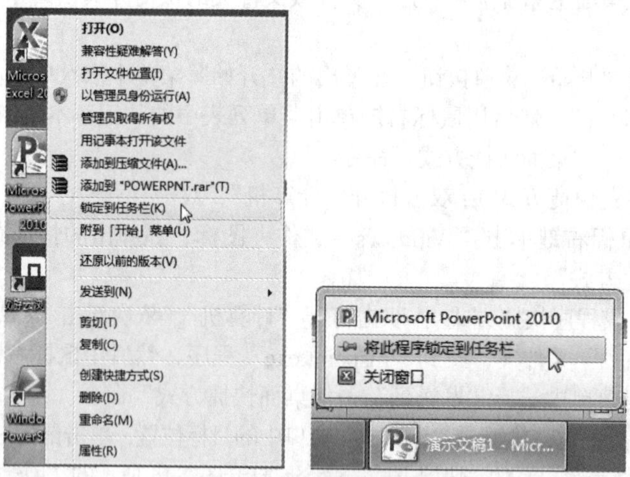

图 2-16　将程序锁定到任务栏

2．定制桌面

（1）设置桌面图标

安装好 Windows 7 后第一次进入操作系统界面时，桌面上只显示“回收站”图标；或者桌面上一些系统图标不小心被删除。此时可以通过设置来添加和更改桌面系统图标。

W2.2.2　桌面图标设置

操作步骤如下。

步骤 1：在桌面上单击鼠标右键，在弹出的快捷菜单中选择“个性化”命令，打开“个性化”设置窗口。

步骤 2：在“个性化”设置窗口的左侧单击“更改图标”按钮，打开“桌面图标”设置对话框。

步骤 3：在“桌面图标”设置对话框中，勾选想要在桌面显示的图标，单击“确定”按钮，否则单击“取消”按钮退出。“桌面图标”设置对话框还可以修改每个桌面图标的显示图标，如图 2-17 所示。

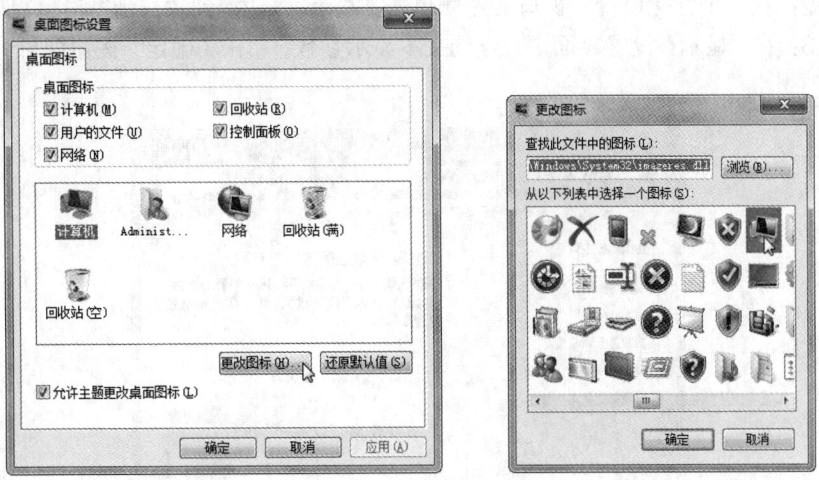

图 2-17　桌面图标设置

（2）设置分辨率

Windows 7 系统安装后，系统会根据显示卡和显示器的参数自动配置一个合理的分辨率，有时候也需要变更显示器的显示分辨率。具体操作如下。

步骤 1：在桌面上单击鼠标右键，在弹出的快捷菜单中选择“屏幕分辨率”命令，打开“屏幕分辨率”设置窗口。

步骤 2：在“屏幕分辨率”设置窗口中参照图 2-18 修改分辨率，单击“确定”或“应用”按钮即可。

步骤 3：在新的分辨率生效后还有一个反悔的提示对话框，如果觉得新的分辨率不理想，可以单击“还原”按钮回到以前的分辨率设置。

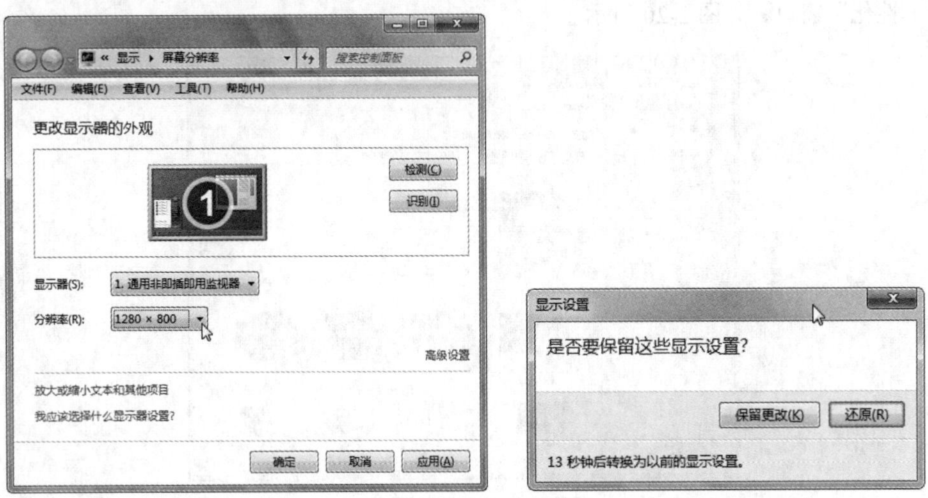

图 2-18　设置显示分辨率

（3）设置文本显示大小

当屏幕设置为高分辨率时，系统的文本字体将会变得很小，如果影响到文字辨认的话，我们可以设置文本显示大小来解决这个问题。

步骤 1：在桌面上单击鼠标右键，在弹出的快捷菜单中选择“个性化”命令，打开“个性化设置”窗口。

步骤 2：在“个性化设置”窗口的左侧单击“显示”，切换到“显示”设置界面。

步骤 3：在“显示”设置界面中，点选文本显示参数，单击“确定”按钮即可，如图 2-19 所示。

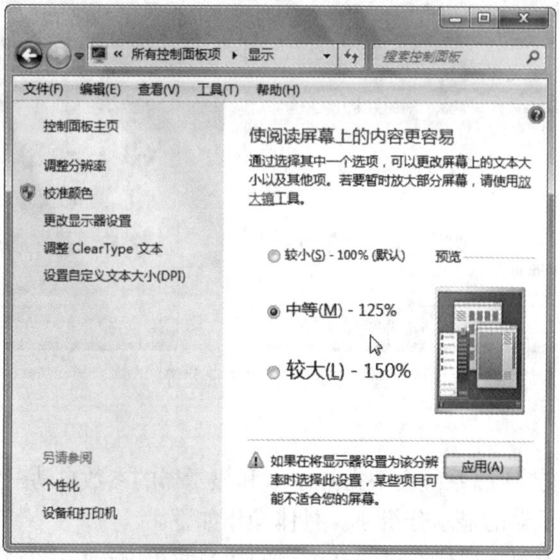

图 2-19　设置文本显示大小

（4）设置桌面主题：桌面背景和窗口颜色

在 Windows 中可以通过设置桌面主题来改变桌面背景、窗口颜色等，让整个界面更加美观、风格更加一致。

步骤 1：用鼠标右键单击桌面的空白处，从弹出的快捷菜单中选择“个性化”命令，打开“个性化”窗口，如图 2-20 所示。

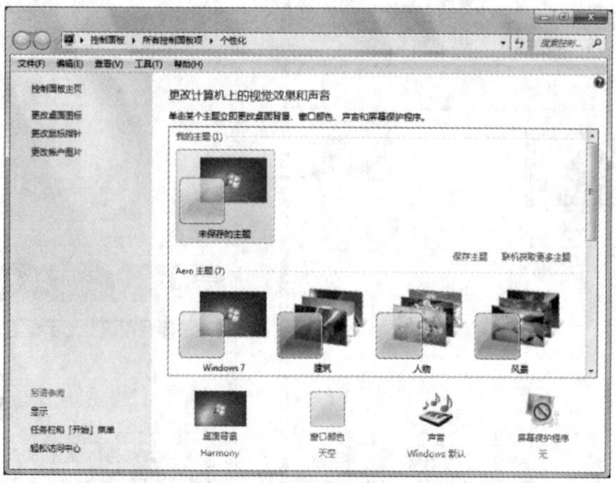

图 2-20　“个性化”窗口

步骤 2：在“个性化”窗口中，单击列表框中“Aero 主题”栏下的“建筑”主题。

W2.2.3　桌面主题设置

步骤 3：在“个性化”窗口下方单击“桌面背景”超链接，打开“桌面背景”窗口，此时列表框中的图片即为“建筑”系列，单击“图片位置”下拉列表框右侧的▾按钮，在打开的下拉列表中选择“拉伸”选项。

步骤 4：单击“更改图片时间间隔”下拉列表框右侧的▾按钮，在打开的下拉列表中选择“1 小时”选项。若单击选中“无序播放”复选框，将按设置的间隔随机切换，这里保持默认设置，即按列表中图片的排序切换，如图 2-21 所示。

（5）单击保存修改按钮，应用设置，并返回“个性化”窗口。

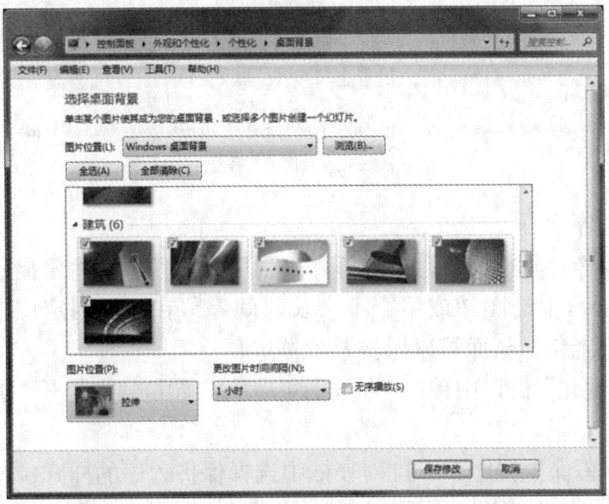

图 2-21　桌面背景设置

步骤 1：单击“窗口颜色”链接，打开“窗口颜色和外观”窗口，选择“淡紫色”色块，如图 2-22 所示。单击保存修改按钮，返回“个性化”窗口。

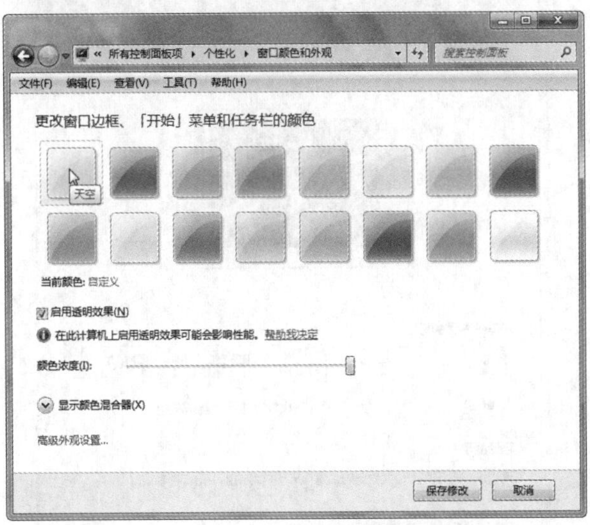

图 2-22　窗口颜色和外观设置

步骤 2：在“我的主题”列表框中单击“保存主题”，弹出“将主题另存为”对话框，输入主题名为“我的办公主题”，保存，如图 2-23 所示。

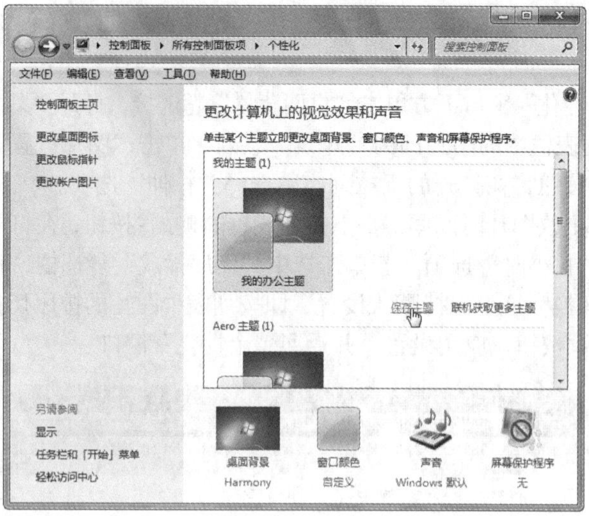

图 2-23　保存主题

（6）屏幕保护程序设置

在一段时间不操作计算机时，通过屏幕保护程序可以使屏幕暂停显示或以动画显示，让屏幕上的图像或字符不会长时间停留在某个固定位置上，防止显示器局部老化，从而可以保护显示器屏幕。

W2.2.4　屏幕保护程序设置

步骤 1：在“个性化”窗口中单击“屏幕保护程序”超链接，打开“屏幕保护程序设置”对话框。

步骤 2：在“屏幕保护程序”下拉列表框中选择保护程序的样式，这里选择“彩带”选项，在“等待”数值框中输入屏幕保护等待的时间，这里设置为“15 分钟”，如图 2-24 所示。

步骤 3：单击 确定 按钮，返回“个性化”窗口。

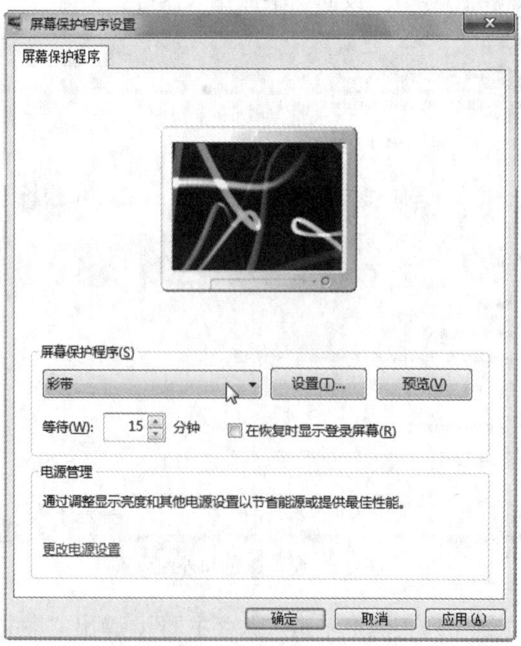

图 2-24　屏幕保护程序设置

（7）桌面小工具

Windows 7 为用户提供了一种显示在桌面上既美观又实用的桌面小工具程序。

W2.2.5 桌面小工具设置

步骤 1：在桌面上单击鼠标右键，在弹出的快捷菜单中选择“小工具”命令，打开“小工具库”对话框。

步骤 2：在其列表框中选择需要在桌面显示的小工具程序，这里分别双击“日历”和“时钟”小工具，即可在桌面右上角显示出这两个小工具，如图 2-25 所示。

步骤 3：显示桌面小工具后，使用鼠标拖动小工具将其调整到所需的位置，将鼠标放到工具上面，其右边会出现一个控制框，通过单击控制框中相应的按钮可以设置或关闭小工具。

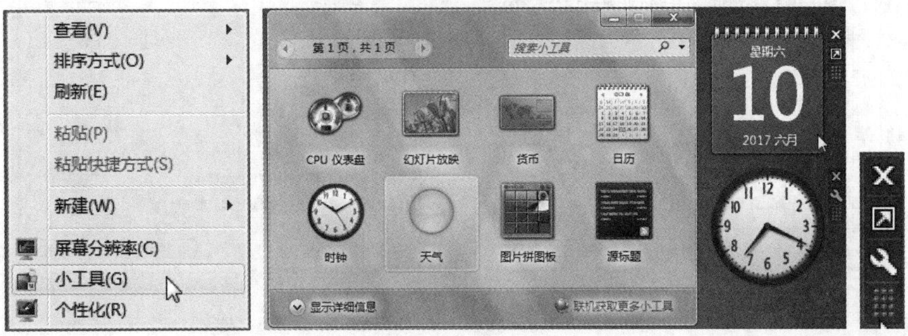

图 2-25　桌面小工具

3．定制任务栏和“开始”菜单

在计算机的使用过程中，有时候需要隐藏任务栏以获得更多的显示空间，或者取消任务栏上程序按钮的合并功能，或者需要改变一下“开始”菜单的显示内容，这时候我们需要对任务栏和“开始”菜单进行定制。

W2.2.6 “开始”菜单与任务栏设置

步骤 1：在“个性化”窗口中单击“任务栏和「开始」菜单”超链接，也可以在任务栏的空白区域或“「开始」菜单”按钮上单击鼠标右键并在弹出的快捷菜单中选择“属性”命令，打开“任务栏和「开始」菜单属性”对话框。

步骤 2：单击“任务栏”选项卡，“任务栏按钮”设置为“从不合并”，单击选中“自动隐藏任务栏”复选框，如图 2-26 所示。

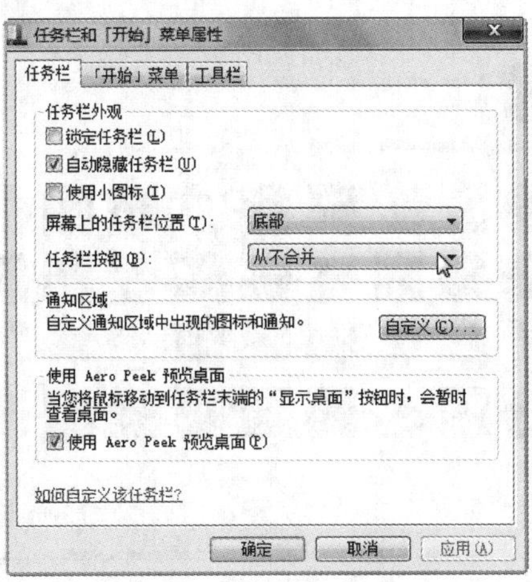

图 2-26　定制任务栏

步骤3：单击“「开始」菜单”选项卡，单击“电源按钮操作”下拉列表框右侧的下拉按钮，在打开的下拉列表中选择“切换用户”选项。

步骤4：单击 自定义(C)... 按钮，打开“自定义「开始」菜单”对话框，在“要显示的最近打开过的程序的数目”数值框中输入“5”，如图2-27所示。

步骤5：依次单击 确定 按钮，应用设置。

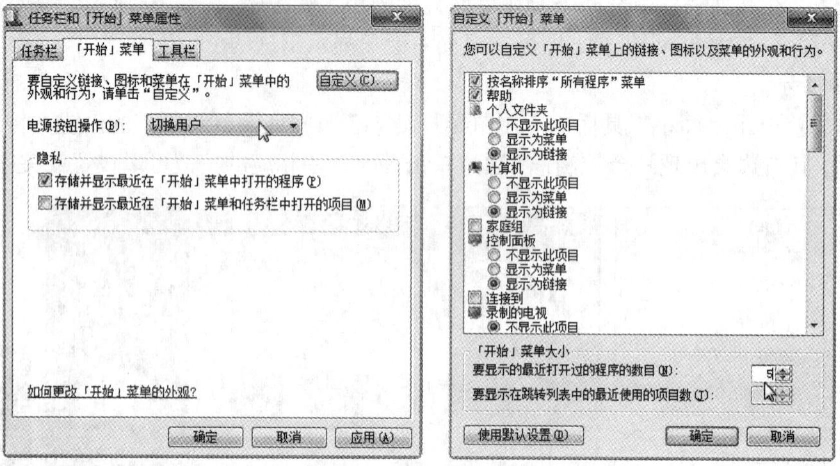

图2-27　定制“开始”菜单

4．定制账户

当多个用户使用同一台计算机时，为了不使用户之间的设置（如桌面主题）相互冲突，可以使用Windows 7的多用户功能，在Windows 7中可以为每个用户建立一个独立的账户，这样每个用户可以用自己的账号登录Windows 7，每个账户都有相对独立的Windows 7设置，且互不影响。

W2.2.7　Windows账户设置

（1）更改账户图片

在“个性化”窗口中单击“更改账户图片”超链接，打开“更改图片”窗口，选择“小狗”图片样式，然后单击 更改图片 按钮，如图2-28所示。

图2-28　更改账户图片

（2）当前账户设置

步骤 1：依次单击“开始”菜单→“控制面板”，或者在“个性化”窗口中的地址栏中单击“控制面板”，进入“控制面板”窗口，如图 2-29 所示。

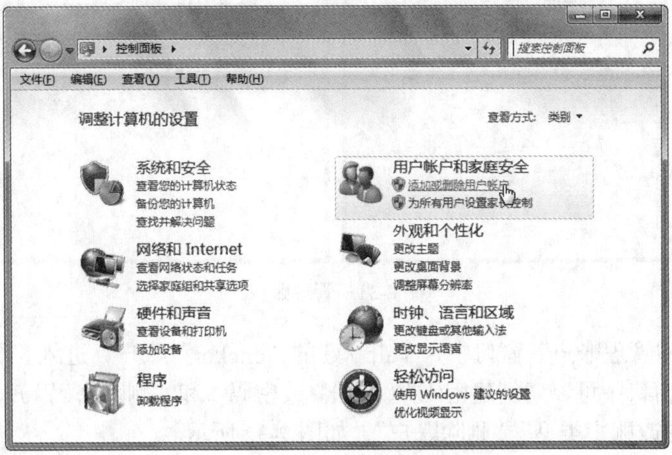

图 2-29　控制面板

步骤 2：在“控制面板”窗口中，单击“用户账户与家庭安全”下面的“添加或删除用户账户”超链接，打开“用户账户”设置窗口。

步骤 3：在“用户账户”设置窗口中，可以为当前用户账户“创建密码”（或者“修改密码”和“删除密码”）和“更改图片”，如图 2-30 所示。

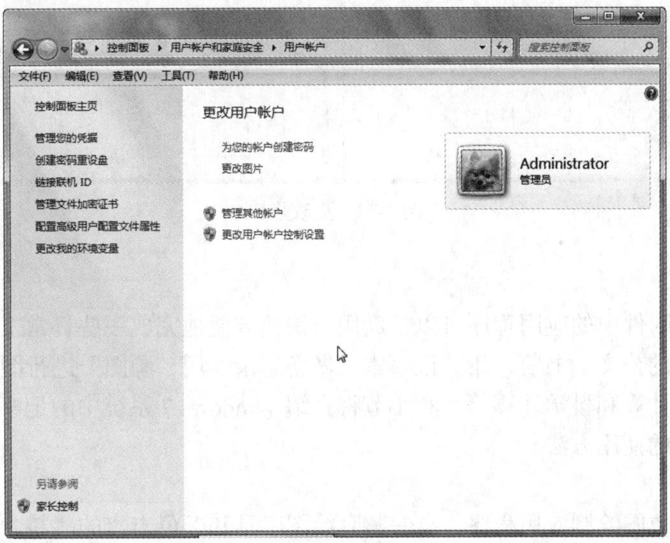

图 2-30　用户账户

（3）管理其他账户

步骤 1：参照“当前账户设置”打开“用户账户”设置窗口，然后单击“管理其他账户”超链接，进入“管理账户”窗口。

步骤 2：在“管理账户”窗口中，单击“创建一个新账户”超链接，打开“创建新账户”窗口，填写账户名称、选择账户类型后，单击“创建账户”按钮创建账户并回到“管理账户”窗口，如图 2-31 所示。

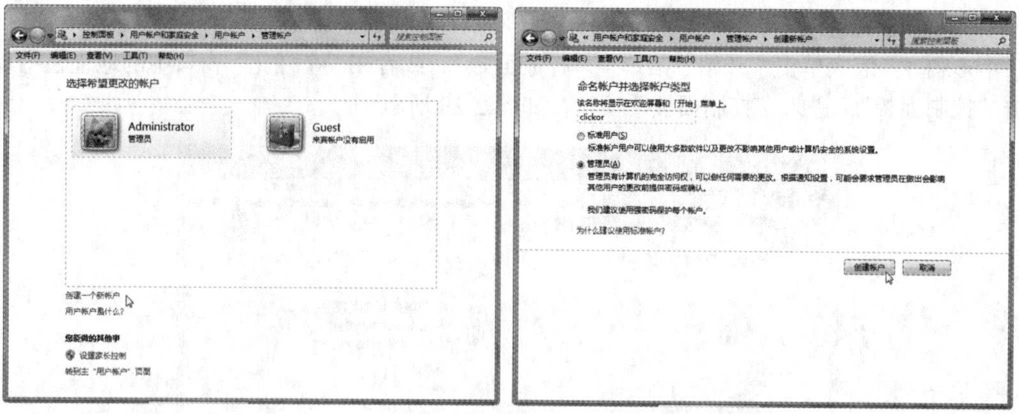

图 2-31　管理账户

步骤 3：在“管理账户”窗口中，单击新建的“clickor”账户，进入“更改账户”窗口。在“更改账户”窗口中可以“创建密码”（或“修改密码”和“删除密码”）、“更改图片”“更改账户名称”“更改账户类型”“删除账户”，如图 2-32 所示。

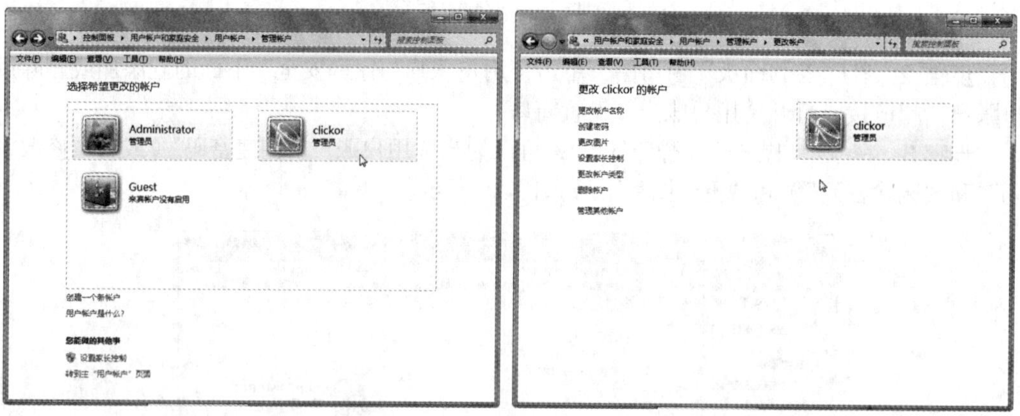

图 2-32　更改账户

【知识链接】

Windows 7 附件中的应用程序可以帮助用户快速方便地完成一些日常工作，例如用“写字板”处理日常的公文、书信，用“记事本”做备忘录，用“画图”进行图像处理，用“计算器”进行简单计算和科学计算等。本小节将介绍 Windows 7 系统中的记事本、画图、截图工具等常用附件的使用方法。

（1）画图

画图是一个位图绘制应用程序，有一整套绘图工具和颜色丰富的颜料盒，可以用它们绘制多种图形。利用剪切、复制、粘贴等技术，可以把利用“画图”创建的图形加入到各类文档中，也可以把用“画图”程序创建的文件作为 Windows 的墙纸。另外，利用“画图”程序可以编辑、显示和输出图形文件。

单击“开始”菜单，选择“所有程序”→“附件”→“画图”命令启动“画图”程序，“画图”窗口的顶部是功能区，包括“剪贴板”“工具”“刷子”“形状”和“颜色”等选项组。在“画图”窗口中绘制图形的一般步骤包括定制画布尺寸、选择颜色、设置线条的粗细、选择绘图工具、绘制图形、在画布上输入文本、保存等。

请试着绘制图 2-33 所示的简单图形，并保存为：我的第一张图.bmp。

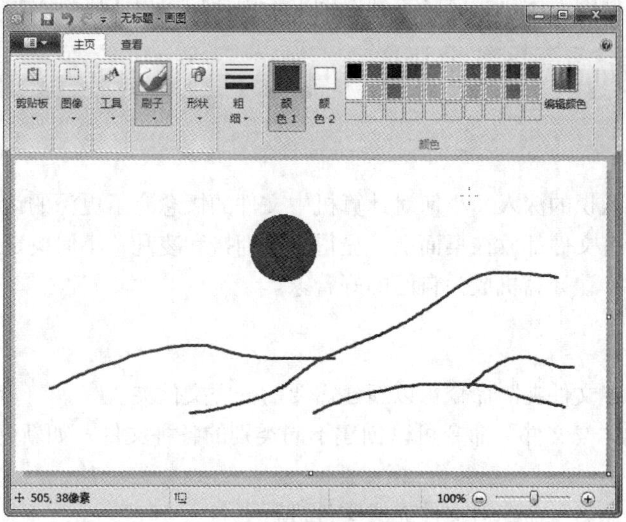

图 2-33　画图程序

（2）记事本

“记事本”只是一个简易的纯文本文件编辑器，以存储文本文件为主，可以用它来编辑一些没有特定格式的纯文本文件，例如经常用于存储一些提示信息（如安装软件的系列号，安装说明、备忘、摘要、留言等），也可以用来编辑程序文件、网页文件等。单击“开始”菜单，选择“所有程序”→“附件”→“记事本”命令，打开“记事本”窗口，将一段话输入到窗口当中，以“我的第一个文本.txt”为文件名保存至桌面。

（3）截图工具

在使用计算机的过程中，常常需要进行截图操作。传统的截图方式是使用键盘上的【PrintScreen】键来完成，当需要截图时，按一下【PrintScreen】键，Windows 会将当前屏幕截图并保存在剪贴板中，然后打开“画图”程序，单击“剪贴板”中的“粘贴”菜单即可将剪贴板中的缓存图片导入到“画图”程序中。

Windows 7 系统新增了截图工具，该截图工具灵活性高，并且具有简单的图片编辑功能，便于对截取的内容进行处理。单击“开始”菜单，选择“所有程序”→“附件”→“截图工具”命令，可以打开“截图工具”窗口，如图 2-34 所示。

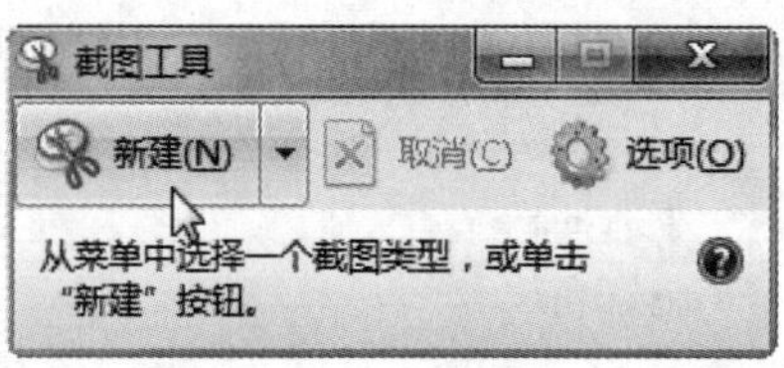

图 2-34　截图工具

截图的具体操作如下。

步骤 1：在“截图工具”窗口中，单击“新建”按钮右侧的箭头按钮，从下拉菜单中选择合适的截图模式，就可以开始截图了，有四种截图方式可供选择：“任意截图”“矩形截图”“窗口截图”和“全屏截图”。

步骤 2：屏幕图像截取成功后，利用工具栏上的“笔”和“荧光笔”，可以在图片上添加说明，用“橡皮擦”可以擦去错误的标注，单击“保存截图”按钮，可以将截图保存到本地磁盘，单击“发送截图”按钮，能够将截取的屏幕图像通过电子邮件发送出去。

任务3 管理 Windows 文件资源

【任务描述】

随着对计算机认识的深入，小何对计算机中文件的概念有了更深的认识，学会了文件的复制操作，但是所有文件都放在桌面上，显得十分拥挤和凌乱，小何决定好好规整一下自己的程序和文件资料，让计算机成为自己的好管家。

【操作要点】

- 通过“新建文件夹”命令可以新建需要的分类文件夹。
- 通过新建“**文件”命令可以创建不同类别的各种文件，如新建“Microsoft Word 文档”。
- 通过“重命名”命令对文件夹或文件进行更名。
- 通过“剪切”“复制”“粘贴”等命令对文件进行归类整理。
- 通过“删除”命令对文件进行移除。

【任务实施】

1. 资源管理器与文件夹选项

资源管理器是对计算机的资源进行管理的实用程序，利用它可以对所有资源进行管理，包括磁盘、文件及文件夹、外部设备等。

资源管理器是文件资源主要的管理工具。

（1）资源管理器的启动

方式 1：双击桌面上的“计算机”图标，打开资源管理器，如图 2-35 所示。

方式 2：用鼠标右键单击“开始”菜单，在弹出的快捷菜单中选择“打开 Windows 资源管理器”命令。

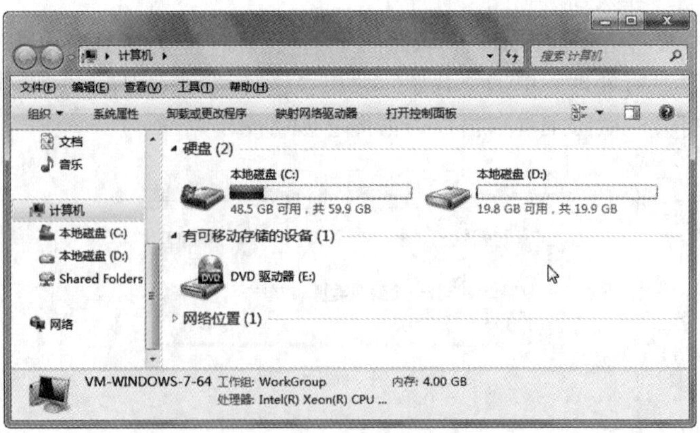

图 2-35 资源管理器

（2）文件及文件夹的浏览

Windows 资源管理器是使用资源树的层次结构来组织和管理计算机各种资源的。浏览操作方式如下。

浏览下级文件夹：双击资源管理器内容区中的磁盘或文件夹，或者在资源管理器左侧的导航栏中单击磁盘或文件夹，即可进入下一个文件夹，如图 2-36 所示。

浏览上级文件夹：单击资源浏览器左上角的前进/后退按钮或地址栏，可以逐级返回上级文件夹或者进入某一层级的资源文件夹。

文件及文件夹的显示方式设置：单击资源浏览器工具条右侧的按钮旁的箭头，可以更改文件及文件夹的显示方式，如大图标、小图标、详细信息等，如图 2-36 所示。

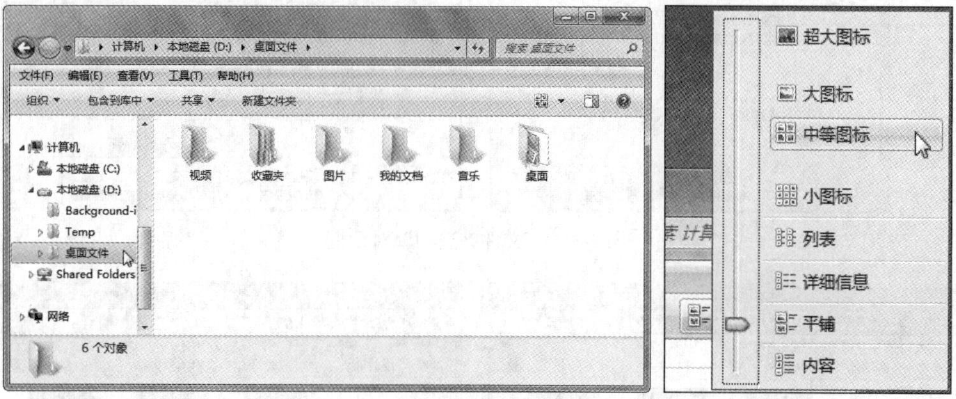

图 2-36　资源浏览

（3）文件夹选项的设置

在浏览文件时，有的文件没有显示其扩展名，这样就会给文件管理工作带来极大的不便，我们可以通过设置资源浏览器的文件夹选项来解决这个问题，步骤如下。

步骤 1：单击资源浏览器的工具菜单，选择下拉菜单中的“文件夹选项”命令，如图 2-37 所示，打开“文件夹选项”对话框。

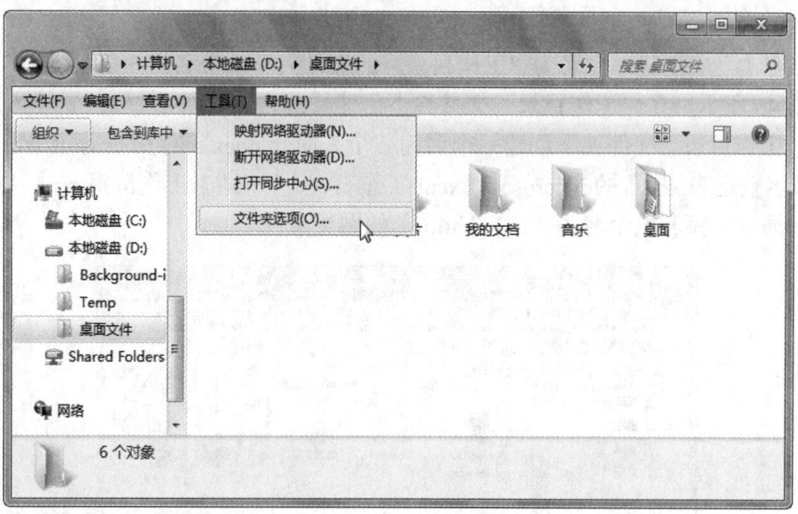

图 2-37　选择“文件夹选项”命令

步骤 2：在“文件夹选项”对话框中，单击“查看”选项卡，在“高级设置”中找到“隐藏已知文件类型的扩展名”一项，去掉前面的勾选，如图 2-38 所示。

步骤 3：在“文件夹选项”对话框中单击“确定”或“应用”按钮，启用设置。隐藏已知文件类型的扩展名勾选前后的效果对比如图 2-39 所示。

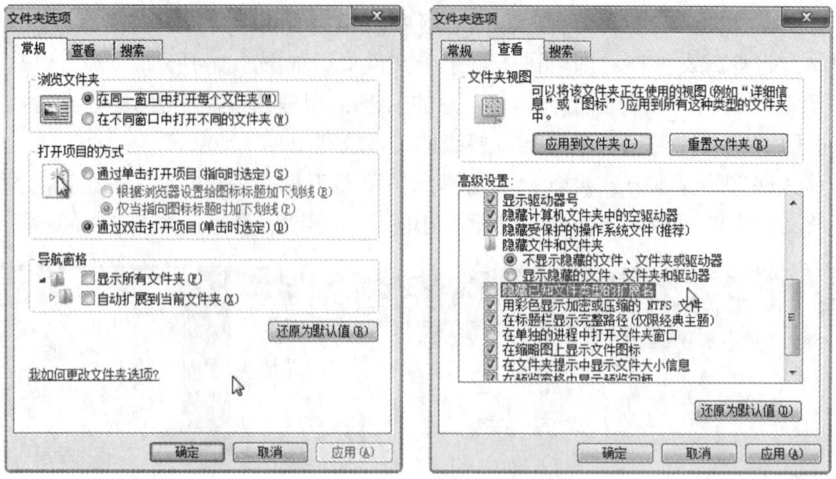

图 2-38 “文件夹选项”对话框

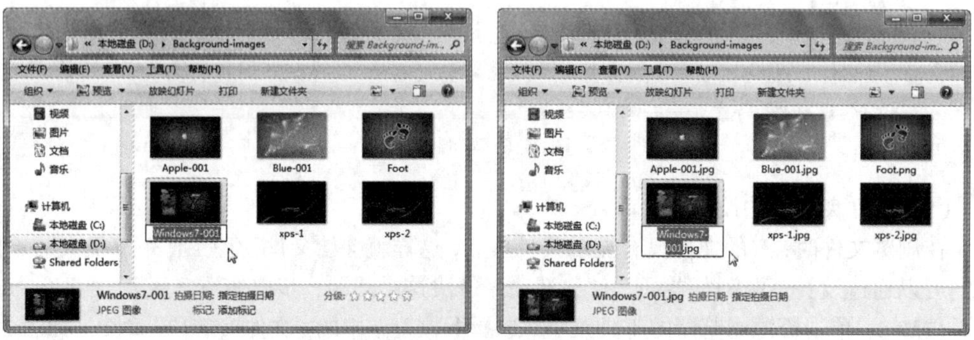

图 2-39 隐藏已知文件类型的扩展名勾选之前与之后的效果

2．创建文件和文件夹

在“磁盘 D”中创建一个名为“工作目录”的文件夹和一个名为“学习资料”的文件夹，结果如图 2-40 所示。在“工作目录”文件夹下创建“2017 年上”和“2017 年下”两个文件夹；再在“工作目录”文件夹下创建一个名为“个人简介.docx”的 Microsoft Word 文档、一个名为“报名登记表.xlsx”的 Microsoft Excel 工作表、一个“期末工作汇报.pptx”的 Microsoft PowerPoint 演示文稿和一个名为“index.html”的网页文件。

图 2-40 新建文件夹

步骤 1：可选择以下方法之一进行操作。

- 单击“文件”菜单→“新建”→“文件夹”命令，输入新名称“工作目录”后按【Enter】键确认，或单击空白处确认即可。
- 在右边窗口空白处单击鼠标右键，弹出快捷菜单，选择“新建”→“文件夹”命令，其他操作同上。
- Windows 7 还为我们提供了快速创建文件夹的方法：在菜单栏下方的工具栏中有“新建文件夹”按钮，单击该按钮后其他操作同上。

W2.3.1　新建文件和文件夹

步骤 2：使用同样的方法创建“学习资料”的文件夹。

步骤 3：双击“工作目录”，进入“工作目录”文件夹，参照步骤 1 的方法依次创建“2017 年上”和“2017 年下”两个文件夹。

步骤 4：在“工作目录”文件夹中，单击“文件”菜单→“新建”→“Microsoft Word 文档”，输入文件名“个人简介.docx”后按【Enter】键确认，或单击空白处确认即可。

步骤 5：在“工作目录”文件夹中，用鼠标右键单击窗口空白处，弹出快捷菜单，选择“新建”→“Microsoft Excel 工作表”命令，输入文件名为“报名登记表.xlsx”。

步骤 6：采用步骤 4 或步骤 5 的方法创建名为“期末工作汇报.pptx”的 PowerPoint 文档。

步骤 7：在“工作目录”文件夹中，用鼠标右键单击窗口空白处，弹出快捷菜单，选择“新建”→“文本文件”，输入文件名为“index.html”后按【Enter】键确认，或单击空白处确认，在弹出的警告对话框中单击“确定”按钮即可。结果如图 2-41 所示。

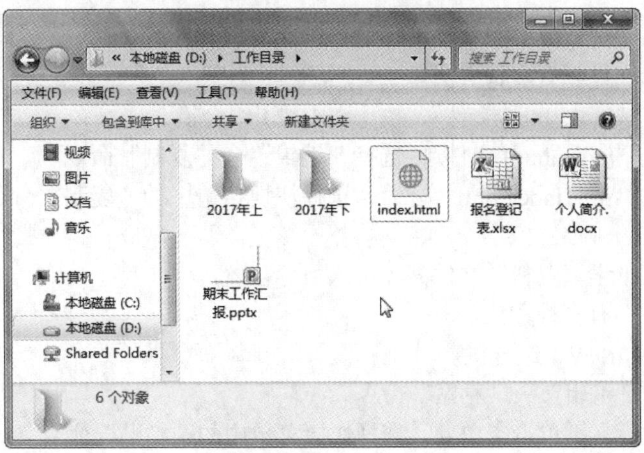

图 2-41　新建文件

3. 文件和文件夹的选取

在 Windows 系统中，要对文件或文件夹进行操作，首先要选中它们，操作原则是先选择，后操作，可以选中单一的文件或文件夹，也可以同时选中几个对象。

选定单个对象的操作：在磁盘或文件夹窗口中，直接单击要选择的文件或文件夹。

选定多个对象的操作如下。

- 全选：单击窗口的“编辑”菜单→“全部选定”命令，或用按【Ctrl+A】组合键。
- 连续多选：单击选定待选的第一个对象，按住【Shift】键，单击待选对象中的最后一个对象。
- 不连续多选：按住【Ctrl】键后，逐个单击选定对象，单击已选对象时会取消选定该对象。

- 反向选择：选择“编辑”→“反向选择”命令，将选定对象变为未选，未选对象变为选定。
- 鼠标多选：在空白处，按住鼠标左键并拖动，虚线框覆盖的对象将被选定。

取消选定对象的操作如下。

- 取消部分选定对象：按住【Ctrl】键，单击要取消选定的对象。
- 取消全部选定对象：可单击窗口的空白处。

4. 文件和文件夹的重命名

为文件或文件夹重新命名，可以有多种方法。

方法 1：选定要重命名的文件或文件夹，单击“文件”菜单→“重命名”命令，进入重命名状态，输入新的名称后按【Enter】键或单击窗口空白处，放弃重命名按【Esc】键。

W2.3.2 复制、移动与重命名

方法 2：用鼠标右键单击要重命名的文件或文件夹，选择快捷菜单中的“重命名”命令，其他操作同方法 1。

方法 3：选定要重命名的文件或文件夹，然后再单击名称进入重命名状态，其他操作同方法 1。

5. 文件和文件夹的复制

将“工作目录”文件夹中的“index.html”文件复制到 D 盘根目录下的“学习资料文件夹”中。操作分两部分完成：复制操作、粘贴操作。

（1）复制操作

步骤 1：进入“工作目录”文件夹（进入源文件所在位置）。

步骤 2：复制文件，有多种方法。

方法 1：选定“index.html 文件”，按【Ctrl+C】组合键。

方法 2：选定“index.html 文件”，选择“编辑”→“复制”命令。

方法 3：右键单击“index.html 文件”，选择快捷菜单中的“复制”命令。

（2）粘贴操作

步骤 1：进入“学习资料”文件夹（进入目标位置）。

步骤 2：粘贴，有多种方法。

方法 1：按【Ctrl+V】组合键。

方法 2：选择“编辑”→“粘贴”命令。

方法 3：用鼠标右键单击空白处，选择快捷菜单中的“粘贴”命令。

6. 文件和文件夹的删除

删除“工作目录”文件夹中的“期末工作汇报.pptx”文件和“学习资料”文件夹中的“index.html”文件。然后还原被删除的“期末工作汇报.pptx”文件。最后彻底删除“index.html”文件。

W2.3.3 文件和文件夹的删除

步骤 1：进入“工作目录”文件夹。

步骤 2：删除文件，有多种方法。

方法 1：选定“期末工作汇报.pptx”文件，选择“文件”→“删除”命令。

方法 2：用鼠标右键单击“期末工作汇报.pptx”文件，选择快捷菜单中的“删除”命令。

步骤 3：参考步骤 1、步骤 2 删除“学习资料”文件夹中的“index.html”文件。

步骤 4：双击 Windows 桌面上的“回收站”，找到被删除的“期末工作汇报.pptx”文件。

步骤 5：还原操作，有多种方法。

方法 1：用鼠标右键单击回收站中的“期末工作汇报.pptx”文件，选择快捷菜单中的“还原”命令。

方法 2：选定“期末工作汇报.pptx”文件，选择“文件”→“还原”命令。

方法 3：选定“期末工作汇报.pptx”文件，单击工具栏上的“还原此项目”按钮。

步骤 6：彻底删除“index.html”文件。有多种方法。

方法 1：用鼠标右键单击回收站中的“index.html”文件，选择快捷菜单中的“删除”命令。

方法 2：选定“index.html”文件，选择“文件”→“删除”命令。

方法 3：打开回收站窗口，选择“文件”→“清空回收站”命令。

方法 4：打开回收站窗口，单击工具栏上的“清空回收站”按钮。

方法 5：用鼠标右键单击桌面上的回收站图标，选择快捷菜单中的“清空回收站”命令。

7．文件和文件夹的移动

将“工作目录”文件夹中的“index.html”文件移动到 D 盘根目录下的“学习资料文件夹”中。操作分两部分完成：剪切操作、粘贴操作。

（1）剪切操作

步骤 1：进入“工作目录”文件夹（进入源文件所在位置）。

步骤 2：剪切，有多种方法。

方法 1：选定“index.html 文件”，按【Ctrl+X】组合键。

方法 2：选定“index.html 文件”，选择“编辑”→“剪切”命令。

方法 3：用鼠标右键单击“index.html 文件”，选择快捷菜单中的“剪切”命令。

（2）粘贴操作

步骤 1：进入“学习资料”文件夹（进入目标位置）。

步骤 2：粘贴，有多种方法。

方法 1：按【Ctrl+V】组合键。

方法 2：选择“编辑”→“粘贴”命令。

方法 3：用鼠标右键单击空白处，选择快捷菜单中的“粘贴”命令。

8．文件和文件夹的属性设置

设置“工作目录”文件夹中的“个人简介.docx”文件的属性为只读和归档；隐藏“工作目录”文件夹中的“2017 年上”文件夹。

步骤 1：打开“工作目录”文件夹，找到并选定“个人简介.docx”文件。

步骤 2：打开“属性”对话框，有多种方法。

方法 1：用鼠标右键单击“个人简介.docx”文件并选择快捷菜单中的“属性”命令。

方法 2：选定“个人简介.docx”文件，选择“文件”→“属性”命令。

W2.3.4 文件和文件夹的属性设置

步骤 3：在“属性”对话框中勾选“只读”属性，然后单击“高级”按钮进入“高级属性”对话框，勾选“可以存档文件”复选项，单击“确定”按钮逐级返回。

步骤 4：打开“工作目录”文件夹，找到并选定“2017 年上”文件夹。

步骤 5：参考步骤 2 的方法，选定“2017 年上”文件夹并打开“属性”对话框。

步骤 6：在“属性”对话框中勾选“隐藏”属性；单击“确定”按钮逐级返回。

【知识链接】

1．磁盘、文件、文件夹

在计算机体系结构中，计算机系统包括硬件系统和软件系统，广义地讲，软件由程序和数据组成。而所有的程序和数据都是以文件的形式保存在计算机的存储设备中，磁盘是最常用的存储设备。

磁盘：计算机中的一种存储介质。一台计算机可以安装多个硬盘（物理磁盘），每个硬盘又可以分为多个逻辑磁盘（简称磁盘），本书中如果没有特别说明，书中的磁盘均指逻辑磁盘。U 盘也是磁盘的一种。

文件：计算机中的基本存储单位，是 Windows 系统中程序和数据的主要存储形式。

文件夹：文件分类管理的一种方式，文件夹是一个容器，又称为目录，文件夹中可以存放文件，还可以存放文件夹，如果在“文件夹 A”中有一个“文件夹 B”，那么，“文件夹 B”称为“文件夹 A”的子文件夹，“文件夹 A”则称为“文件夹 B”的上级文件夹或父文件夹。

磁盘、文件、文件夹三者之间的关系如图 2-42 所示。

① 磁盘上可以存放文件和文件夹。

② 文件夹中可以存放文件夹和文件。

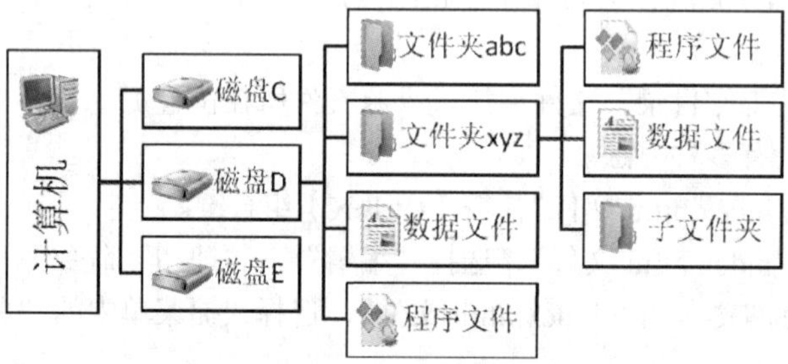

图 2-42　磁盘、文件、文件夹的关系

可以用一个通俗的比喻来描述磁盘、文件和文件夹之间的关系：将计算机比喻成一个图书馆，那么磁盘就相当于仓库（房间），文件夹则相当于仓库中的书架，而文件则相当于其中的各种图书。

2．磁盘、文件和文件夹的命名规则

盘符是 Windows 操作系统对于磁盘存储设备的标识符。一般使用 26 个英文字符加上一个冒号（:）来标识。由于历史的原因，早期的 PC 一般装有两个软盘驱动器，所以，“A:”和“B:”这两个盘符就用来表示软驱。而硬盘设备就是从字母“C:”开始，一直到“Z:”。要注意的是对于 UNIX、Linux 系统来说，则没有盘符的概念，但是目录和路径的概念是相同的。

文件名是文件在计算机内的标识符，由一个符合规则的字符序列组成；文件夹的名称与文件的名称规则相同，所以通常所说的文件名指的是文件或文件夹的名称。

典型的文件名由主文件名<简称文件名>和文件扩展名<类型名>组成，在文件名和文件扩展名之间加一个间隔符（圆点符号“.”），下面详细介绍 Windows 7 操作系统中文件的命名规则。

规则 1：文件名由除\ /：* ? ″ < >|之外的可见字符组成。

规则 2：不区分字母大小写，但保留小写格式，如 aBc.TXT 和 abc.txt 被认为是同一文件。

规则 3：文件名的长度最多可以有 255 个字符。

规则 4：文件名中可以使用汉字和空格，但空格作为文件名的开头字符或单独作为文件名时不起作用。

规则 5：文件名中可以使用多个间隔符“.”，但只有最后一个分隔符后的部分才能作为文件的扩展名。

规则 6：同一磁盘的同一文件夹中不能有同名的文件和文件夹。

文件名的通配符代表一组文件，通配符有两种：“*”和“？”。“*”通配符可以代表所在位置的多个字符；“？”通配符代表所在位置的一个任意字符。例如以下几种。

.：代表所有的文件夹和文件。

*.txt：代表文件名任意，扩展名是 txt 的所有文件。

A*.*，代表文件名中第一个字符是“A”的所有文件。

ABC？.doc：表示以 ABC 开头，第四个字符任意，扩展名是 doc 的所有文件。

3．文件的类型

文件有很多类型，它根据所含的信息的类型进行分类。在 Windows 中除了以扩展名（类型名）表示文件的类型以外，还可以用不同的图标表示不同的文件类型，如表 2-3 所示。

表 2-3　常见文件类型一览表

文件图标	扩展名	文件类型
	exe	程序文件
	com	MS-DOS 应用程序
	bat	批处理文件
	txt	文本文件
	ini	Windows 系统配置文件
	bmp	位图文件
	gif	GIF 图像文件
	png	PNG 图像文件
	wmf	图文元件
	jpg	JPEG 图像文件
	wav	音频波形文件
	mp3	MP3 音频文件
	mp4	视频文件剪辑
	wmv	Windows Media Player 视频文件
	mpg	MPEG 视频文件
	doc	Word 97-2003 文档文件
	xls	Excel 97-2003 电子表格文件
	ppt	PowerPoint 97-2003 演示文稿文件
	docx	Word 2007 及以上文档文件
	xlsx	Excel 2007 及以上电子表格文件
	pptx	PowerPoint 2007 及以上演示文稿文件
	psd	Photoshop 文件
	pdf	PDF 电子文档
	rar	压缩文件

续表

文件图标	扩展名	文件类型
	htm	网页文件
	swf	Flash 动画发布文件

4．文件及文件夹的属性

文件和文件夹的属性涉及查看文件与文件夹信息、显示文件扩展名及隐藏文件与文件夹等方面，有助于进一步获取文件信息，有效管理文件与文件夹。

查看文件或文件夹属性方法：用鼠标右键单击文件或文件夹图标，从弹出的快捷菜单中选择“属性”命令。这时便打开了文件或文件夹属性对话框，从中可以看到更详细的信息，如图 2-43 和图 2-44 所示。

在文件或文件夹的属性对话框中可以设置文件或文件夹的只读、隐藏等属性。单击属性对话框中的“高级”按钮，则会打开文件或文件夹的“高级属性”对话框，其中可以设置文件及文件夹的“归档”属性，如图 2-45 所示。

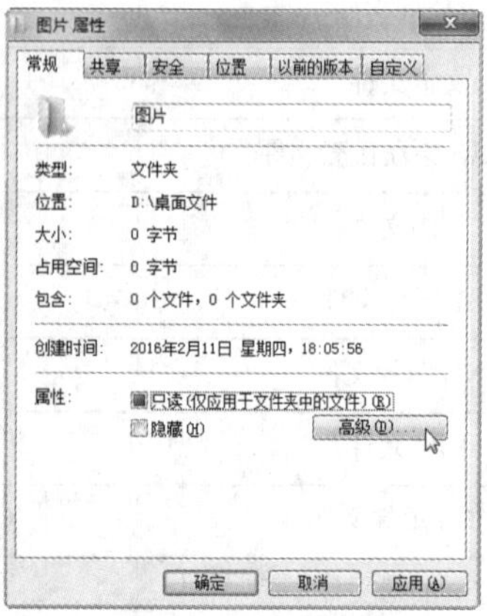

图 2-43　文件夹属性

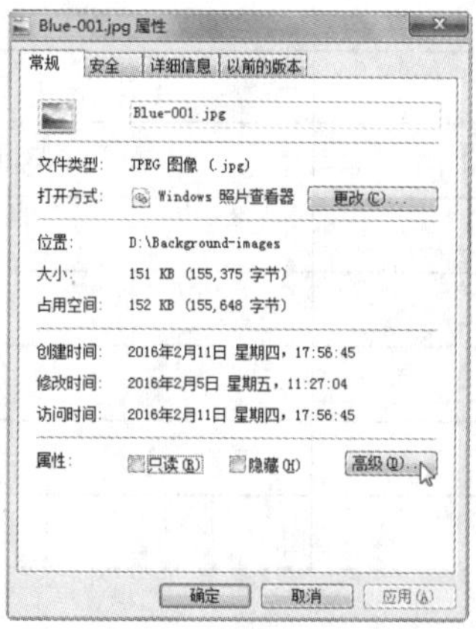

图 2-44　文件属性

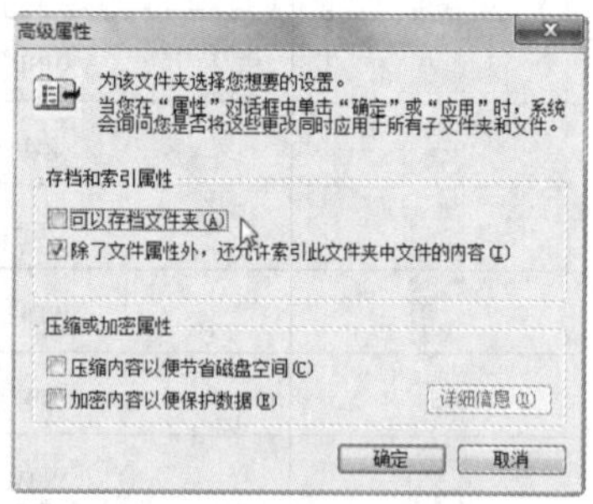

图 2-45　高级属性

5．路径与文件完整的标识名

路径用来说明一个文件或者一个子文件夹（子目录）在文件夹树（目录树）中的位置，表示一个文件的位置有相对路径和绝对路径两种方式。

① 当前文件夹（目录）：系统当前正在工作的文件夹（目录）。当前文件夹用“.”表示，当前文件夹（目录）的上一级文件夹用“..”表示。

② 根文件夹（目录）：是磁盘上的顶级文件夹、路径的起点，根目录用“\”表示。

③ 绝对路径：从根文件夹（根目录）写起，一直写到文件所在的文件夹（目录）。

④ 相对路径：从当前文件夹（目录）写起，一直写到文件所在的文件夹（目录）。

在图 2-46 中，假设文件 word 为当前文件夹（目录），那么，CXW.DOCX 文件和 MNLY.MDB 文件的路径写法如下。

（1）CXW.DOCX 文件

绝对路径：\word\wordl\CXW.DOCX

相对路径：wordl\CXW.DOCX　或者　.\wordl\CXW.DOCX

（2）MNLY.MD 文件

绝对路径：\access\access2\MNLY.MD

相对路径：..\access\access2\MNLY.MD

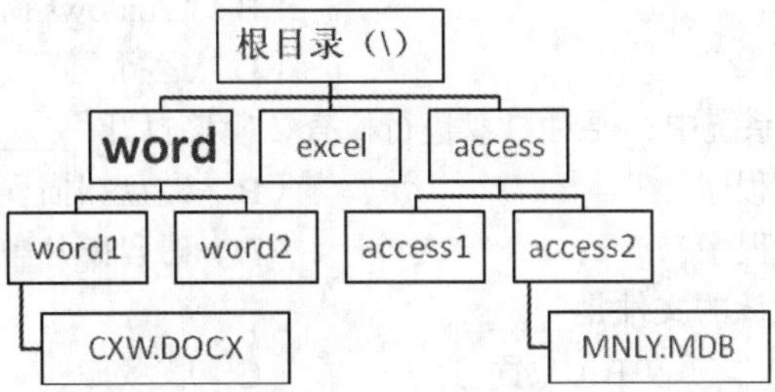

图 2-46　文件及文件夹结构

6．文件完整的标识名

由上面的概念可以看出，要完整地标识一个文件，应有文件所在的磁盘、文件夹（目录）、文件的名称和扩展名等信息。完整的文件说明：

[驱动器][路径][<文件名>][.<扩展名>]

图 2-46 中 CXW.DOCX 文件和 MNLY.MDB 文件的文件全名如下。

CXW.DOCX 文件：C:\word\wordl\CXW.DOCX

MNLY.MDB 文件：C:\access\access2\MNLY.MD

课外训练

1．单选题

（1）Windows 7“桌面”指的是______。

（A）整个屏幕　（B）全部窗口　（C）某个窗口　（D）活动窗口

（2）Windows 7 提供的是______用户界面。

（A）交互式菜单　（B）交互式图形　（C）交互式字符　（D）批处理

（3）在 Windows 7 系统中，桌面上的任务栏______。

（A）只能固定在桌面的底部

（B）只可以在桌面上移动位置，但不能改变大小

（C）可改变大小，不能在桌面上移动位置

（D）既可以移动位置，也可以改变大小

（4）对话框外形和窗口差不多，______。

（A）也允许用户改变其大小　（B）也有标题栏

（C）也有最大化、最小化按钮　（D）也有菜单栏

（5）在 Windows 7 系统中，中英文输入法之间切换使用______。

（A）【Alt+Shift】组合键　（B）【Ctrl+Space】组合键

（C）【Ctrl+Shift】组合键　（D）【Enter】键

（6）Windows 7 系统中，在“智能 ABC 输入法”的输入法工具栏，使用动态键盘应该单击______。

（A）中英文标点符号切换按钮　（B）各种输入法切换按钮

（C）中英文输入法切换按钮　（D）动态键盘

（7）在 Windows 7 安装完成后，桌面第一次显示的图标有______。

（A）“回收站”　（B）“我的电脑”　（C）“网上邻居”　（D）“我的文档”

（8）在 Windows 7 中，______不是“附件”程序组中的工具。

（A）记事本　（B）Windows Media Player

（C）录音机　（D）运行

（9）在 Windows 7 系统中，要对 C 盘进行检查，应该打开______。

（A）磁盘清理程序　（B）磁盘扫描程序

（C）磁盘备份程序　（D）磁盘碎片整理程序

（10）Windows 7 默认的文件是______。

（A）我的文档　（B）桌面　（C）收藏夹　（D）我的公文包

（11）要把整个屏幕画面放入剪贴板，应按______键。

（A）【Ctrl】　（B）【Shift】

（C）【PrintScreen】　（D）【Alt+PrintScreen】组合

（12）Windows 中，激活快捷菜单的操作是______。

（A）单击鼠标左键　（B）移动鼠标　（C）拖放鼠标　（D）单击鼠标右键

（13）在 Windows 文件夹窗口中，执行“编辑”中的______命令，可选定全部文件。

（A）反向选择　（B）复制　（C）剪切　（D）全部选择

（14）对于写字板，下面的叙述不正确的是______。

（A）可以对文本格式化　（B）可以对段落排版

（C）可以进行查找和替换操作　（D）不可以插入图像等对象

（15）在 Windows 文件夹窗口中共有 24 个文件，用鼠标左键依次单击前 5 个文件，有______个文件被选定。

（A）0　（B）1　（C）5　（D）24

（16）在 Windows 7 中，最近______剪贴的内容可以保留在剪贴板中。

（A）2 次　（B）12 次　（C）1 次　（D）24 次

（17）在 Windows 的“开始”菜单中，如果某菜单项后面有“>”符号则表示______。

（A）该菜单不能操作　（B）选用该菜单会出现对话框

（C）该菜单有级联菜单　（D）可用组合键来执行此菜单命令

（18）在 Windows 中，若要恢复回收站中的文件，在选定待恢复的文件后，应选择文件菜单中______命令。

（A）还原　（B）清空回收站　（C）删除　（D）关闭

（19）按下______组合键，可以迅速锁定计算机。

（A）【Ctrl+M】　（B）【Win+M】　（C）【Ctrl+L】　（D）【Win+L】

（20）在 Windows 文件夹窗口中选定若干个不相邻的文件，应先按住______键，再单击各个待选的文件。

（A）【Shift】　（B）【Ctrl】　（C）【Tab】　（D）【Alt】

（21）“开始”菜单的左窗格显示的最近使用程序的数目默认为______。

（A）6　（B）8　（C）12　（D）10

（22）Windows 7 中用于设置、控制计算机硬件和修改桌面布局的应用程序是______。

（A）计算机　（B）资源管理器　（C）控制面板　（D）任务管理器

2．操作题

（1）参考本项目中“任务 2 定制账户”的操作新建公共账户“客人用”后进行操作。启动 Windows 7 系统，选择管理员账户“Administrator”进入系统，设置当前账户登录密码为

"123321"，设置完成后锁定计算机；再次登录管理员账户。注销 Windows 7 系统，切换登录账户为"客人用"。

（2）将本章中"我的第一张图片"设置为屏幕背景，同时规定连续 1 分钟不使用计算机后自动启动屏幕保护程序。屏幕保护时快速显示文字"好好学习"，并使桌面上的文字显示得更大一些，再把显示器的分辨率设置成 640 像素 × 480 像素。

（3）添加"全拼"输入法，删除"微软拼音输入法"，将"智能 ABC"输入法属性设置为"鼠标指针跟随"和"词频调整"。

（4）在 E 盘上创建一个名为"STUDY"的文件夹，再在"STUDY"的文件夹中创建一个名为"STUDENT"的文件夹。将 E 盘上的"STUDY"文件夹中的"STUDENT"文件夹重命名为"TEACHER"。在 C 盘上查找"*.txt""*.jpg""*.wav""*.avi"文件，在搜索到的文件中，运用连续选、间隔选等方法任意选中 5 个文件，复制到"STUDY"文件夹中，并改名为 1、2、3、4、5，在"STUDY"的文件夹中新建一个名为"exam.txt"的文件。删除"STUDY"文件夹中的第 1、3、5 三个文件，将"STUDY"文件夹中的 2、4 文件复制到"TEACHER"文件夹中，将"STUDY"文件中名字为"2"的文件设置成隐藏属性。将"TEACHER"创建成快捷方式，修改该快捷方式的名称为"教师"。

（5）打开"计算机""记事本""画图"3 个程序，按【PrintScreen】键，将整个桌面上的画面截取下来，粘贴到"画图"窗口，并保存为"图 1.jpg"，再另存为"图 1.bmp"；再单击"计算机"，使其成为当前活动窗口，按【Alt+PrintScreen】组合键，粘贴到"画图"窗口，并保存为"图 2.jpg"。

（6）设置计算机的"区域和语言选项"，时间样式为"tt hh:mm:ss"，时间分隔符为"-"，短日期样式为"yy-mm-dd"，日期分隔符为"-"；货币符号为"¤"，正数格式为"¤1.1"，负数格式为"1.1 ¤-"。

项目三

Internet 应用

教学目标

- 理解计算机网络基础知识。
- 理解 Internet 基础知识。
- 掌握 Internet 基本应用及操作技能。

教学内容

- 计算机网络基础。
- 网上冲浪与信息检索。
- 收发电子邮件。

我国古代就有“秀才不出门全知天下事”的说法，当今这种说法已经通过计算机网络变成了现实。足不出户就能知道天下事，只要动动手指头就能在网上买到自己心仪的物品、预订机票、银行转账、即时通信、收发电子邮件、下载电影等，计算机网络的确给我们的生活带来了很多便利。

本项目通过典型任务，主要介绍计算机网络基础，包括计算机网络系统的组成、数据通信技术、网络拓扑结构、网络协议等；Internet 的基本应用及电子邮件的收发。通过学习，应理解计算机网络基础的基本概念并掌握网络基础知识，具备使用计算机网络及 Internet 的基本知识实现用浏览器搜索和浏览信息、发送邮件的能力。

任务 1 计算机网络基础

【任务描述】

这是一个全球化、信息化的时代，互联网与人们的生活息息相关，正在日益深刻地影响着我们所生活的世界，特别是给我们学习生活带来了重大变革。本任务的学习要求如下。

- 理解计算机网络的相关概念。
- 了解计算机网络的功能。
- 了解计算机网络的分类。
- 掌握计算机网络的拓扑结构。
- 掌握计算机网络系统的组成。
- 熟悉计算机网络的常用设备。

- 熟悉计算机网络的传输介质。
- 了解计算机网络的协议。
- 了解 TCP/IP。

【操作要点】

- 数据与信息、信号与信道、调制与解调、带宽与传输速率等的概念。
- 局域网、广域网、城域网的区别。
- 星形拓扑、环形拓扑、总线型拓扑结构的特点。
- 计算机网络系统的物理组成、系统组成及网络软件。
- 网络服务器、中继器与集线器、网桥与网关、路由器、交换机的功能。
- 双绞线、同轴电缆、光纤、无线传输介质的区别。
- TCP/IP、IP 地址与域名的关系。

【任务实施】

1．理解计算机网络的相关概念

（1）计算机网络

计算机网络是现代计算机技术与通信技术相结合的产物，它是以硬件资源、软件资源和信息资源共享以及信息传递为目的，在统一的网络协议控制下，将地理位置分散的许多独立的计算机系统连接在一起所形成的网络。

（2）数据通信

① 数据和信息

信息可以是语音、图像、文字等各种形式，是人们要通过通信系统传递的内容。信息总是与一定的形式相联系，这种形式的实体就是数据。可以说，数据是传递信息的实体，而信息是数据的内容或解释。数据又分为模拟数据和数字数据，模拟数据的取值是连续的（如人的语音强度、电路的电压高低），数字数据的取值只在有限个离散的点上取值（如计算机输出的二进制数据只有 0、1 两种状态）。

② 信号与信道

信号是数据在传输过程中的电信号的表示形式。电话线上传送的按照声音的强弱幅度连续变化的电信号称为模拟信号。模拟信号的信号电平是连续变化的，其波形如图 3-1（a）所示。计算机所产生的电信号是用两种不同的电平去表示 0、1 比特序列的电压脉冲信号，这种电信号称为数字信号，数字信号的波形如图 3-1（b）所示。

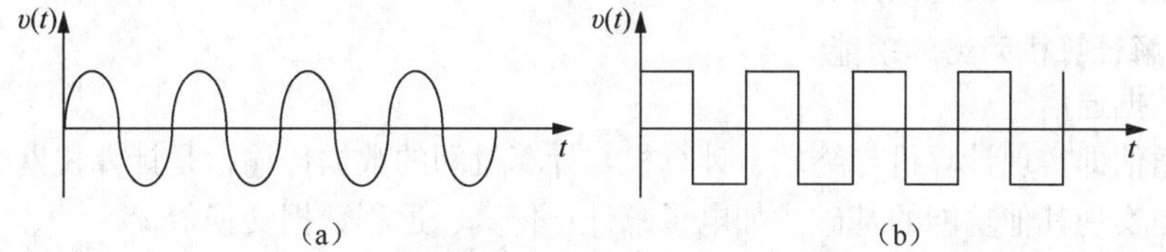

图 3-1　模拟信号和数字信号

按照在传输介质上传输的信号类型，可以相应地将通信系统分为模拟通信系统和数字通信系统。

信道是信息传输的媒介或渠道，作用是把携带有信息的信号从它的输入端传递到输出端。根据传输媒介的不同，信道可分为有线信道和无线信道两类。常见的有线信道包括双绞线、同轴电缆、光缆等。无线信道有地波传播、短波、超短波、人造卫星中继等。

③ 调制与解调

普通电话线是针对语音通话而设计的模拟信道，适用于传输模拟信号。但是计算机产生的是用离散脉冲表示的数据信号，因此要利用电话交换网实现计算机的数字脉冲信号的传输，就必须首先将数字脉冲信号转换成模拟信号。将发送端数字脉冲信号转换成模拟信号的过程称为调制；将接收端模拟信号还原成数字脉冲信号的过程称为解调。将调制和解调两种功能结合在一起的设备称为调制解调器（Modem）。

④ 带宽与传输速率

信道在通信系统中占有非常重要的地位，其中信道带宽与信道最大传输速率是影响信道质量的两个主要因素。

- 信道带宽

信道上传输的是电磁波信号，某个信道能够传送电磁波的有效频率范围就是该信道的带宽。要进一步理解带宽的概念，我们不妨用人的听觉系统打个比方：人耳所能感受的声波频率范围是 20Hz 到 20 000Hz，低于这个范围的叫次声波，高于这个范围的叫超声波，人的听觉系统无法将次声波或超声波传递到大脑，所以用 20 000Hz 减去 20Hz 所得的值就好比是人类听觉系统的带宽。数据通信系统的信道传输的不是声波，而是电磁波（包括无线电波、微波、光波等），它的带宽就是所能传输电磁波的最大有效频率减去最小有效频率所得的值。

- 数据传输速率与信道最大传输速率

数据传输速率是指信道每秒所能传输的二进制比特数，记作 bit/s（比特每秒）。常见单位还有 kbit/s、Mbit/s、Gbit/s 等。

信道的传输能力是有一定限制的，某个信道传输数据的速率有一个上限，叫作信道的最大传输速率（又叫信道容量）。无论采用何种编码技术，传输数据的速率都不可能超过这个上限。

信道的最大传输速率是由什么决定的呢？理论分析证明，信道的最大传输速率是与信道带宽有直接联系的，即信道带宽越宽，数据传输速率越高，所以人们可以用“带宽”去取代“速率”，例如人们常把网络的“高数据传输速率”用网络的“高带宽”去表述。因此，“带宽”与“速率”在网络技术的讨论中几乎成了同义词。

⑤ 误码率

误码率是指二进制比特在数据传输系统中被传错的概率，是通信系统的可靠性指标。数据在通信信道传输中一定会因某种原因出现错误，传输错误是正常的、不可避免的，但是一定要控制在某个允许的范围内。

2. 了解计算机网络的功能

（1）数据通信

数据通信即实现计算机与终端、计算机与计算机间的数据传输，是计算机网络最基本的功能，也是实现其他功能的基础。如电子邮件、传真、远程数据交换等。

（2）资源共享

实现计算机网络的主要目的是共享资源。一般情况下，网络中可共享的资源有硬件资源、软件资源和数据资源，其中共享数据资源最为重要。

（3）远程传输

计算机已经由科学计算向数据处理方面发展，由单机向网络方面发展，且发展的速度很快。分布在很远的用户可以互相传输数据信息，互相交流，协同工作。

（4）集中管理

计算机网络技术的发展和应用，已使得现代办公、经营管理等发生了很大的变化。目前，已经有了许多 MIS 系统、OA 系统等，通过这些系统可以实现日常工作的集中管理，提高工作效率，增加经济效益。

（5）实现分布式处理

网络技术的发展，使得分布式计算成为可能。对于大型课题，可以分为许许多多的小题目，由不同的计算机分别完成，然后再集中起来解决问题。

（6）负载平衡

负载平衡是指工作被均匀地分配给网络上的各台计算机。网络控制中心负责分配和检测，当某台计算机负载过重时，系统会自动转移部分工作到负载较轻的计算机中去处理。

3．了解计算机网络的分类

按网络的作用范围可分为局域网、广域网、城域网。

（1）局域网

局域网（Local Area Network，LAN）是计算机通过高速线路相连组成的网络。地理范围一般从几十米至数千米，通常安装在一个实验室、一栋大楼、一个学校或一个单位内。局域网组建方便，使用灵活，是目前计算机网络发展中最活跃的分支。

（2）广域网

广域网（Wide Area Network，WAN）覆盖的地理范围从数百千米至数千千米，甚至上万千米，可以是一个地区或一个国家，甚至世界几大洲。广域网用于通信的传输装置和介质一般由电信部门提供，能实现广大范围内的资源共享。但随着多家经营政策的落实，也出现了其他部门自行组网的现象。在我国，除电信网外，还有广电网、联通网等为用户提供远程通信服务。

（3）城域网

城域网（Metropolitan Area Network，MAN）介于 LAN 和 WAN 之间，其范围通常覆盖一个城市或地区，距离从几十千米到上百千米。城域网是对局域网的延伸，用于局域网之间的连接。

随着网络技术的发展，新型网络设备和传输媒体的广泛应用，距离的概念逐渐淡化，局域网以及局域网互连之间的区别也逐渐模糊。同时，越来越多的企业和部门开始利用局域网以及局域网互连技术组建自己的专用网络，这种网络覆盖整个企业，范围可大可小。

4．掌握计算机网络的拓扑结构

网络拓扑结构是指用传输媒体互连各种设备的物理布局。常见的网络拓扑结构有 3 种：星形拓扑结构、环形拓扑结构和总线型拓扑结构。下面分别介绍这 3 种拓扑结构。

（1）星形拓扑结构

星形拓扑结构是由中央节点、通信链路和各个站点组成的，中央节点控制全网的通信，其中任何两个节点之间的通信都必须通过中央节点。星形结构的中央节点一般是交换机或集线器。中央节点执行集中式通信控制策略，因此，中央节点比较复杂，而各个站点的通信负担都比较小，如图 3-2 所示。

星形拓扑结构的优点如下。

① 控制简单。任何一个站点只和中央节点相连，因此介质访问控制很简单，访问协议也非常简单。

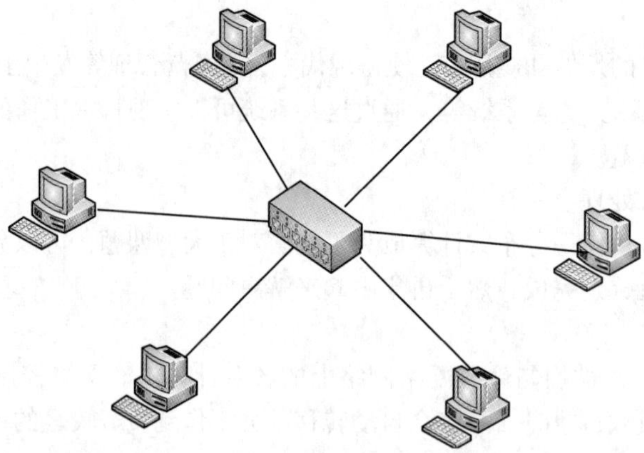

图 3-2　星形拓扑结构

② 故障诊断和隔离容易。中央节点可以对线路进行逐一隔离来进行故障检测和定位，单个连接点故障不影响整个网络。

③ 配置方便。中央节点可以方便为各个站点提供服务或者重新配置网络。

星形结构的缺点如下。

① 电缆长度和安装费较高。因为每个站点直接连接到中央节点。所以这种拓扑结构需要大量电缆，费用较高。

② 扩展困难。如果要增加新的站点，就要增加到中央节点的连接。

③ 过于依赖中央节点。若中央节点产生故障，则全网不能工作。所以对中央节点设备的可靠性和冗余度要求非常高。

（2）环形拓扑结构

环形拓扑结构中的传输媒体从一个站点到另一个站点，直到将所有站点连成环形。这种结构显然消除了站点通信时对中心系统的依赖性，在网络中使用较多，如图 3-3 所示。

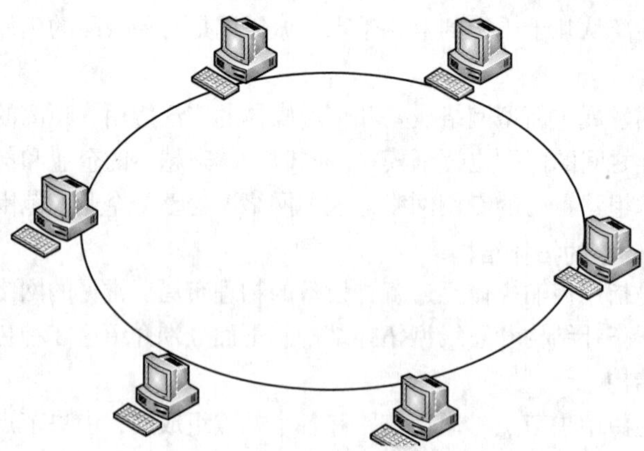

图 3-3　环形拓扑结构

环形拓扑结构的优点如下。

① 电缆长度短。所有的站点都连接到一个公共数据通路，所以只需要很短的电缆，减少了安装费用，易于布线和维护。

② 可使用光纤。光纤的传输速度快，环形拓扑是单方向传输，光纤传输介质十分适用。

环形拓扑结构的主要缺点如下。

由于信息是串行穿过多个节点环路接口，当节点过多时，影响传输效率，使网络响应时间变长。

（3）总线型拓扑结构

总线型拓扑结构是使用同一媒体或电缆连接所有站点的一种方式，也就是说，所有设备可共享连接站点的物理媒体，如图 3-4 所示。

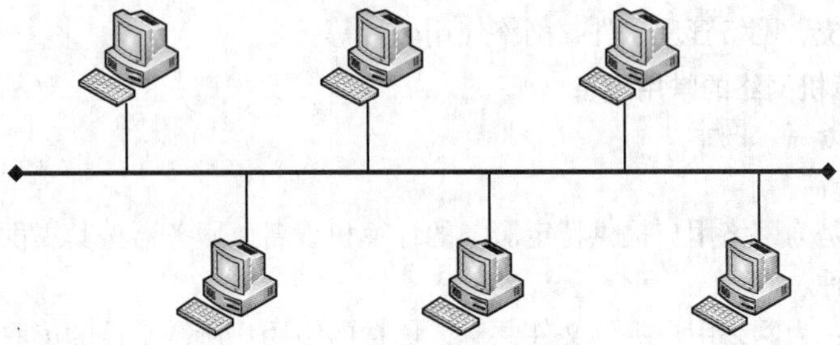

图 3-4 总线型拓扑结构

总线型拓扑结构的优点如下。

① 电缆长度短，容易布线。总线型拓扑结构和环形拓扑结构相似，所用电缆比星形拓扑结构要短得多。

② 可靠性高。总线的结构简单，又是无源元件，从硬件的角度看，十分可靠。

③ 易于扩充。当需要增加新的站点时，只需要在总线的任何节点处接入。如需要增加长度，可通过中继器扩展。

总线型拓扑结构的缺点如下。

① 所有的数据都需经过总线传送，总线成为整个网络的瓶颈。

② 总线的传输距离有限，通信范围受限制。

在实际网络设置过程中，经常需要把几种拓扑结构结合在一起使用。

5．掌握计算机网络的组成

（1）计算机网络的物理组成

计算机网络的物理组成主要有主机、终端、通信控制处理机和通信设备等。

① 主机：主计算机是计算机网络中负责数据处理的计算机系统，可以是单机系统，也可以是多机系统。

② 终端：终端是网络中用量大、分布广的设备。

③ 通信控制处理机：也称前端处理机，是主计算机与通信线路单元间设置的计算机，负责通信控制和通信处理工作。

④ 通信设备：它是数据传输设备，包括集中器、信号变换器和多路复用器等。集中器设置在终端较集中的地方，它把若干个终端用低速线路先集中起来，再与高速通信线路连接。信号变换器提供不同信号间的变换，不同传输介质采用不同类型的信号变换器。

⑤ 通信线路：通信线路是用来连接上述各部分并在各部分之间传输信息的载体。

（2）计算机网络的系统组成

从计算机网络系统组成的角度看，典型的计算机网络从逻辑功能上可以分为资源子网和通信子网两部分。

① 资源子网

资源子网由主机、终端、终端控制器、连网外设、各种软件资源与信息资源组成。资源子网负责全网的数据处理业务，并向网络用户提供各种网络资源与网络服务。

② 通信子网

通信子网由通信控制处理机、通信线路与其他通信设备组成，完成网络数据传输、转发等通信处理任务。

（3）计算机网络的软件

网络软件是实现网络功能必不可少的软环境。网络软件包括网络协议软件、网络通信软件、网络操作系统、网络管理软件、网络应用软件等。

6．熟悉计算机网络的常用设备

（1）网络服务器及网卡

① 网络服务器

网络服务器是为网络用户提供特定服务的计算机设备。服务器按其提供的服务内容，大致可分为以下两种。

文件服务器：为网络用户提供文件共享，负责网络用户所需文件的读取、存储及用户对文件所拥有权限的设置的专用服务器。

打印服务器：为网络用户提供打印服务，负责管理网络打印机、打印队列及用户对打印队列权限的设置的专用服务器。

② 网卡

网卡又称网络接口卡（或 NIC 卡），主要用于网络中各设备到网络系统的连接。它在 OSI 模型的物理层和数据链路层上运作。

（2）中继器与集线器

① 中继器

中继器是一种放大模拟信号或数字信号的网络连接设备，通常具有两个端口。它接收传输介质中的信号，将其复制、调整和放大后再发送出去，从而使信号能传输得更远，延长信号传输的距离。中继器不具备检查和纠正错误信号的功能，它只是转发信号。它在 OSI 模型的物理层上运作，与介质有关而与协议无关。

② 集线器

集线器（Hub）是构成局域网的最常用的连接设备之一（见图 3-5）。集线器是局域网的中央设备，它的每一个端口可以连接一台计算机，局域网中的计算机通过它来交换信息。常用的集线器可通过两端装有 RJ-45 连接器的双绞线与网络中计算机上安装的网卡相连。

利用集线器连接的局域网叫共享式局域网。集线器实际上是一个拥有多个网络接口的中继器，不具备信号的定向传送能力。

图 3-5　集线器外形图

（3）网桥与网关

网桥用于连接两个不同类型的局域网，可用于将一个网络分解为多个相互隔离的不同结构的网络段，并保持其整体仍为一个单一网络。它在 OSI 模型的数据链路层运作。网桥的工作与传输介质有关，它将监视所有段的全部传输，并检查每个帧的目的硬件地址。网桥的另一个重要特征是其消除了中继器关于“在源与目的站之间介入的中继器数目不能超过四个”的限制。

网关用于连接局域网和广域网、广域网和广域网，可在不兼容的协议之间（或对网络中的数据）进行转换，它可以在 OSI 模型的任何一层工作，也可同时在多层工作。一般情况下不使用网关，这是因为：第一，网关必须在根本不兼容的协议之间进行转换，所以运行速度较低；第二，网关的安装和维护都较困难，且提供的转换常常是不完善的，特别是在 OSI 模型的高层。

（4）路由器

路由器是一种连接多个网络或网段的网络设备，它能将不同网络或网段之间的数据信息进行“翻译”，以使它们能够相互“读”懂对方的数据，实现不同网络或网段间的互联，构成一个更大的网络。目前，路由器已成为各种骨干网络内部之间、骨干网之间一级骨干网和因特网之间连接的枢纽。校园网一般就是通过路由器连接到因特网上的。

路由器的工作方式与交换机不同，交换机利用物理地址（MAC 地址）来确定转发数据的目的地址，而路由器则是利用网络地址（IP 地址）来确定转发数据的地址。另外路由器具有数据处理、防火墙及网络管理等功能。路由器与网桥相比，在功能上类似，但与介质无关；在结构上要复杂得多，且需要更复杂的配置。路由器的外形如图 3-6 所示。

图 3-6 无线路由器外形

（5）交换机

交换机又称交换式集线器，在网络中用于完成与它相连的线路之间的数据单元的交换，是一种基于 MAC（网卡的硬件地址）识别，完成封装、转发数据包功能的网络设备。在局域网中可以用交换机来代替集线器，其数据交换速度比集线器快得多。这是由于集线器不知道目标地址在何处，只能将数据发送到所有端口。而交换机中会有一张地址表，通过查找表格中的目标地址，把数据直接发送到指定端口。交换机的外形如图 3-7 所示。

图 3-7 交换机外形图

利用交换机连接的局域网叫交换式局域网。在用集线器连接的共享式局域网中，信息传输通道就好比一条没有划出车道的马路，车辆只能在无序的状态下行驶，当数据和用户数量超过一定的限量时，就会发生抢道、占道和交通堵塞的观象。交换式局域网则不同，就好比将上述马路划分为若干车道，保证每辆车能各行其道、互不干扰。交换机为每个用户提供专用的信息通道（除非两个源端口企图同时将信息发往同一个目的端口），负责各个源端口与各自的目的端口之间可同时进行通信而不发生冲突。

除了在工作方式上与集线器不同之外，交换机在连接方式、速度选择等方面与集线器基本相同。

7．熟悉计算机网络的传输介质

传输介质，就是连接网络设备（计算机）的介质。网络传输介质的选择对网络的性能和可靠性有着不可忽视的重要性，网络的大部分问题都是由网络传输介质和连接设备故障引起的。

（1）双绞线

双绞线由两根具有绝缘保护层的铜导线组成。把两根具有绝缘层的铜导线按一定节距互相绞在一起，可降低信号干扰的程度，每一根导线在传输中辐射出来的电波会被另一根线上发出的电波抵消。适合于近距传输，一般广泛应用于语音和 100Mbit/s 的网络数据传输。

局域网中所使用的双绞线分为两类，即屏蔽双绞线（Shielded Twisted Pair，STP）和非屏蔽双绞线（Unshielded Twisted Pair，UTP）。屏蔽双绞线由外部保护层、屏蔽层与多对双绞线组成。非屏蔽双绞线由外部保护层与多对双绞线组成。

现在大多数局域网中使用的双绞线有 4 对（8 根）线，每根各自有绝缘层的铜质细线，颜色分别为白橙、橙、白绿、绿、白蓝、蓝、白棕、棕，8 根细线最外层由绝缘层保护。

（2）同轴电缆

同轴电缆由内导体、绝缘层、外导体及外部保护层组成。内导体由一层绝缘体包裹，位于外导体的中轴上，它或是单股实心线或是绞合线（通常是铜制的）。外导体也由绝缘层包裹，或是金属包层或是金属网。同轴电缆的最外层是能够起保护作用的塑料外皮，即外部保护层。同轴电缆外导体的结构使其不仅能够充当导体的一部分，而且还能起到屏蔽作用，这种屏蔽一方面能防止外部环境造成的干扰，另一方面能阻止内层导体的辐射能量干扰其他导线。

同轴电缆既可以传输模拟信号又可传输数字信号。在长途传输模拟信号过程中，大约每隔几千米就需要使用放大器，频率越高，放大器的间距就越小。传输数字信号时，大约每千米就需要使用中继器，数据传输速率越高，中继器的间距就越小。

（3）光纤

光纤的完整名称叫作“光导纤维（Optical Fiber）”，由能传导光波的石英玻璃纤维外加保护层构成。石英玻璃纤维是用纯石英经特别的工艺拉成的细丝，其直径比头发丝还要细（50～100μm）。相对于金属导线来说具有重量轻、线径细的特点。用光纤传输电信号时，在发送端先要将其转换成光信号，而在接收端又要由光检测器还原成电信号。目前已经实现一根光纤的传输速率在 100 Gbit/s 以上，而且这个速率还远远不是光纤的传输速率的极限。

光纤主要有两大类，即单模光纤和多模光纤。

（4）无线介质

可以在自由空间利用电磁波发送和接收信号进行通信就是无线传输。地球上的大气层为大部分无线传输提供了物理通道，就是常说的无线传输介质。目前较常使用的无线介质有红外线、激光、微波等。

8．了解计算机网络的协议

网络协议即网络中（包括互联网）传递、管理信息的一些规范。计算机之间的相互通信需要共同遵守一定的规则，这些规则就称为网络协议。其实，网络协议就好像是语言规则，只有交谈双方同时使用一种语言，并遵守相应的语言规则时，彼此之间才能够听得懂。

我们将计算机网络中为进行数据传输而建立的一系列规则、标准或约定的集合称为网络协议（Protocol）。网络协议主要由下列 3 个要素组成。

语义（Semantics）：规定通信双方彼此“讲什么”，即确定协议元素的类型，如规定通信双方要发出什么控制信息、执行的动作和返回的应答等。

语法（Syntax）：规定通信双方彼此“如何讲”，即确定协议元素的格式，如数据和控制信息的格式、编码及信号电平等。

定时（Timing）：规定通信双方彼此“何时讲”，即确定信息交流的次序和速率匹配等。

计算机网络是一个庞大、复杂的系统，网络的通信也不是一个网络协议可以描述清楚的，因此，在计算机网络中存在多种协议，每一种协议都有其设计目标和需要解决的问题，同时，每一种协议也有优点和使用限制。这些协议相互作用、协同工作，共同完成整个网络的信息通信，处理所有的通信问题和其他异常情况。

9．了解 TCP/IP

传输控制协议/网际协议（Transmission Control Protocol/Internet Protocol，TCP/IP）于 20 世纪 70 年代起源于美国军方的 ARPAnet，80 年代被确定为 Internet 的通信协议。TCP/IP 是一组通信协议的代名词，它由一系列协议组成，因其两个主要协议即 TCP 和 IP 而得名。

TCP/IP 模型分为 4 个层次，分别是网络接口层、网际层、传输层和应用层。

TCP/IP 是供已连接 Internet 的计算机进行通信的通信协议。

（1）IP

IP 是为计算机网络相互连接进行通信而设计的协议。在因特网中，它是能使连接到网上的所有计算机网络实现相互通信的一套规则，规定了计算机在因特网上进行通信时应当遵守的规则。任何厂家生产的计算机系统，只要遵守 IP 就可以与因特网互连互通。

（2）TCP

TCP 被称作一种端对端协议。这是因为它对两台计算机之间的连接起了重要作用：当一台计算机需要与另一台远程计算机连接时，TCP 会让它们建立一个连接、发送和接收资料以及终止连接。TCP 利用重发技术和拥塞控制机制向应用程序提供可靠的通信连接，使它能够自动适应网上的各种变化。即使在网络暂时出现堵塞的情况下，TCP 也能够保证通信的可靠。

（3）IP 地址

IP 地址也可以称为互联网地址或 Internet 地址，是用来唯一标识互联网上计算机的逻辑地址，每台连网的计算机都依靠 IP 地址来标识自己。

① IP 地址结构

在 IPv4 中，IP 地址是一个分配给一台主机（或其他网络设备），并用于该主机所有通信的 32 位二进制数，它由 4 个字节组成，被表示成用“.”隔开的 4 组十进制数，每个数最大为 255。这种表示方法被称为点分十进制表示法，即将每个字节值用十进制数表示。例如 IP 地址 11001000.01100100.00110010.00000001 的点分十进制表示为 200.100.50.1。IP 地址被分成两部分，按层次结构组成。第一部分是网络号，第二部分是主机号。这样表示的目的是为了便于寻址，即先找到网络号，再在该网络中找到计算机的地址。

② IP 地址编码方案

A 类地址范围：1.0.0.1～126.255.255.254。

B 类地址范围：128.0.0.1～191.255.255.254。

C类地址范围：192.0.0.1～223.255.255.254。

D类地址用于组播，E类地址用于实验。

对IP地址分类的目的是为了区分不同规模的网络，同时也定义了每类网络中包含的网络数目和每类网络中可能包含的主机的数目。A类地址，由于可供分配的网络号少而主机号多，因此适用于网络数较少而网内配置大量主机的情况，B类地址用于中等规模网络配置的情况，而C类地址用于主机数较少的地方。

类别	前缀	字段	字段
A类	0	网络号(7位)	主机号（24位）
B类	10	网络号（14位）	主机号（16位）
C类	110	网络号（21位）	主机号（8位）
D类	1110	多目（组播）地址（28位）	
E类	1111	保留地址（28位）	

③ 几个特殊的IP地址

除了上面5种IP地址外，还有以下几种特殊类型的IP地址。

- 全0地址。IP地址中的每一个字节都为0的地址（0.0.0.0）对应于当前主机。
- 广播地址。TCP/IP规定，主机号全为1的网络地址称为广播地址，广播地址用来同时为网络中的所有主机发送相同数据。
- 有限广播地址。IP地址中的每一个字节都为1的IP地址（255.255.255.255）叫作当前子网的广播地址。当不知道网络地址时，可以通过有限广播地址向本地子网的所有主机进行广播。
- 回送地址。A类网络地址127是一个保留地址，以127开头的地址，如127.0.0.1，通常用于网络软件测试和本地主机进程间的通信。

所有IP地址都由因特网的网络信息中心分配，但网络信息中心只分配因特网地址的网络号，而地址中的主机号则由申请单位自己负责规划。

（4）IP地址与域名的关系

域名同IP地址一样，都是用来表示一个单位、机构或个人在网上的一个确定的名称或位置。两者不同之处主要体现在域名比IP地址更容易被人们记住和乐于使用，由于国际域名资源有限，各国家（或地区）在域名最后都加上了国家（或地区）的标识段，由此形成了各个国家（或地区）自己的域名，也称一级域名。例如：

.cn 表示中国　　.au 表示澳大利亚　　.jp 表示日本　　.sg 表示新加坡

另外，不同的组织、机构，都有不同的域名标识（二级域名）。例如：

.com 表示商业公司　　.org 表示组织、协会等

.net 表示网络服务　　.edu 表示教育机构

.gov 表示政府部门　　.mil 表示军事领域

.arts 表示艺术机构　　.firm 表示商业机构

.info 表示提供信息的机构

计算机在网络上进行通信时只能识别IP地址，而不能识别域名，因此，想要让好记忆的域名能被网络所认识，则需要在域名和网络之间有一个“翻译”，它能将域名翻译成网络能

够识别的 IP 地址，DNS 起的就是这种作用。在互联网上的域名与 IP 地址之间是一一对应的，域名虽然便于记忆，但机器之间只能识别 IP 地址，它们之间的工作便称为域名解析，域名解析需要由专门的域名解析服务器来完成，整个过程是自动进行的。

W3.1.1 网线的制作

【拓展训练】

1. 制作一根双绞线。
2. 请写出湖南财经工业职业技术学院域名对应的 IP 地址________________。

【知识链接】

1. Internet 的用户接入方式

Internet 采用了目前最流行的客户机/服务器工作模式，凡是使用 TCP/IP，并能与 Internet 的任意主机进行通信的计算机，无论是何类型、采用何种操作系统，均可看成是 Internet 的一部分。

用户不是将自己的计算机直接连接到 Internet 上，而是连接到其中某个网络上，再由该网络通过网络干线与其他网络相连。网络干线之间通过路由器互联，使得各个网络上的计算机都能相互进行数据和信息传输。

（1）拨号入网

个人在家里或单位使用一台计算机，利用电话线连接 Internet，通常采用的方法是点对点（Point-to-Point，PPP）拨号上网。采用这种连接方式的好处是终端有独立的 IP 地址，因而发给你的电子邮件和文件可以直接传送到你的计算机上。

拨号方式是直接利用电信局提供的电话线路上网，所需硬件条件包括一台计算机、一台调制解调器和一条电话线。软件方面只要求安装支持上网的操作系统，如 Windows XP，安装并设置访问 Internet 的软件如 Micorsoft Internet Explorer（IE）等。然后选择一个互联网服务提供商（Internet Service Provider，ISP）交费注册，ISP 将提供一个用户名和口令。安装软硬件系统之后，即可利用此用户名和口令上网。

（2）综合业务数字网

综合业务数字网（Integrated Service Digital Network，ISDN）接入技术俗称“一线通”，是数字技术和电信业务结合的产物，它采用数字传输和数字交换技术，将电话、传真、数据、图像等多种业务综合在一个统一的数字网络中进行传输和处理。用户利用一条 ISDN 用户线路，可以在上网的同时拨打电话、收发传真，就像两条电话线一样。ISDN 基本速率接口有两条 64kbit/s 的信息通路和一条 16kbit/s 的信令通路，简称 2B+D，当有电话拨入时，它会自动释放一个 B 信道来进行电话接听。从窄带 ISDN（N-ISDN）发展而来的宽带 ISDN（B-ISDN），还能支持不同类型、不同速率的业务。

（3）宽带接入

非对称数字用户环路（Asymmetrical Digital Subscriber Line，ADSL）是一种能够通过普通电话线提供宽带数据业务的技术，也是目前极具发展前景的一种接入技术。ADSL 素有“网络快车”之美誉，因其下行速率高、频带宽、性能优、安装方便、不需交纳电话费等特点而深受广大用户喜爱，成为继 Modem、ISDN 之后的又一种全新的高效接入方式。ADSL 支持上行速率 640kbit/s 至 1Mbit/s，下行速率 1～8Mbit/s，其有效的传输距离在 3～5km 范围以内。在 ADSL 接入方案中，每个用户都有单独的一条线路与 ADSL 局端相连，它的结构可以看作星形结构，数据传输带宽是每一个用户独享的。ADSL 可进行视频会议和影视节目传输，非常适合中、小企业。

（4）DDN 专线

数字数据网（Digital Data Network，DDN）专线随着数据通信业务发展而迅速发展起来的一种新型网络。DDN 的主干网传输媒介有光纤、数字微波、卫星信道等，用户端多使用普通电缆和双绞线。DDN 将数字通信技术、计算机技术、光纤通信技术以及数字交叉连接技术有机地结合在一起，提供了高速度、高质量的通信环境，可以向用户提供点对点、点对多点透明传输的数据专线出租电路，为用户传输数据、图像、声音等信息。DDN 的通信速率可根据用户需要在 N×64kbit/s（N=1～32）之间进行选择，当然速率越高，租用费用也越高。

DDN 专线的优点很多：有固定的 IP 地址、可靠的线路运行、永久的连接等。但是性价比太低，除非用户资金充足，否则不推荐使用这种方法。

（5）卫星接入

目前，国内一些 Internet 服务提供商开展了卫星接入 Internet 的业务，适合偏远地方又需要较高带宽的用户。卫星用户一般需要安装一个甚小口径终端（Very Small Aperture Terminal，VSAT），包括天线和其他接收设备，下行数据的传输速率为 1Mbit/s 左右，上行通过公共换电话网络（Public Switched Telephone Network，PSTN）或者 ISDN 接入 ISP。终端设备和通信费用都比较低。

（6）光纤接入

一些城市开始兴建高速城域网，主干网速率可达几十 Gbit/s，并且推广宽带接入。光纤可以铺设到用户的路边或者大楼，可以以 100Mbit/s 以上的速率接入。

（7）无线接入

在无线接入方式中，一个基站可以覆盖直径 20km 的区域，每个基站可以负载 2.4 万用户，每个终端用户的带宽可达到 25Mbit/s。但是，它的带宽总容量为 600Mbit/s，每个基站下的用户共享带宽，因此一个基站如果负载用户较多，那么每个用户所分到的带宽就很小了。故这种技术对于社区用户的接入是不合适的，但它的用户端设备可以捆绑在一起，可用于宽带运营商的城域网互联，其具体做法是：在汇聚点机房建一个基站，而汇聚点机房周边的社区机房可作为基站的用户端，社区机房如果捆绑 4 个用户端，汇聚点机房与社区机房的带宽就可以达到 100Mbit/s。

采用这种方案的好处是可以使已建好的宽带社区迅速开通运营，缩短建设周期。但是受地形和距离的限制，适合城市里距离 ISP 不远的用户，性价比很高。

（8）Cable Modem 接入

目前，我国有线电视网遍布全国，很多城市提供 Cable Modem 接入 Internet 方式，它利用现成的有线电视（CATV）网进行数据传输，已是比较成熟的一种技术。随着有线电视网的发展壮大和人们生活质量的不断提高，通过 Cable Modem 利用有线电视网访问 Internet 已成为越来越受业界关注的一种高速接入方式。

2．4G 接入上网

（1）4G 的概念

4G，即第四代移动电话行动通信标准，指的是第四代移动通信技术（the 4 Generation mobile communication technology，4G）。4G 是集 3G 与 WLAN 于一体，并能够快速传输数据及高质量音频、视频和图像等。4G 能够以 100Mbit/s 以上的速度下载，比目前的家用宽带 ADSL（4 兆）快 20 倍，并能够满足几乎所有用户对于无线服务的要求。

4G 技术支持 100～150Mbit/s 的下行网络带宽，也就是 4G 意味着用户可以体验到最大 12.5～18.75Mbit/s 的下行速率。

（2）4G的优势

① 通信速度快。从移动通信系统数据传输速率做比较：第一代模拟式仅提供语音服务；第二代数位式移动通信系统传输速率也只有9.6kbit/s，最高可达32kbit/s，如小灵通等；第三代移动通信系统数据传输速率可达到 2Mbit/s；而第四代移动通信系统传输速率可达到20Mbit/s，甚至最高可以达到100Mbit/s。

② 网络频谱宽。要想使4G通信达到100Mbit/s的传输，通信运营商必须在3G通信网络的基础上，进行大幅度的改造和研究，以便使4G网络在通信带宽上比3G网络的蜂窝系统的带宽高出许多。

③ 通信灵活。4G通信使人们不仅可以随时随地通信，还可以双向下载或传递资料、图画、影像，更可以和从未谋面的陌生人网上联线对打游戏。

④ 智能性能高。4G手机能根据环境、时间以及其他设定的因素来适时地提醒手机的主人此时该做什么事，或者不该做什么事，4G手机可以把电影院票房资料，直接下载到PDA上，大家可以根据这些信息来进行在线购买自己满意的电影票；4G 手机可以被看作一台手提电视，用来看体育比赛之类的各种现场直播。

⑤ 兼容性好。要使4G通信尽快地被人们接受，不但要考虑它的强大功能，还应该考虑到现有通信的基础，以便让更多的现有通信用户在投资最少的情况下就能很轻易地过渡到4G通信。因此，从这个角度来看，第四代移动通信系统应当具备全球漫游、接口开放、能跟多种网络互联、终端多样化以及能从第二代平稳过渡等特点。

⑥ 高质量通信。第四代移动通信不仅因应用户数的增加，更重要的是，必须要因应多媒体的传输需求，当然还包括通信品质的要求。总的来说，第四代通信必须可以容纳市场庞大的用户数、改善现有通信品质，以及达到高速数据传输的要求。

⑦ 频率效率高。由于利用了几项不同的技术，因此无线频率的使用比第二代和第三代系统有效得多。按照最乐观的情况估计，这种有效性可以让更多的人使用与以前相同数量的无线频谱做更多的事情，而且做这些事情的时候速度更快，下载速率有可能达到5～10Mbit/s。

任务2 网上冲浪与信息检索

【任务描述】

“互联网+”在我国的迅猛发展，不但提升了一个又一个传统行业的层次，也给每一个人带来了机遇、希望与挑战。作为一名学生，我们理应熟练掌握 Internet 网络知识并运用网络资源为我们的生活、学习带来帮助，如熟悉网址的输入方法及收藏自己喜欢的网址，搜索网络资源并保存一些有价值的资料，下载一些常用的软件，能对IE浏览器进行一些基本的设置。

本任务要求完成以下操作。

- 使用中国铁路客户服务中心（12306），查询“衡阳－北京”的列车时刻表。
- 收藏中国铁路客户服务中心（12306）网址。
- 利用“百度”搜索引擎搜索“北京公交查询”。
- 在软件之家官网下载“Snipaste（截图工具）中文绿色版”软件。

【操作要点】

- 通过IE浏览器浏览网络信息资源。
- 利用收藏夹收藏自己感兴趣的网址。

- 打开百度搜索网站搜索相关内容。
- 进入“系统之家”官网下载软件。

W3.2.1　使用 12306 查询列车时刻表

【任务实施】

1．使用 12306 查询列车时刻表

（1）打开 IE 浏览器，在地址栏中输入中国铁路客户服务中心 URL 地址，按【Enter】键后打开其首页，界面如图 3-8 所示。

图 3-8　中国铁路客户服务中心首页

（2）在页面中单击“旅客列车时刻表查询”链接，打开“铁路客户服务中心——客运服务”页面，如图 3-9 所示。

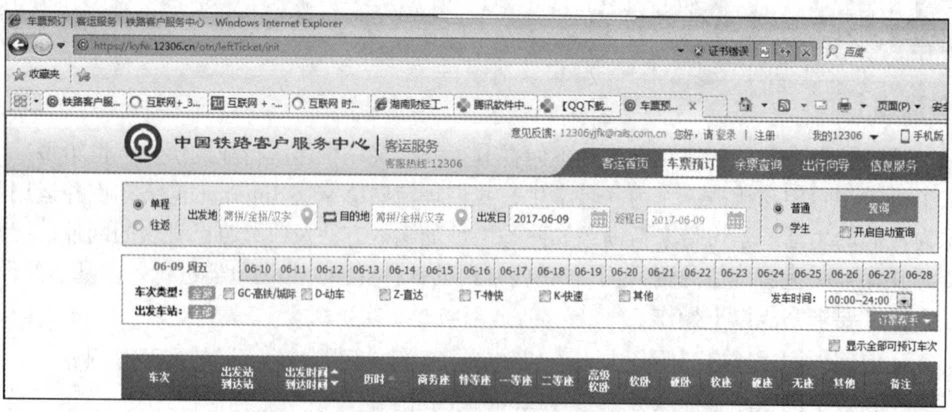

图 3-9　“铁路客户服务中心——客运服务”页面

（3）在打开的页面中首先选择需要查询车次的日期，在“出发地”框中输入“衡阳”的汉语拼音的首字母“hy”，这样能帮用户找到“衡阳”站点信息。然后在下拉列表框中选择“衡阳”，在“目的地”框中输入或选择“北京”站，还需要考虑车次类型，如高铁、动车等，即勾选相应车次类型前面的复选框。最后单击“查询”按钮，查询结果如图 3-10 所示。

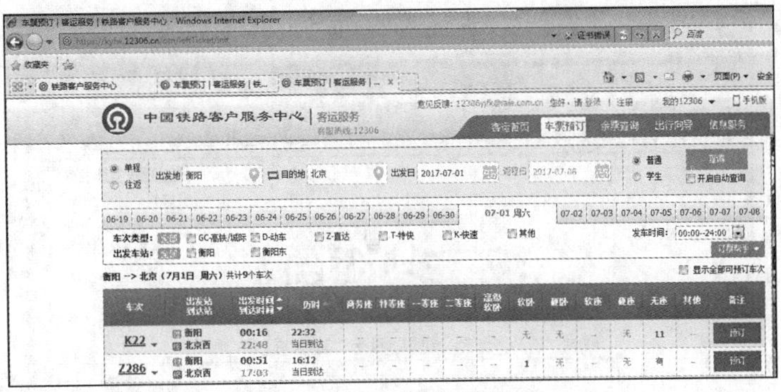

图 3-10　查询从衡阳到北京的列车

如果想知道余票，可单击图 3-10 所示页面中的“余票查询”，指定时间内所有从出发地到目的地的余票都将显示出来。

2. 收藏 12306 网址

W3.2.2　收藏 12306 网址

（1）在打开的中国铁路客户服务中心首页中，选择“收藏夹”→“添加到收藏夹”命令，如图 3-11 所示。

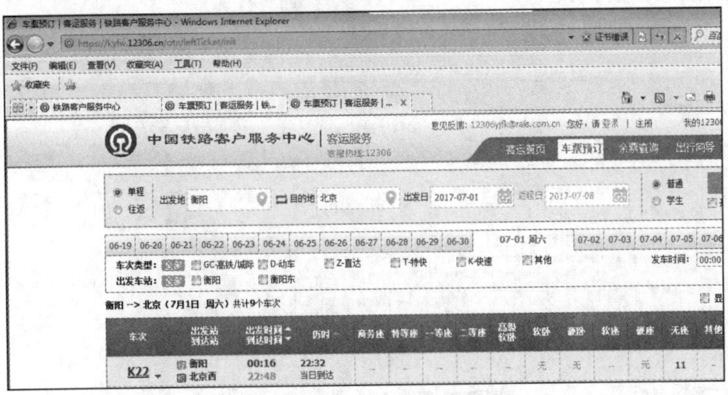

图 3-11　添加到收藏夹

（2）在“添加收藏”对话框中，指定创建位置，输入名称如“铁路客户中心”或默认的网站名称，如图 3-12 所示，单击“添加”按钮即可。

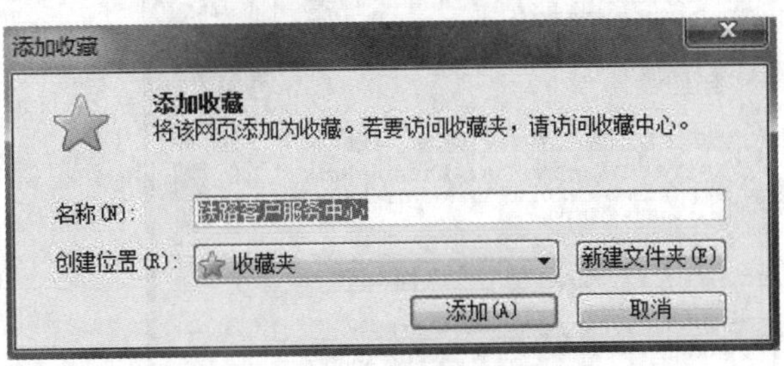

图 3-12　“添加收藏”对话框

3. 利用“百度”搜索引擎搜索“北京公交查询”

W3.2.3　搜索北京公交查询

（1）进入百度网站首页，如图 3-13 所示。

（2）在文本框中输入关键词“北京公交车线路查询”，然后单击“百度一下”按钮，结果如图 3-14 所示。

图 3-13　百度首页

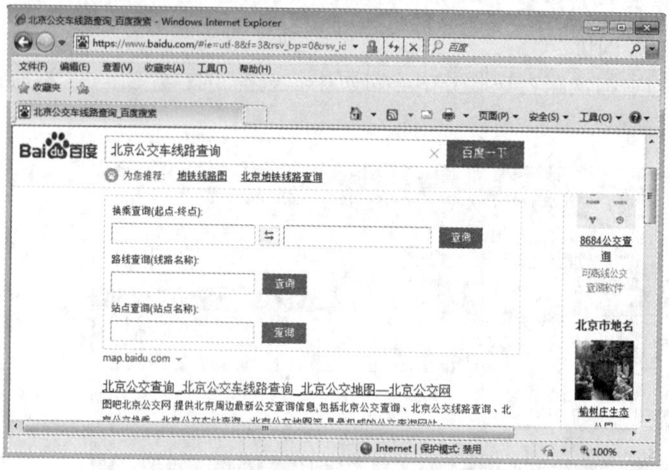

图 3-14　北京公交车线路查询结果

4．在软件之家官网下载“Snipaste（截图工具）V1.16.2 中文绿色版”软件

（1）进入百度网站首页，在文本框中输入“系统之家官网”，单击“百度一下”按钮，如图 3-15 所示。

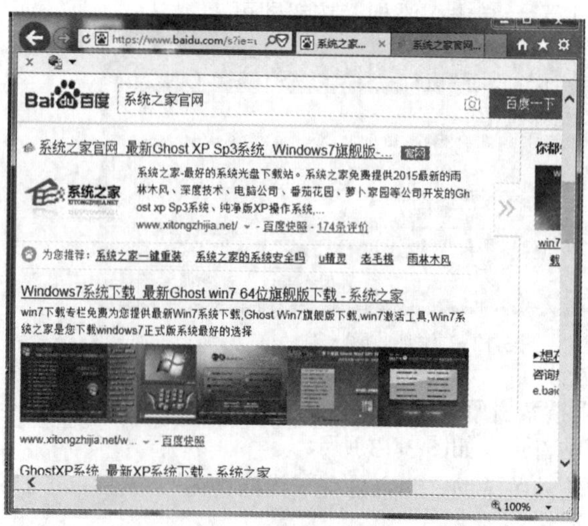

图 3-15　查询系统之家网站

（2）单击图 3-15 中的第一个链接“系统之家官网”，打开“系统之家”首页，选择“软件下载”分类中的“图形图像”类型，单击图 3-16 中的“Snipaste（截图工具）V1.16.2 中文绿色版”链接。

图 3-16　系统之家页面

（3）打开图 3-17 所示的页面，单击“立即下载”链接，选择一个下载地址，如选择“移动高速下载”进行下载。

图 3-17　Snipaste（截图工具）下载页面

（4）指定文件的保存位置后，单击“保存”按钮，即可下载文件，如图 3-18 所示。

【拓展训练】

1. 设置 IE 浏览器的主页为百度。
2. 将网页的文字大小设置为“较大”。
3. 设置网页的编码为“简体中文（GB2312）”。

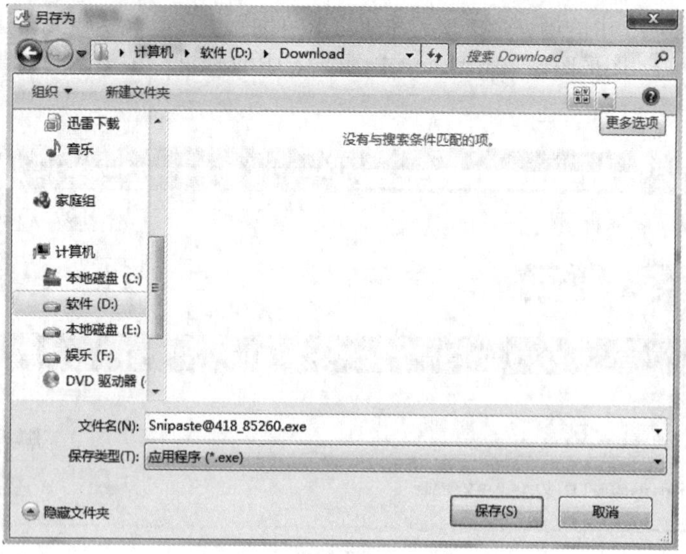

图 3-18　选择保存位置

【知识链接】

1. 相关概念

（1）Web

作为因特网最有魅力、最吸引人的地方，万维网（Word Wide Web，WWW）是指能通过超文本传输协议（Hyper Text Transfer Protocol，HTTP）在 Internet 上连接和访问的文档、图像、视频和声音文件的集合。“因特网”和“WWW”有时被混用，但是两者其实是不同的。WWW 是互连信息的集合，而因特网则是一个通信系统，它的作用是把存储在计算机上的信息传输到需要查看信息的客户端。

（2）网站

网站通常会包含一系列经过组织和格式化的相关信息，用户能使用浏览器软件访问这些信息。访问网站的过程有时也称“Web 冲浪”，而访问网站的人则被称为“Web 冲浪者”。

（3）网页

网页是指一个或多个基于 Web 的文件按照类似于书页的格式显示出来的结果或输出。但与书页不同的是，网页可以动态地组合视频、声音以及其他各种元素。访问网页的主要工具是浏览器软件，目前浏览器软件很多，典型的浏览器如 IE。

（4）URL

每个网页都有一个叫作统一资源定位器（Uniform Resource Locator，URL）的唯一地址。多数 URL 都是用“http://”开头以表明使用了 Web 的标准通信协议。在输入 URL 时，通常可以省略“http://”，所以输入“www.***.com”所起的作用和输入“http://www.***.com”是一样的。

多数网站都有一个主页，以充当站点其他页面的“指引入口”，这个主页有时也叫“首页”，网站主页的 URL 通常是简明扼要的。

（5）HTML

超文本标记语言（HyperText Markup Language，HTML）是指创建 HTML 文档需要遵循的一组规范，这些文档可以在浏览器中显示为网页。HTML 之所以被称为标记语言，是因为创建者可以通过插入特定的指令来标记文档。这些特定的指令叫作 HTML 标记，用来说明该文档在计算机屏幕上显示或打印出来时应该是怎样的。

（6）FTP

文件传输协议（File Transfer Protocol，FTP）是 Internet 提供的基本服务。FTP 在 TCP/IP 体系结构中位于应用层。使用 FTP 可以在 Internet 上将文件从一台计算机传送到另一台计算机，不管这台计算机位置相距多远，使用的是什么操作系统，也不管它们通过什么方式接入 Internet。

（7）HTTP

超文本传输协议（Hypertext Transfer Protocol，HTTP）主要用于从 WWW 服务器传输超文本到本地浏览器，这就是在浏览器中看到的网页地址都是以 http 开头的原因。

常用的协议类型如下。

http://　　　http 服务器，即 WWW 服务器，提供超文本信息服务。

telnet://　　telnet 服务器，提供远程登录服务。

ftp://　　　ftp 服务器，提供文件传输服务。

news://　　news 服务器，通过 Internet 可以访问成千上万个新闻组。

gopher://　　gopher 服务器，提供菜单式的搜索信息服务。

wais://　　　wais 服务器，提供检索数据库信息服务。

2．浏览网络信息资源

（1）启动 IE 浏览器

启动 IE 浏览器常用的 3 种方法如下。

① 双击（快速单击鼠标左键两次）桌面上的“e”图标。

② 选择“开始”→“所有程序”→“Internet Explorer”命令。

③ 单击快速启动栏上的图标e。

（2）浏览页面

如在打开的 IE 浏览器的 URL 地址栏中输入想要浏览的网站的网址，如“中国职业教育信息资源”的网址，按【Enter】键或单击地址栏右侧的转至“→”按钮，即可进入“中国职业教育信息资源网”首页，如图 3-19 所示。

图 3-19　中国职业教育信息资源网首页

把鼠标指针移到自己感兴趣的标题上，当鼠标指针变成“手形”时单击鼠标左键，即可打开相应的网页进行阅读。

3．网址的多种输入方法

（1）键盘输入网址：用键盘直接将网址输入到地址栏内。

（2）单击地址栏的下拉列表按钮“▼”选择网址：地址栏的下拉列表记录了最近输入的网址。

（3）从历史记录栏中选择网址：单击 IE 浏览器右上角的“☆”按钮，从弹出的下拉列表中选择“历史记录”选项卡，再单击某日期选项，从展开的历史记录下拉列表中单击所需要的网址即可打开该网页。

（4）从“收藏夹”选项卡中选择网址：单击 IE 浏览器右上角的“☆”按钮，从弹出的下拉列表中选择“收藏夹”选项卡，在收藏夹栏选项卡中选择所收藏的网址。

（5）从“收藏夹”菜单中选择网址：单击“收藏夹”菜单，从弹出的下拉列表中选择所收藏的网址。

（6）从“收藏夹”栏中选择所收藏的网址。

（7）从“开始”菜单中选择所收藏的网址。

4．收藏网址

（1）利用“收藏夹”菜单收藏网址

想把自己感兴趣的网站收藏起来，如“中国职业教育视频课程网”，可以通过“收藏夹”菜单收藏起来，以后只要用鼠标一点即可轻松进入。

① 如进入“中国职业教育视频课程网”后， 单击“收藏夹”菜单→选择“添加到收藏夹…”菜单命令，就打开图 3-20 所示的“添加收藏”对话框。

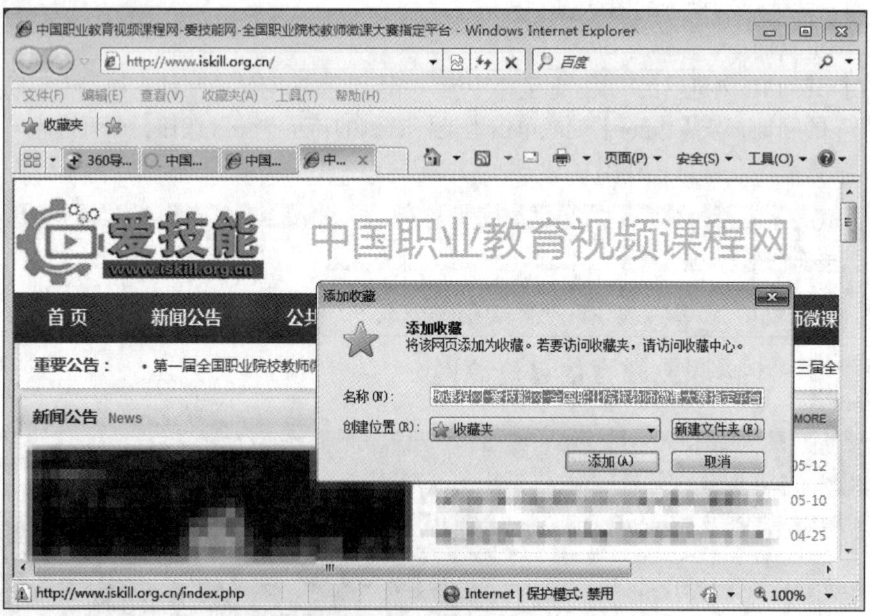

图 3-20 “添加收藏”对话框

② 在“添加收藏”对话框中，可以将网址收藏到一个指定的文件夹中，指定创建位置，输入一个见名思义的名称或默认的网址名称后，再单击“添加”按钮即可。

还可以将网页收藏到一个新建文件夹中，单击“新建文件夹”按钮，弹出“创建文件夹”

对话框，指定创建文件夹的位置，输入文件夹名，再单击“创建”按钮，即可创建一个新的文件夹，如图 3-21 所示，然后将网页收藏到指定的文件夹即可。

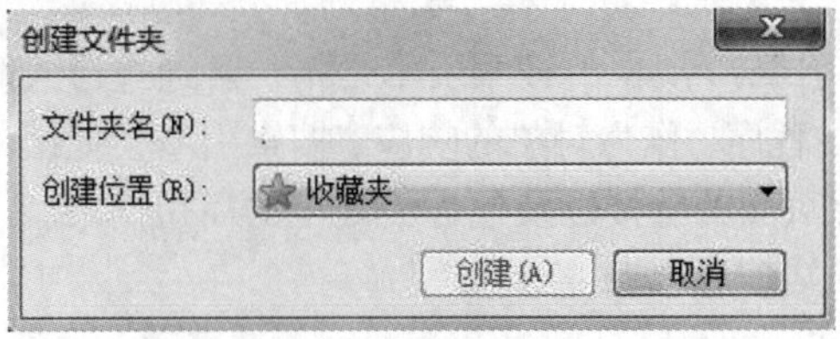

图 3-21 “创建文件夹”对话框

（2）利用收藏夹栏收藏网页

在 IE 浏览器窗口中显示收藏夹栏，单击收藏夹栏右边的添加到收藏夹栏“”按钮，就可将当前打开的网页收藏到收藏夹中。

使用收藏夹中的网址时，只要单击“收藏夹”菜单，从弹出的下拉菜单中进行选择即可。

如果收藏的网址多了，收藏夹中就会显得杂乱无章。此时可以对收藏夹进行整理，以便于查阅，方法为：在“收藏夹”面板中，单击“收藏夹”菜单，从弹出的下拉菜单中选择“整理收藏夹…”命令，在弹出的“整理收藏夹”对话框中进行设置。

（3）将网页添加到“开始”菜单

① 利用浏览器窗口右上方的工具按钮“”添加。单击浏览器窗口右上方的工具按钮“”，从打开的下拉菜单中选择“文件”中的“将网站添加到‘开始’菜单”，如图 3-22 所示。

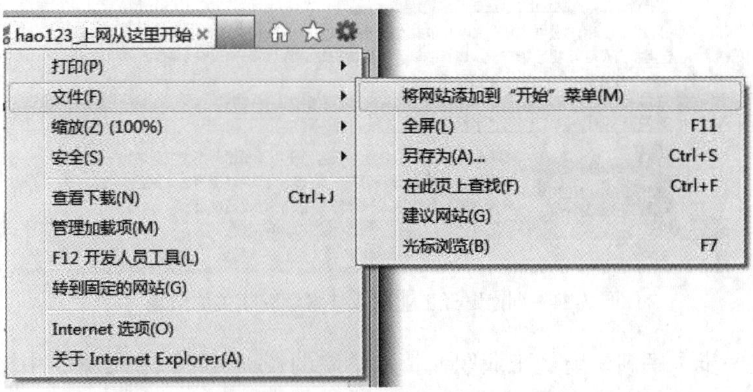

图 3-22 将网站添加到“开始”菜单（1）

② 利用“页面”按钮添加。在浏览器窗口中显示命令栏，单击命令栏中的“页面”按钮，从下拉菜单中选择“将网站添加到‘开始’菜单”，如图 3-23 所示。

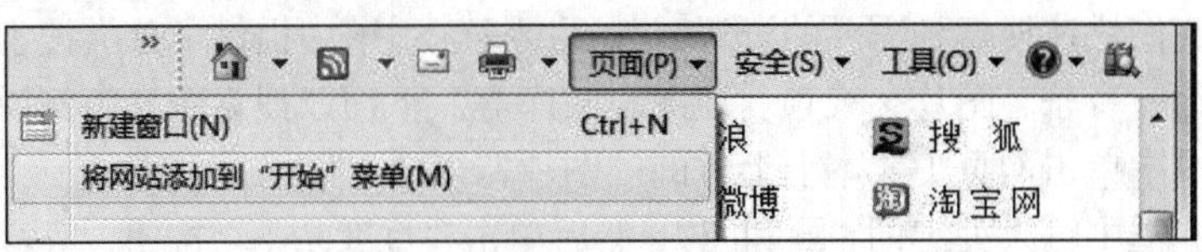

图 3-23 将网站添加到“开始”菜单（2）

网站添加到“开始”菜单上，若要使用该网站，只要单击“开始”按钮，然后在“所有程序”下查找。

5．搜索网络资源并保存

Web 包含数以亿计的页面，它们存储在遍布世界各地的服务器上，如果要使用这些信息就必须要先找到这些信息。

什么是 Web 的搜索引擎？Web 的搜索引擎是指一种通过形式简单的关键字查询来帮助人们定位 Web 上的信息的程序。作为对象的响应，搜索引擎会把结果以相关网站列表的形式显示出来，并且还带有源页面的链接以及包含关键字的简短摘录。

（1）利用百度搜索网站信息

① 使用关键词搜索

通过关键词搜索是一种常用的搜索方式，如以“湖南财经工业职业技术学院”为关键词进行搜索。

进入百度网站首页，在网页中间的文本框中输入关键词“湖南财经工业职业技术学院”，然后单击“百度一下”按钮，所有与“湖南财经工业职业技术学院”有关的信息均被列出，如图 3-24 所示。

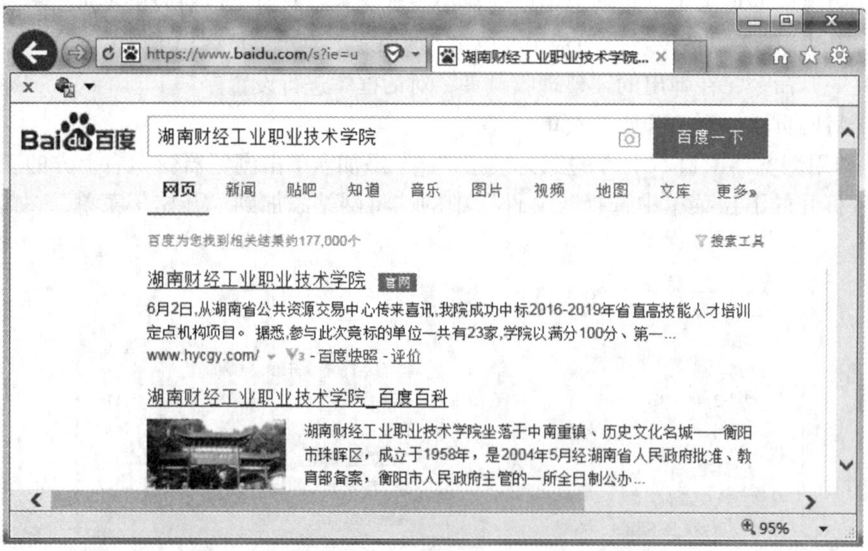

图 3-24　湖南财经工业职业技术学院相关的信息

如果想进一步了解湖南财经工业职业技术学院的校训，可以在搜索栏中输入“湖南财经工业职业技术学院 校训”两个关键词（关键词之间可以用空格隔开），单击“百度一下”按钮。

② 分类搜索

网络资源浩如烟海，使用搜索引擎，搜索出来的结果往往还需要人工筛选，可使用分类搜索，以帮助我们快速搜索到需要的资源，如百度搜索引擎中提供了分类搜索，如网页、新闻、贴吧、知道、音乐、图片、视频、地图、文库等。下面以搜索图片为例说明搜索方法。

在百度首页中单击网页中文本框上方的“图片”。

然后在文本框中输入关键词“颐和园”，然后单击“百度一下”按钮，搜索结果如图 3-25 所示。

（2）保存有价值的资料

当搜索到自己感兴趣或有用的信息时，可将其保存到自己的计算机中，方便以后查阅。

图 3-25　在百度中搜索颐和园风光图片

① 保存网页

如将“中国铁路客户服务中心”首页保存到“C:\WEXAM”中，其保存方法如下。

在 IE 浏览器地址栏中输入中国铁路客户服务中心网址，按【Enter】键即进入该网站首页，选择“文件”→“另存为…”菜单命令，如图 3-26 所示。

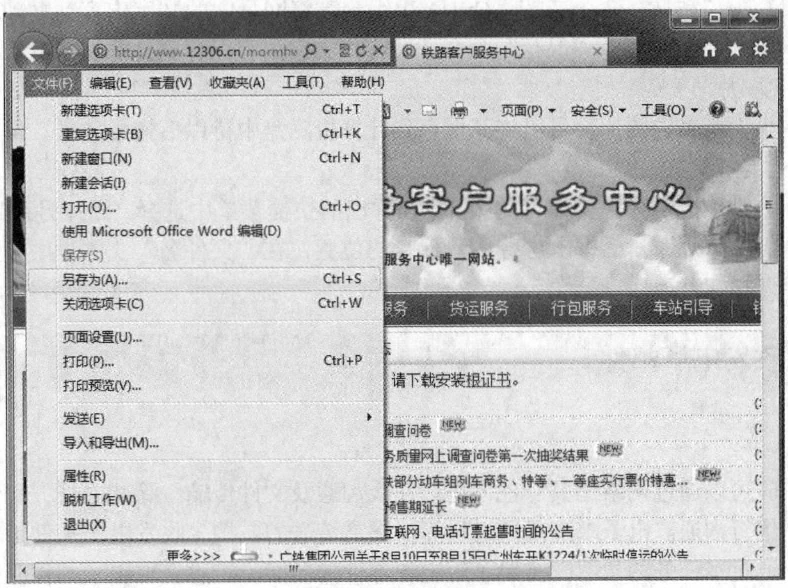

图 3-26　“文件”菜单

在弹出的“保存网页”对话框中，指定保存位置为“C:\WEXAM”，选择想要保存的文件类型，输入一个文件名，单击“保存”按钮即可，如图 3-27 所示。

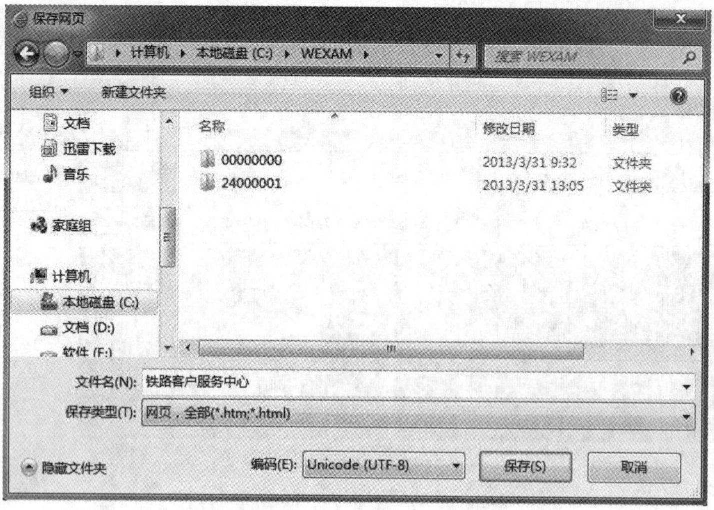

图 3-27 “保存网页”对话框

如果要浏览保存在计算机中的网页，可在 IE 浏览器窗口中单击“文件”菜单中的“打开…”命令，在打开的对话框中利用“浏览…”按钮找到相应的文件后，单击“打开”铵钮即可打开该网页文件。

② 保存文字内容

在看到网页上有你值得收藏的文字信息时，也可将其单独保存，具体操作如下。

按住鼠标左键不放，在网页中拖动鼠标指针选中需要保存的文字，然后在选中的文字区域内单击鼠标右键，在弹出的快捷菜单中选择“复制”命令或按【Ctrl+C】组合键。

打开记事本：选择“开始”→“所有程序”→“附件”→“记事本”命令，在记事本中选择“编辑”→“粘贴”命令或按【Ctrl+V】组合键将网页中的文字内容粘贴到记事本中。选择记事本中的“文件”→“保存”命令，即可将文字内容保存到计算机中。

③ 保存图片

看到网页上精美的图片，可以将其保存到计算机磁盘中待以后慢慢欣赏，保存图片的具体步骤如下。

用鼠标右键单击网页中要保存的图片，在弹出的快捷菜单中选择“图片另存为…”命令。

打开“保存图片”对话框，选择图片保存的位置，在“文件名”文本框中输入文件名，单击“保存”按钮。

任务 3 收发电子邮件

【任务描述】

我们平时可以通过网络工具与他人进行在线沟通及文件传输，除此之外，我们还可以通过电子邮件进行沟通。电子邮件是通过计算机网络传送的文档，收发电子邮件是一件十分重要的工作。通过本任务的学习，主要了解电子邮件的功能；熟悉获取电子邮件服务的途径；掌握收发和管理电子邮件的方法。

本任务要求完成以下操作。

- 为自己申请一个免费的电子邮箱。
- 通过该邮箱发送一封电子邮件。

【操作要点】

- 申请一个免费的电子邮箱 hncgyjsj@126.com。
- 利用邮箱 hncgyjsj@126.com 在线收发电子邮件。
- 利用邮箱 hncgyxgxjsj@126.com 接收并回复电子邮件。

【任务实施】

1．申请免费电子邮箱 hncgyjsj@126.com

申请一个属于自己的电子邮箱并不难，目前许多大型网站上都提供了电子邮件服务，常用的电子邮箱有网易邮箱、新浪邮箱、TOM 邮箱、QQ 邮箱等，可在线免费申请。下面以在网易中申请一个免费信箱为例介绍免费邮件的申请过程。

（1）启动 IE 浏览器，在地址栏中输入网易 126 免费邮箱的网址，按【Enter】键进入其主页面，如图 3-28 所示。

（2）单击“邮箱账号登录”选项卡中的“去注册”按钮，即进入“注册网易免费邮箱”页面，如图 3-29 所示。可以选择使用“注册字母邮箱”或“注册手机号码邮箱”，然后按网页上的提示填写相应的注册资料，凡前面有“*”号的是必须填写的。

图 3-28　网易 126 免费邮箱主页面

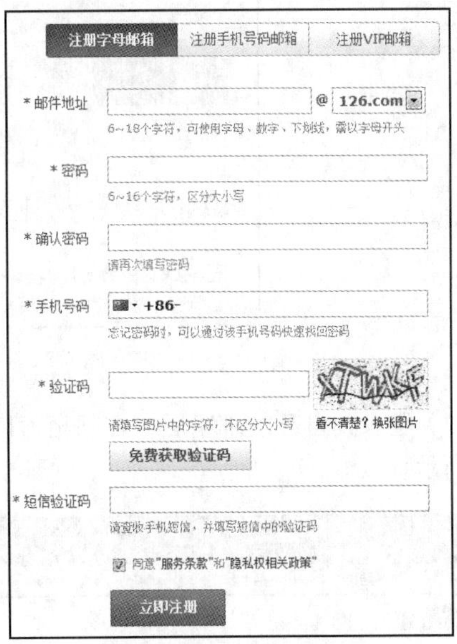

图 3-29　邮箱注册页面

（3）在“邮件地址”中输入要注册的邮件地址中的用户名“hncgyjsj”，凡是出现“恭喜，该邮件地址可注册”，如图 3-30 所示，表明该邮件地址还没有人注册过，你可以用该邮箱名注册，否则就不能用该名注册。资料填写完整后，单击“立即注册”按钮。

图 3-30　注册邮箱名

（4）出现“hncgyjsj@126.com 注册成功!”提示信息后，表明该邮件已经注册成功，如图 3-31 所示。

图 3-31　网易邮箱注册成功

2．在线收发电子邮件

申请到免费邮箱后，即可使用该邮箱收发电子邮件了。

（1）在 IE 浏览器的地址栏中输入网易 126 邮箱网址，按【Enter】键进入。在“邮箱账号”和“密码”文本框中分别输入邮箱账号和密码，然后单击“登录”按钮进入电子邮箱，如图 3-32 所示。

图 3-32　网易邮箱登录界面

W3.3.1　在线接收电子邮件

（2）登录到自己的邮箱后，在邮箱窗口中单击“写信”按钮，进入邮件编辑窗口，如图 3-33 所示。

图 3-33　126 邮箱编辑邮件窗口

（3）在“收件人”文本框中输入收件人的邮箱地址（如 hncgyxgxjsj@126.com）（说明：也可以自己给自己发邮件）；在“主题”文本框中输入邮件的主题（例如：张立的作业）；在正文文本框中编辑邮件的内容（例如：请老师评阅我的作业。）；如需要发送附件，请单击“添加附件”按钮，找到需添加的文件打开即可。编辑完成后单击“发送”按钮，如图 3-34 所示。

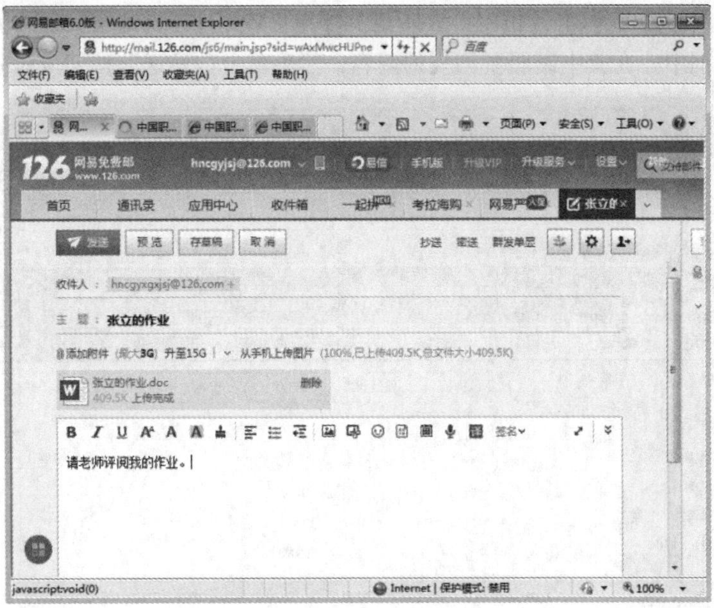

图 3-34　发送邮件

说明　电子邮件不仅可以是纯文本，还可以带有图像、声音和视频文件等附件信息。

3．接收并回复电子邮件

邮箱页面中会显示未读邮件的数量，可以据此判断是否有未读邮件。收到来信后，用户可以有选择地回复邮件（以电子邮箱地址 hncgyxgxjsj@126.com 为例）。

W3.3.2　回复电子邮件

（1）在 IE 浏览器的地址栏中输入网易邮箱免费邮箱的网址，按【Enter】键，打开其首页。在“邮箱账号”和“密码”文本框中分别输入邮箱账号和密码，然后单击“登录”按钮进入电子邮箱。

（2）单击“收件箱”，在页面右侧的窗格中可以查看接收到的邮件，单击接收到的邮件主题，即可在右侧窗格中查看邮件的内容，如图 3-35 所示。

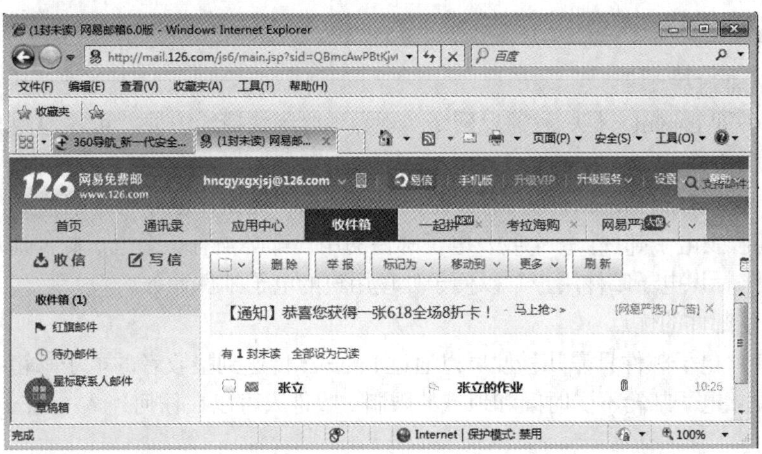

图 3-35　查看邮件内容界面

（3）单击“回复”按钮，如图 3-36 所示，打开“写邮件”选项卡，原有的信件内容会出现在正文文本框中，在其中编辑要回复的内容，然后单击“发送”按钮发送邮件。

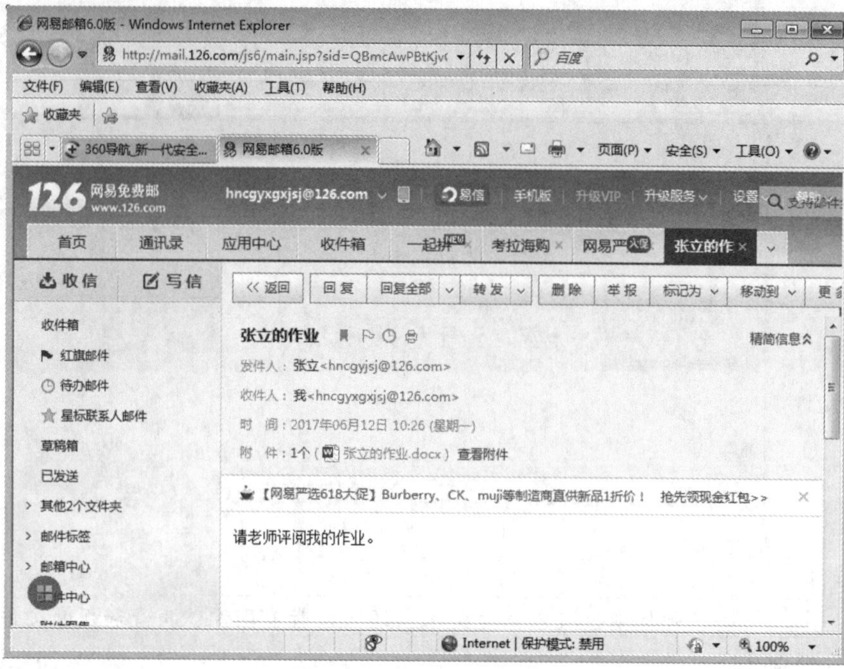

图 3-36　回复邮件

【拓展训练】

在 Microsoft Outlook 2010 进行如下操作。

（1）在 Microsoft Outlook 2010 中添加一个邮箱账户（自己前面申请的邮箱账户），并利用该邮箱账户收发电子邮件。

（2）同学之间互发邮件并回复。

（3）添加一次约会，主题为“小明的生日”；地点为“小明的家”；时间为“2018 年 12 月 28 日”；18:00 开始，22:00 结束；按年为周期，提前 3 天提醒，并将此约会标记为私密。

W3.3.3　利用 Outlook 收发电子邮件

【知识链接】

1．E-mail 基础

电子邮件即 E-mail，是一种通过网络实现异地之间快捷、方便、可靠地传送和接收信息的现代化通信手段。

E-mail 与传统邮件相比，它具有方便快捷的优点，无论在地球的任何地方，只要能连接 Internet 就能收发电子邮件。每个收发电子邮件的用户都必须有一个电子邮件地址，电子邮件地址主要用来标识电子邮件用户，以便于处理用户的电子邮件业务。

（1）电子邮件的优点

① 快速：电子邮件只需几秒便可以通过 Internet 传送到接收者的电子邮箱中。

② 方便：电子邮箱不受时间和地域的限制，收件人可以在任何连入 Internet 的计算机中接收邮件。

③ 廉价：发送电子邮件所需的成本包含在上网费用中，比邮寄普通信件便宜许多。

④ 内容丰富：电子邮件不仅可以传送文件，还可以传送声音、图片、视频及动画等多种类型的文件。

⑤ 可靠：每个电子邮箱都有一个全球唯一的邮箱地址，确保邮件按发件人输入的地址准确无误地发送到收件人的邮箱中。

（2）电子邮箱地址

发送电子邮件时必须知道收件人的邮件地址，电子邮件地址的一般格式为：<用户名>@<电子邮件服务器域名>，如 hycgyjsj@tom.com 就表示一个电子邮件的地址，hycgyjsj 是用户名，tom.com 表示邮件服务器地址。

（3）收发电子邮件的原理

收发电子邮件的原理实际上是依靠软件将输入的邮件内容转换为可以在 Internet 上传输的信号，然后通过网络传送出去，当到达接收端时，再将其还原成可以识别的文字、声音、图像或动画等文件。因此，要收发电子邮件，必须通过相应的服务器来完成转换操作。

2．使用 Windows Live Mail

使用 Windows Live 是微软公司近几年推出的一套网络服务的名称，包括用于收发电子邮件的 Windows Live Mail、用于聊天和网上交流的 Windows Live Messenger、用于查看和整理照片的 Windows Live 照片库等。

Windows Live 软件套装不仅可作为单机程序使用，还可以直接访问网络服务获得更多功能。同时，这些服务默认不包含在 Windows 7 系统中，如果用户喜欢，只要安装后就可以直接使用，如果不喜欢，也可以安装其他同类型的软件。

Windows Live Mail 是一个小巧但功能强大的电子邮件客户端软件。Windows 7 系统中已不再包含很多人熟悉的 Outlook Express，但 Windows Live Mail 具备 Outlook Express 的所有功能，同时进行了额外的扩展。

课外训练

1．单选题

（1）世界上第一个计算机网络是______。

（A）ARPAnet （B）ChinaNet （C）Internet （D）CERNET

（2）星形、总线型、环形和网状是按照______分类的。

（A）网络跨度 （B）网络拓扑 （C）管理性质 （D）网络功能

（3）局域网的网络硬件主要包括服务器、工作站、网卡和______。

（A）网络拓扑结构 （B）计算机 （C）传输介质 （D）网络协议

（4）HTTP 是一种______。

（A）域名 （B）协议

（C）网址 （D）高级程序设计语言

（5）负责管理整个网络各种资源、协调各种操作的软件叫作______。

（A）网络应用软件 （B）通信协议软件

（C）OSI （D）网络操作系统

（6）在同样的条件下，传输速率为______的 Modem 传输信息最快。

（A）14 400bit/s （B）28 800bit/s （C）33.6kbit/s （D）56kbit/s

(7) 衡量网络上数据传输速率的单位是每秒传送多少个二进制位，用______表示。

(A) bit/s　(B) OSI　(C) MIPS　(D) MHz

(8) 一旦中心节点出现故障则整个网络瘫痪的局域网的拓扑结构是______。

(A) 星形拓扑　(B) 树形结构　(C) 总线型拓扑　(D) 环形拓扑

(9) 用 IE 浏览器浏览网页，在地址栏中输入网址时，通常可以省略的是______。

(A) ftp://　(B) http://　(C) telnet://　(D) news://

(10) 搜索引擎其实也是一个______。

(A) 网站　(B) 网页　(C) 链接　(D) 都可以

(11) IE 收藏夹中保存的是______。

(A) 网页的设计原则　(B) 网页的地址

(C) 网页的制作过程　(D) 网页的作者

(12) 在互联网上发送电子邮件时，下面说法正确的是______。

(A) 需要知道收件人的电子邮件地址和密码

(B) 需要知道收件人的电子邮件地址但不需要知道密码

(C) 需要知道收件人的电子邮件密码

(D) 不需要知道收件人的电子邮件地址

(13) HTML 是指______。

(A) 超媒体文件　(B) 超文本标识语言

(C) 超文本传输协议　(D) 超文本文件

(14) Internet 中 URL 的含义是______。

(A) 统一资源定位器　(B) Internet 协议

(C) 简单邮件传输协议　(D) 传输控制协议

(15) 在因特网上专门用于传输文件夹的协议是______。

(A) HTTP　(B) NEWS　(C) Word　(D) FTP

2. 简答题

(1) 什么是计算机网络?

(2) 计算机网络系统由哪几个部分组成?

(3) 从计算机系统功能上将计算机网络分为哪几个子网？各子网中包含哪些设备?

(4) 什么叫网络拓扑结构？常见的网络拓扑结构有哪几种?

(5) TCP/IP 体系结构分为多少层？各层的名称是什么?

(6) 什么是网络协议？网络协议包含哪 3 个要素?

(7) 什么是 TCP？什么是 IP?

3. 操作题

(1) 请打开 IE 浏览器，并完成下面的操作。

① 打开 QQ 网站的主页，浏览“汽车”页面，并将打开的“汽车频道_腾讯网”页面以文本文件的格式保存到“D:\班级\姓名”文件夹下，命名为“学习 1.txt”。

② 在上题打开的“汽车频道_腾讯网”页面中，浏览你喜欢的一些汽车图片，选择你最喜欢的汽车图片保存到“D:\班级\姓名”文件夹下，命名为“学习 2.jpg”。

(2) 利用 Internet Explorer 浏览器，通过百度搜索含有单词“basketball”的页面，将其中的任意一个页面另存到“D:\班级\姓名”文件夹下，命名为“学习 3.txt”。

(3) 利用 IE 浏览器，通过百度搜索关键词为“职业生涯规则”的页面，将其中对你有帮助的一些文字内容复制到一个 Word 文档中，并将该 Word 文档另存到“D:\班级\姓名”文件夹下，命名为“学习 4.doc”。

（4）通过对 IE 浏览器参数的设置，使 IE 浏览器默认主页为新浪网。

（5）设置网页在历史记录中保存 10 天。

（6）通过华军软件园网站，下载一个“网络语音”工具，将该软件保存在“D:\班级\姓名”文件夹下。

（7）申请一个免费邮箱，并给任课教师成功发送一封电子邮件，并将“学习 4.doc”一并发送给任课教师。

项目四

Word 2010 文字处理

教学目标

- 掌握 Word 2010 的基本操作。
- 掌握文档的基本编辑和排版设计。
- 了解工作表的屏幕显示与打印。
- 掌握文档表格的制作和处理、图文混排的设计。
- 掌握文档水印、样式、邮件合并的使用等内容。

教学内容

- 制作、简单排版文档。
- 美化文档。
- 文档中的图文混排。
- 文档中的表格处理。
- 长篇文档的编排。
- 批量处理文档。

Word 是由微软公司推出的 Office 办公软件的核心软件之一，它是一个功能强大的文字处理软件。使用 Word 不仅可以进行简单的文字编辑，还能制作出文字、图像、数据于一体的各种文档。本项目将通过几个典型任务，带领大家学习 Word 的相关知识。

任务 1 制作“通知”文档

【任务描述】

新生开学后，辅导员让学生小张用 Word 制作一个班会通知，接到任务后，小张做好计划，然后利用 Word 2010 完成通知文档的编写，并以“班会通知”为文件名进行保存，如图 4-1 所示。具体步骤如下。

- 创建一个空白文档，以“班会通知”为文件名进行保存。
- 通过即点即输的方式在文档中间的位置输入标题“通知”。
- 输入正文相关文字、符号等。
- 将“辅导员”“2017 年 9 月 15 日”文本移动到文档末尾右下角。
- 查找全文中的“计算机应用 1 班”并替换为“计算机 1 班”。

- 文档标题“通知”修改为“班会通知”。
- 撤销“通知”的修改以及替换的内容。
- 完成后以原文件名保存，并关闭文档。

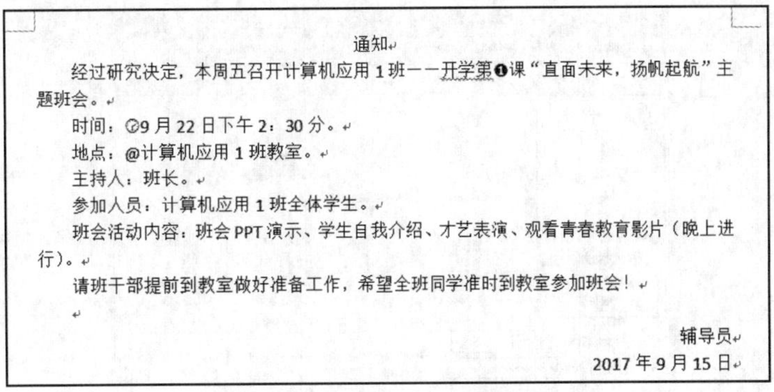

通知

经过研究决定，本周五召开计算机应用 1 班——开学第❶课“直面未来，扬帆起航”主题班会。

时间：◎9 月 22 日下午 2：30 分。

地点：@计算机应用 1 班教室。

主持人：班长。

参加人员：计算机应用 1 班全体学生。

班会活动内容：班会 PPT 演示、学生自我介绍、才艺表演、观看青春教育影片（晚上进行）。

请班干部提前到教室做好准备工作，希望全班同学准时到教室参加班会！

辅导员

2017 年 9 月 15 日

图 4-1 “班会通知”文档效果

【操作要点】

- 通过 Word 2010 新建的文档 1 输入通知的文字。
- 通过 Word 2010 插入所需符号。
- 通过 Word 2010 修改文本。
- 通过 Word 2010 文档编辑操作后，要将其内容保存。

【任务实施】

1．新建并保存文档

（1）创建新文档

选择“开始”→“所有程序”→“Microsoft Office 2010”命令，启动 Microsoft Word 2010，或者双击桌面 Word 2010 快捷方式图标启动，创建空白文档，如图 4-2 所示。

图 4-2 打开 Word 2010

W4.1.1 新建并保存文档

（2）保存工作簿

先将其保存在计算机中，使其以文件形式存在，选择“文件”→“保存”命令，在打开的“另存为”对话框的“地址栏”下拉列表框中选择文件保存路径，在“保存类型”下拉列表框中选择文件类型“Word 文档(*.docx)”。在“文件名”下拉列表框中输入“班会通知.docx”，然后单击“保存”按钮，如图 4-3 所示。

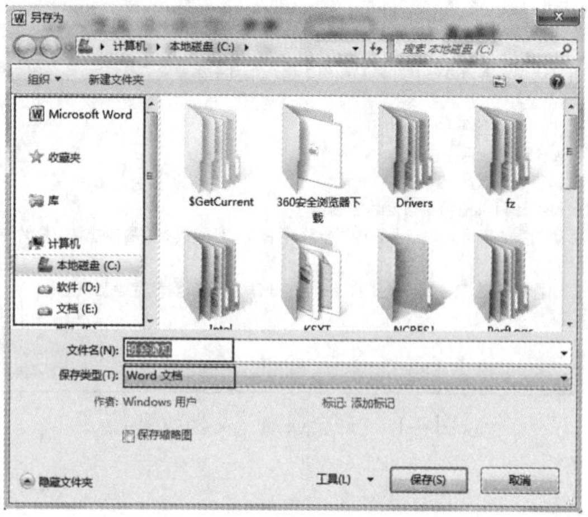

图 4-3 “另存为”对话框

2. 输入文本内容

W4.1.2 输入文本

创建文档后就可以在文档中输入文本，而运用 Word 的即点即输功能可轻松在文档中的不同位置输入需要的文本，其具体操作如下。

（1）将鼠标指针移至文档上方的中间位置，当鼠标指针变成 I≡ 形状时双击鼠标，将插入点定位到此处。

（2）将输入法切换至中文输入法，输入文档标题“通知”文本。

（3）将鼠标指针移至文档标题下方左侧（输入法为半角状态），输入 4 个空格，接着输入正文文本，输入过程中当输完一段内容后，按【Enter】键可分段同时插入一个段落标记，进入第 2 段文字的输入。使用空格或即点即输的方式输入其他文本，完成通知文档的输入，效果如图 4-4 所示。

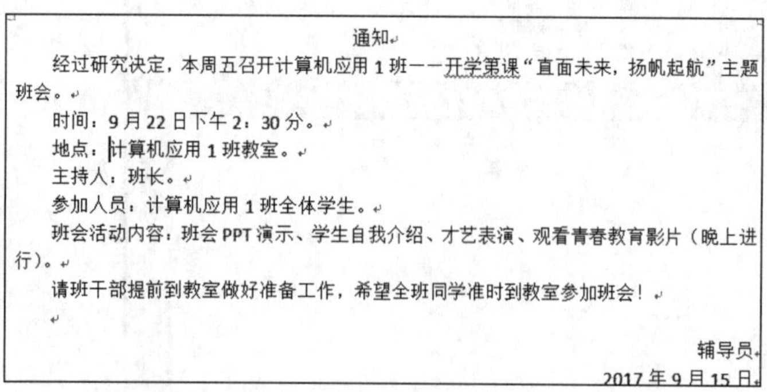
通知

经过研究决定，本周五召开计算机应用 1 班——开学第课“直面未来，扬帆起航”主题班会。

时间：9 月 22 日下午 2：30 分。

地点：计算机应用 1 班教室。

主持人：班长。

参加人员：计算机应用 1 班全体学生。

班会活动内容：班会 PPT 演示、学生自我介绍、才艺表演、观看青春教育影片（晚上进行）。

请班干部提前到教室做好准备工作，希望全班同学准时到教室参加班会！

辅导员

2017 年 9 月 15 日

图 4-4 文档正文部分

3. 插入符号

W4.1.3 插入符号

在输入完普通文字后可插入所需要的符号。

（1）在第 1 行“开学第”的“第”字后面单击定位。

（2）在“插入”→“符号”选项组中单击“符号”按钮，选择“其他符号”，弹出“符号”对话框，再选择“符号”选项卡。

（3）在“字体”框中选择“Wingdings”，效果如图 4-5 所示。

（4）双击“❶”，其他符号用同样的方法输入，完成后单击“关闭”按钮。

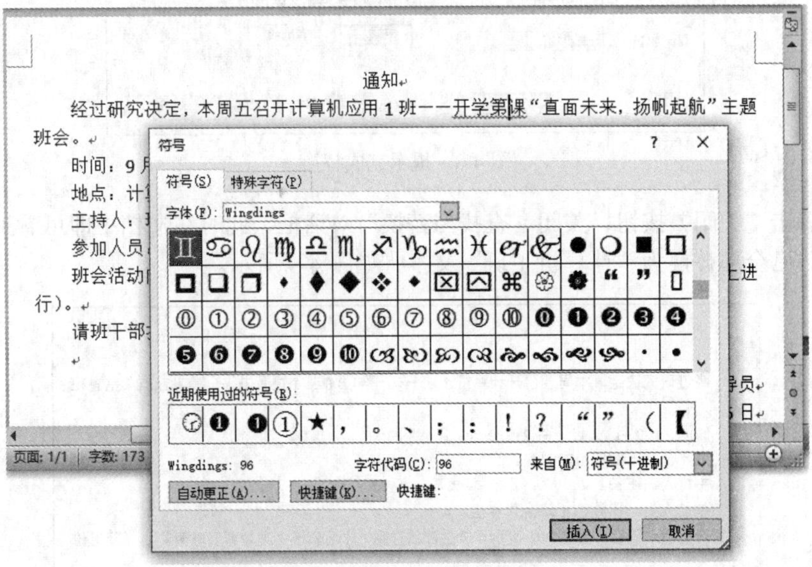

图 4-5 “符号”对话框

4．查找和替换文本

当文档中出现某个多次使用的文字或短句错误时，可使用查找与替换功能来检查和修改错误部分，以节省时间并避免遗漏，其具体操作如下。

W4.1.4 查找和替换文本

（1）将插入点定位到文档开始处，在“开始”→“编辑”组中单击“替换”按钮，或按【Ctrl+H】组合键，如图 4-6 所示。

（2）打开“查找和替换”对话框，分别在“查找内容”和“替换为”文本框中输入“计算机应用 1 班”和“计算机 1 班”。

（3）单击“查找下一处”按钮，即可看到文档中所查找到的第一个“计算机应用 1 班”文本呈选中状态显示，如图 4-7 所示。再次单击“替换”按钮，完成一次修改。

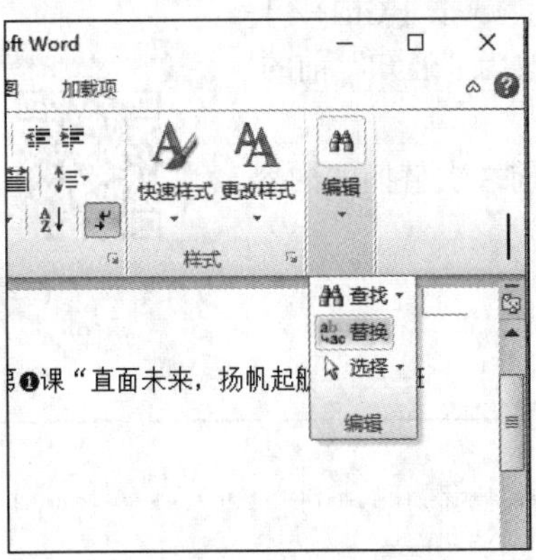

图 4-6 单击“替换”按钮

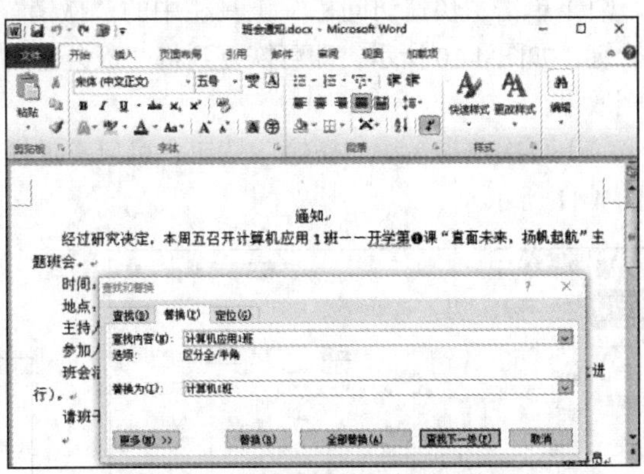

图 4-7 “查找与替换”对话框

（4）继续单击“替换”按钮，直至出现提示对话框，提示完成替换，直接单击“确定”按钮即可完成替换，如图 4-8 所示。

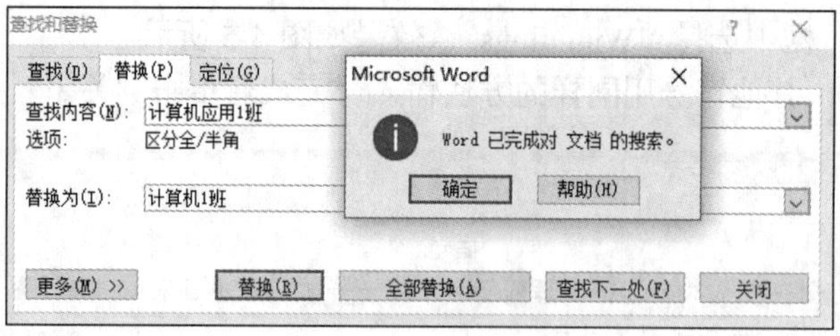

图 4-8 提示完成替换

（5）单击“关闭”按钮，关闭“查找与替换”对话框，此时在文档中即可看到“计算机应用 1 班”已全部替换为“计算机 1 班”文本，如图 4-9 所示。

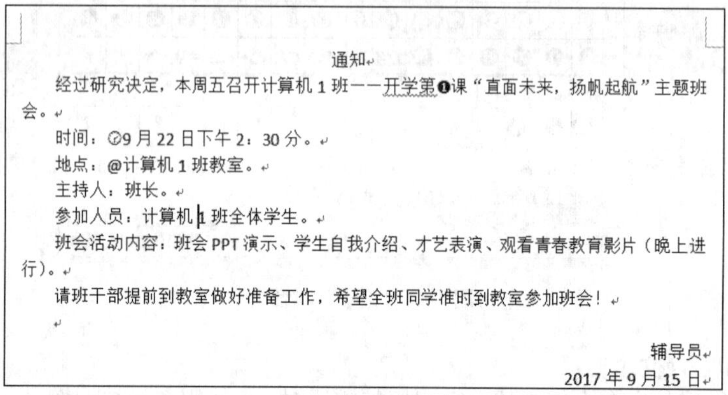
通知

经过研究决定，本周五召开计算机 1 班——开学第❶课“直面未来，扬帆起航”主题班会。

时间：⑫9 月 22 日下午 2：30 分。

地点：@计算机 1 班教室。

主持人：班长。

参加人员：计算机 1 班全体学生。

班会活动内容：班会 PPT 演示、学生自我介绍、才艺表演、观看青春教育影片（晚上进行）。

请班干部提前到教室做好准备工作，希望全班同学准时到教室参加班会！

辅导员

2017 年 9 月 15 日

图 4-9 查看替换文本效果

5. 添加和删除文本

将插入点定位到文档标题最前面，输入“班会”两字即可完成。

删除文档中不要的文字，可以直接删除，也可通过改写功能来修改。

W4.1.5 添加和删除文本

6. 撤销与恢复操作

Word 2010 有自动记录功能，在编辑文档时执行了错误操作，可进行撤销，同时也可恢复被撤销的操作，其具体操作如下。

（1）单击“快速访问栏”工具栏中的“撤销”按钮，或按【Ctrl+Z】组合键，如图 4-10 所示，即可恢复到将“班会通知”修改为“通知”前的文档效果。

（2）再次单击 3 次“撤销”按钮，可以看见撤销了前 3 次替换的内容，如图 4-11 所示。

W4.1.6 撤销与恢复操作

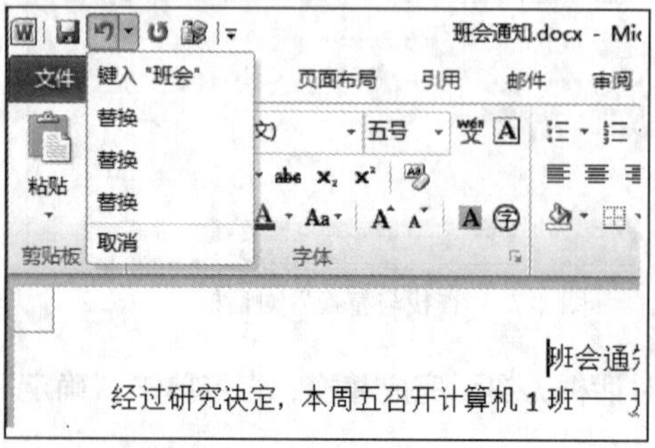

图 4-10 撤销操作

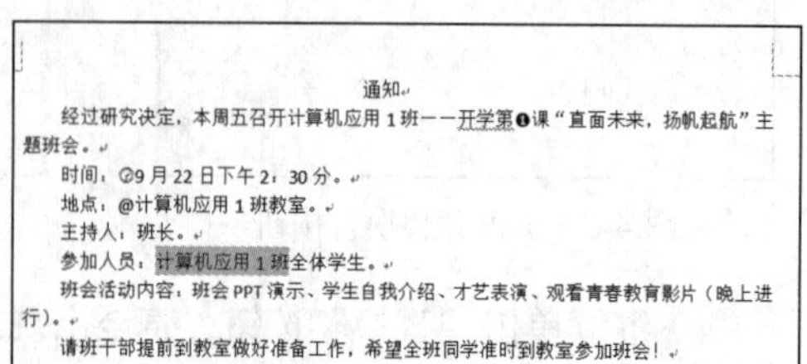
通知

经过研究决定，本周五召开计算机应用 1 班——开学第❶课“直面未来，扬帆起航”主题班会。

时间：⑫9 月 22 日下午 2：30 分。

地点：@计算机应用 1 班教室。

主持人：班长。

参加人员：计算机应用 1 班全体学生。

班会活动内容：班会 PPT 演示、学生自我介绍、才艺表演、观看青春教育影片（晚上进行）。

请班干部提前到教室做好准备工作，希望全班同学准时到教室参加班会！

图 4-11 撤销完成

7．再次保存与关闭文档

W4.1.7　再次保存与关闭文档

完成文档的各种编辑操作后，将其保存。

（1）这是属于再次保存的文档，只需按【Ctrl+S】组合键，或单击快速访问工具栏上的“保存”按钮，或选择“文件”→“保存”命令，即可直接保存文档在原文件中。

（2）选择“文件”→“关闭”命令，关闭 Word 文档，或者单击标题栏中的“关闭”按钮。切换到“文件”选项卡，选择“退出”命令，可以关闭 Word 2010 应用程序。

如果要关闭的文档曾做过修改但未保存，Word 会自动打开对话框询问用户是否再次存盘，单击其中的“是”按钮，即可保存修改并关闭文档。

【拓展训练】

1．完成新闻稿的输入和编写，并按下列要求进行操作，如图 4-12 所示。

（1）创建一个空白文档，以“第二届宿舍文化艺术节闭幕”为文件名进行保存。

（2）输入相关文字、符号等。

（3）将“【会计系】第二届宿舍文化艺术节闭幕”文本移动到文档中间。

（4）将“——主办方：会计系🕮”“——校园记者：胡芳☺”文本移动到文档末尾右下角。

（5）查找全文中的“16 会计”替换为“18 会计”。

（6）文档标题“【会计系】第二届宿舍文化艺术节闭幕”修改为“第二届宿舍文化艺术节闭幕”。

（7）撤销标题的修改以及替换的内容。

（8）完成后以原文件保存，并给文件加密设置，密码为“123”，关闭文档。

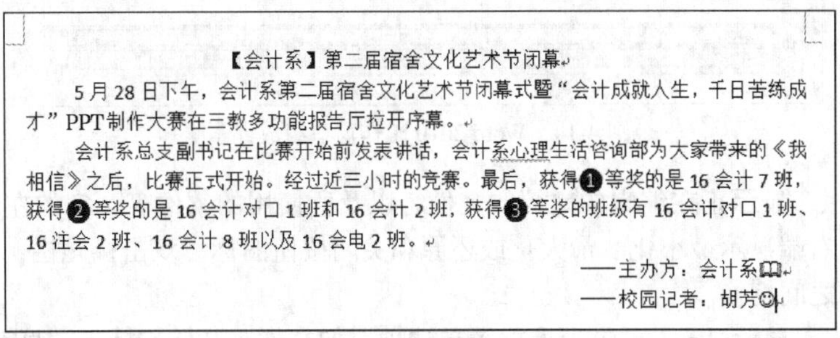

【会计系】第二届宿舍文化艺术节闭幕

5 月 28 日下午，会计系第二届宿舍文化艺术节闭幕式暨“会计成就人生，千日苦练成才”PPT 制作大赛在三教多功能报告厅拉开序幕。

会计系总支副书记在比赛开始前发表讲话，会计系心理生活咨询部为大家带来的《我相信》之后，比赛正式开始。经过近三小时的竞赛。最后，获得❶等奖的是 16 会计 7 班，获得❷等奖的是 16 会计对口 1 班和 16 会计 2 班，获得❸等奖的班级有 16 会计对口 1 班、16 注会 2 班、16 会计 8 班以及 16 会电 2 班。

——主办方：会计系🕮

——校园记者：胡芳☺

图 4-12　文档效果

2．打开文档“第二届宿舍文化艺术节闭幕”，在此文档最后加上以下公式，如图 4-13 所示，并以“闭幕式 2”为文件名保存此文件。

$$y=\lim_{k\to 0}\frac{\rho^{m}\pm b_{1}^{n}}{\sqrt[x]{b_{2}}}$$

图 4-13　公式内容

【知识链接】

1．文档的基本操作

（1）启动 Word 2010

启动 Office 是指将 Office 系统的核心程序，如 Word.exe、Excel.exe、PowerPoint.exe 等

调入内存，同时进入 Office 应用程序及文档窗口进行文档操作，方法如下。

① 常规启动。选择“开始”→“所有程序”→“Microsoft Office 2010”→“Microsoft Office Word 2010”命令即可。

② 双击桌面 Word 2010 快捷方式图标启动。

③ 通过 Word 2010 文件启动。通过“我的电脑”或“资源管理器”找到某个 Word 2010 文件，双击即可打开该文件并启动 Word 2010。

（2）认识 Word 2010 工作窗口

启动 Word 2010 应用程序后，即打开 Word 2010 工作界面，如图 4-14 所示。Word 2010 窗口主要由标题栏、选项卡、快速访问工具栏、功能区、编辑文本区、视图切换区、滚动条、缩放滑块、状态栏等组成。

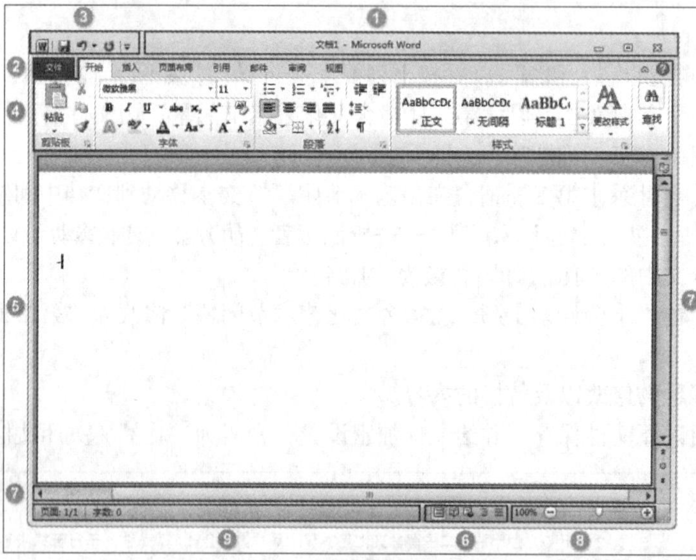

图 4-14　Word 2010 工作窗口组成元素

① 标题栏：显示正在编辑的文档的文件名以及所使用的软件名。它的左端显示控制菜单按钮图标。右端显示最小化、最大化或还原和关闭按钮图标。双击标题栏，窗口会在最大化和向下还原之间切换。

② 选项卡：显示 Word 2010 所有的菜单选项，如文件、开始、插入、页面布局、引用、邮件、审阅、视图选项卡。

③ 快速访问工具栏：常用命令位于此处，例如“保存”和“撤销”，用户可以根据需要进行自定义设置。

④ 功能区：“功能区”是水平区域，就像一条带子，启动 Word 后分布在 Office 软件的顶部。您工作所需的命名将分组在一起，且位于选项卡中，如“开始”和“插入”。可以通过单击选项卡来切换显示的命令集。

⑤ 编辑文本区：显示正在编辑的文档，是 Office 窗口的主体部分，用于显示文档的内容供用户进行编辑，它占据了 Office 界面的绝大部分空间。

⑥ 视图切换区：可用于更改正在编辑的文档的显示模式以符合您的要求。

⑦ 滚动条：可用于更改正在编辑的文档的显示位置。

⑧ 缩放滑块：可用于更改正在编辑的文档的显示比例。单击“缩小”按钮⊖或“放大”按钮⊕将以每次 10%缩小或放大显示比例。

⑨ 状态栏：显示正在编辑的文档的相关信息，包括当前的页数/总页数、文档的字数、校对文档出错内容、语言设置、设置改写状态。

（3）文件视图

Word 2010 中提供了多种视图模式供用户选择，这些视图模式包括“页面视图”“阅读版式视图”“Web 版式视图”“大纲视图”“草稿视图”等视图方式。用户可以在“视图”功能区中选择需要的文档视图模式，也可以在 Word 2010 文档窗口的右下方单击视图按钮选择视图。

① 页面视图

“页面视图”可以显示 Word 2010 文档的打印结果外观，主要包括页眉、页脚、图形对象、分栏设置、页面边距等元素，是最接近打印结果的页面视图，如图 4-15 所示。

② 阅读版式视图

“阅读版式视图”以图书的分栏样式显示 Word 2010 文档，“文件”按钮、功能区等窗口元素被隐藏起来。在阅读版式视图中，用户还可以单击“工具”按钮选择各种阅读工具，如图 4-16 所示。

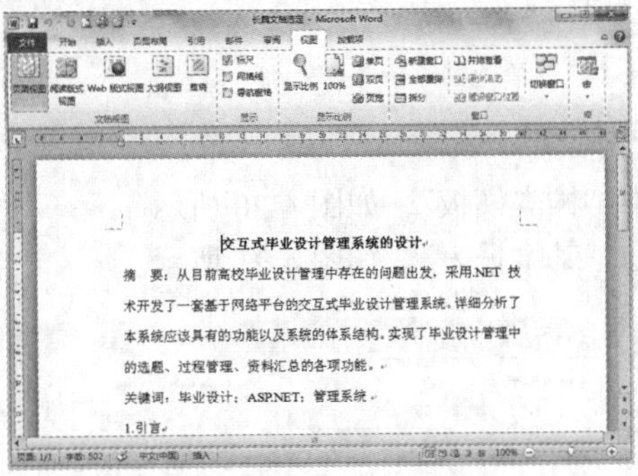

图 4-15　页面视图

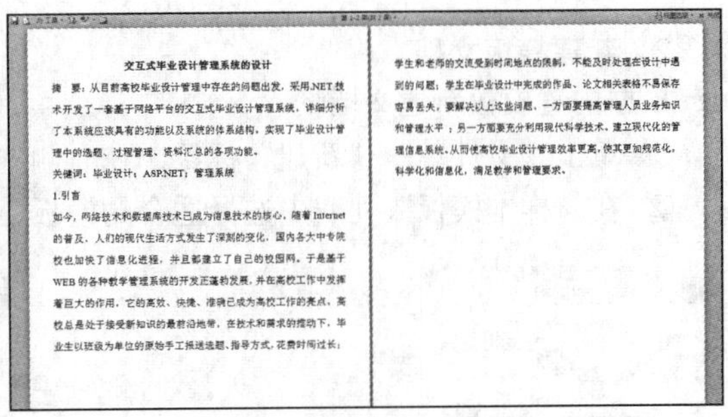

图 4-16　阅读版式视图

③ Web 版式视图

“Web 版式视图”以网页的形式显示 Word 2010 文档，Web 版式视图适用于发送电子邮件和创建网页，如图 4-17 所示。

④ 大纲视图

“大纲视图”主要用于设置 Word 2010 文档和显示标题的层级结构，在大纲视图下可以方便地折叠和展开各种层级的文档。大纲视图广泛用于 Word 2010 长文档的快速浏览和设置中，如图 4-18 所示。

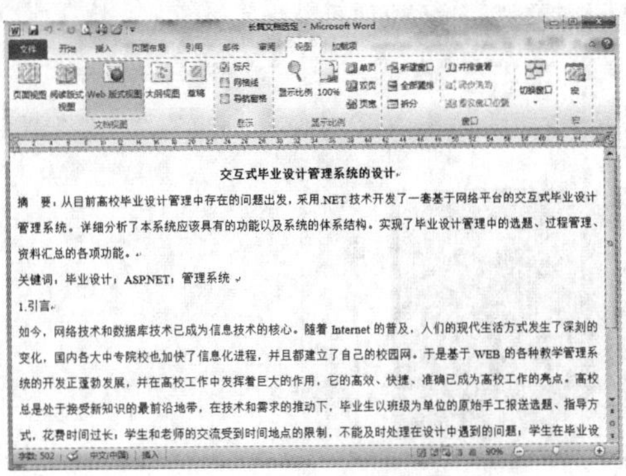

图 4-17　Web 版式视图

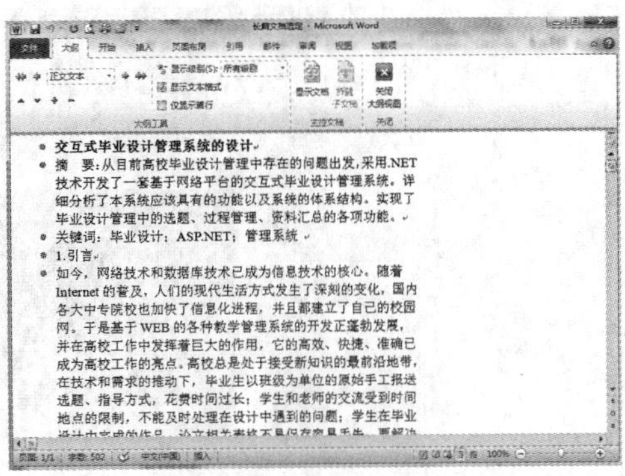

图 4-18　大纲视图

⑤ 草稿视图

“草稿视图”取消了页面边距、分栏、页眉页脚和图片等元素，仅显示标题和正文，是最节省计算机系统硬件资源的视图方式，如图 4-19 所示。当然现在计算机系统的硬件配置都比较高，基本上不存在由于硬件配置偏低而使 Word 2010 运行遇到障碍的问题。

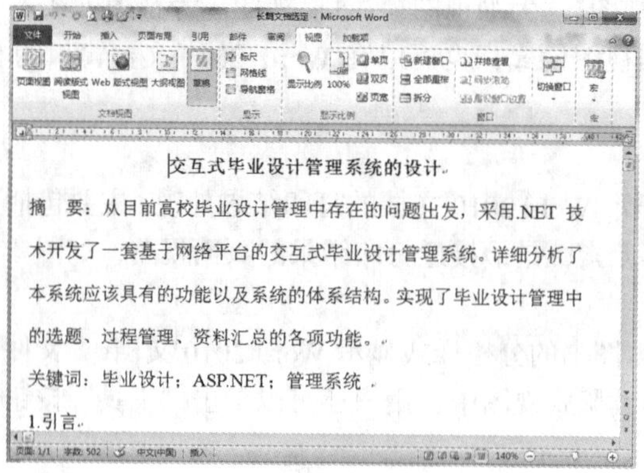

图 4-19　草稿视图

2．新建模板文档

根据内置模板新建文档。

① 单击“文件”→“新建”标签，在右侧选中“样本模板”，如图 4-20 所示。

② 在“样本模板”列表中选择适合的模板，如“基本报表”，如图 4-21 所示。

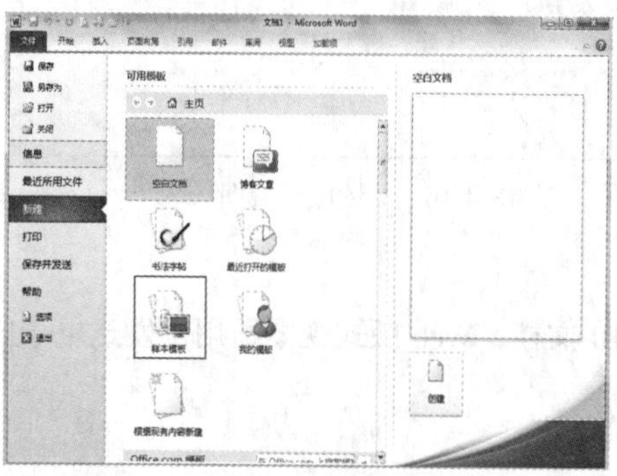

图 4-20　选择样本

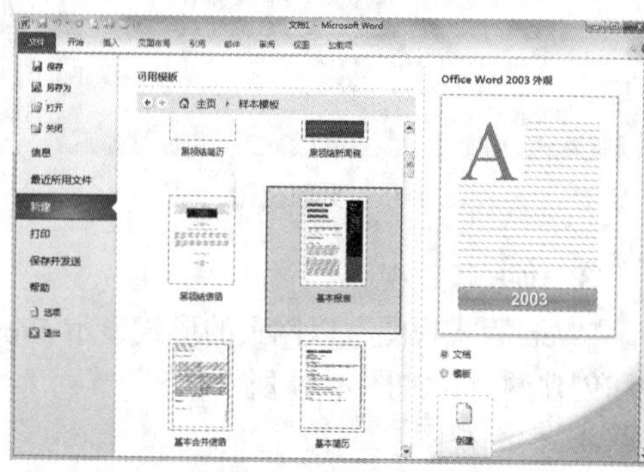

图 4-21　选择模板

③ 单击“创建”按钮即可创建一个与样本模板相同的文档，如图 4-22 所示。

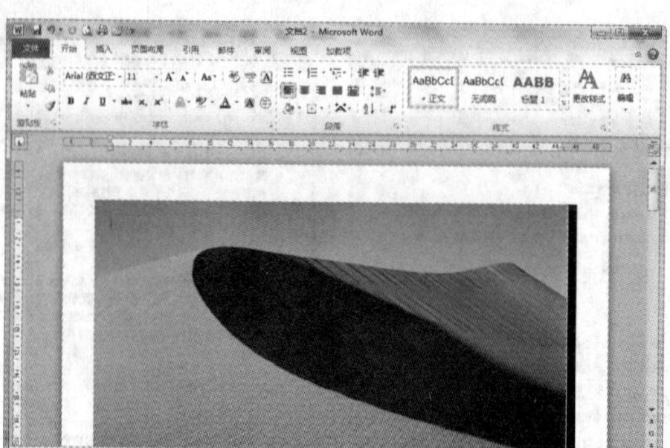

图 4-22　新建的样本模板

3．输入文本与符号

（1）输入法切换

默认情况下，刚进入系统中时出现的是英文输入法，在任务栏右端语言栏上显示一个语言图标，单击语言图标按钮，则会打开“输入法”列表，如图 4-23 所示。在输入法列表中选择一种输入法。

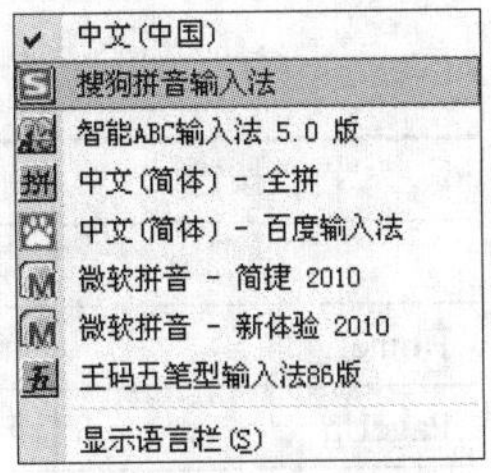

图 4-23　输入法列表

可以使用【Ctrl+空格】组合键实现中英文切换，用【Shift +Ctrl】组合键实现各种输入法切换。

（2）输入符号和特殊字符

键盘上有的标点符号，可直接通过键盘输入，插入的符号和字符的类型取决于可用的字体。例如，标点字符（ˆ、……）和国际通用货币符号（$、¥）。

键盘上没有的符号，可使用“符号”对话框，选择所需的符号。

（3）字符的插入、删除和修改

① 插入字符。首先把鼠标指针移到准备插入字符的位置，在“插入”状态下输入待添加的内容即可。对新插入的内容，Word 将自动进行段落重组。

② 删除字符。首先把鼠标指针移到准备删除字符的位置，按【Delete】键删除鼠标指针后边的字符，按【Backspace】键删除鼠标指针前边的字符。如果要删除的文本较多，可以首先使用上面介绍的方法将这些文本选中，再按【Backspace】键或【Delete】键将它们一次全部删除。

③ 修改字符。有以下两种方法。

方法一：首先把鼠标指针移到准备修改字符的位置，先删除字符，再插入正确的字符。

方法二：首先把鼠标指针移到准备修改字符的位置，先选择要删除的字符，再插入正确的字符。

（4）输入数学公式

利用 Word 提供的插入公式功能，可以在制作工作报告、论文时使用公式。操作步骤如下。

① 文档中，单击要插入公式的位置。

② 打开“插入”选项卡，在“符号”选项组中单击“公式”按钮下方的箭头按钮，从下拉列表框中选择所需公式，如图 4-24 所示。如果没有合适的公式，选择“插入新公式”命令。

③ 此时，Word 将自动切换到“公式工具”→“设计”选项卡，如图 4-25 所示。

④ 在“在此处键入公式”插入框中，使用其中的相关命令编辑公式即可。

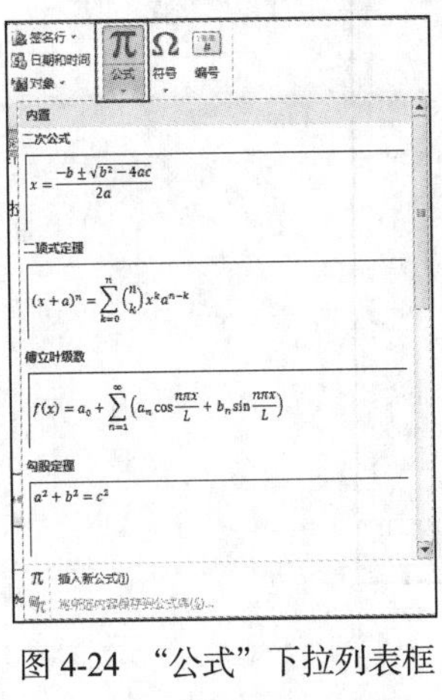

图 4-24　“公式”下拉列表框

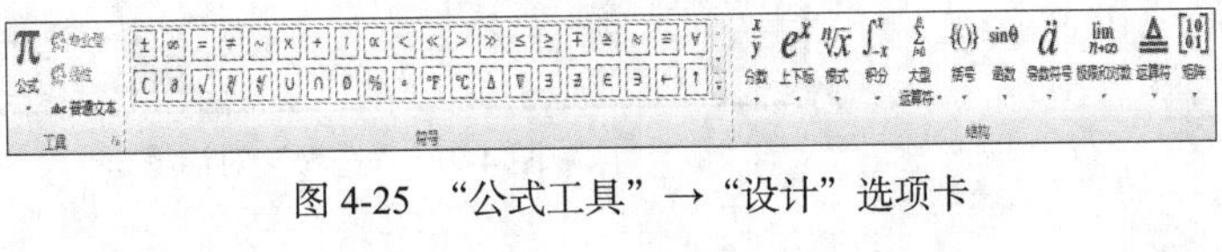

图 4-25　“公式工具”→“设计”选项卡

小知识 用鼠标在编辑区单击，可以实现鼠标指针的定位。有时，使用键盘按键控制鼠标指针的位置更加便捷，具体方法见表 4-1。

表 4-1　本 Word 中用键盘键控制鼠标指针的方式

键盘按键	作用	键盘按键	作用
↑、↓、←、→	鼠标指针上、下、左、右移动	Shift+F5	返回到上次编辑的位置
Home	鼠标指针移至行首	End	鼠标指针移至行尾
PageUp	向上滚过一屏	PageDown	向下滚过一屏
Ctrl+↑	鼠标指针移至上一段落的段首	Ctrl+↓	鼠标指针移至下一段落的段首
Ctrl+←	鼠标指针向左移动一个汉字（词语）或英文单词	Ctrl+/	鼠标指针向右移动一个汉字（词语）或英文单词
Ctrl+PageUp	鼠标指针移至上页顶端	Ctrl+PageDown	鼠标指针移至下页顶端
Ctrl+Home	鼠标指针移至文档起始处	Ctrl+End	鼠标指针移至文档结尾处

4．定时自动保存文档

将文档输入完毕后，要将其内容保存，这样才能在需要的时候不必重新编辑，同时在文档编辑的过程中，也要养成随时保存文档的习惯，这样能够避免误操作或者电脑死机等问题引起的数据丢失。

注意 如果需要在只安装了 Office 低级版本的电脑中打开文件，则 Word 2010 编辑的文档就需要将文档保存为支持低版本的“Word 97-2003 文档（*doc）”。执行“文件”→“另存为”命令，打开“另存为”对话框，单击“保存类型”右侧的下拉按钮，在下拉菜单中选择“Word 97-2003 文档（*doc）”，可将文档保存为支持低版本的文档类型。

自动保存文档可以按照指定的时间来定时保存自己的文档，这样可以避免在计算机出现意外的断电、死机现象时，驻留在内存中的文档信息丢失。

① 选择“文件”→“选项”命令，系统将弹出“选项”对话框，如图 4-26 所示。

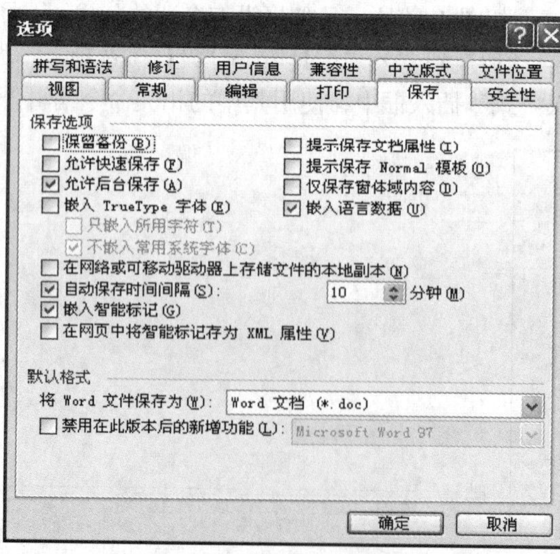

图 4-26　“选项”对话框

② 单击“保存”选项卡，选中“自动保存时间间隔”复选框，在后面的“时间”文本框中设置自动保存的时间间隔，例如 10 分钟。单击“确定”按钮。

③ 这样，系统将在此后的运行中，每间隔 10 分钟将自动保存当前的文档。

5. 加密保护文档

在个人文件里也有不少“机密”文档，这时我们就需要用到加密功能，具体步骤如下。

① 先在“文件”菜单中选择“信息”，选择“保护文档”中的“用密码进行加密”项，如图 4-27 所示。

② 在弹出的“加密文档”对话框中输入密码，如图 4-28 所示。

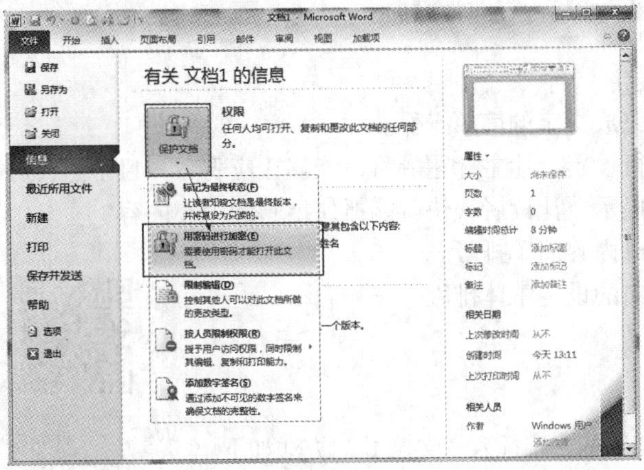

图 4-27　用密码进行加密

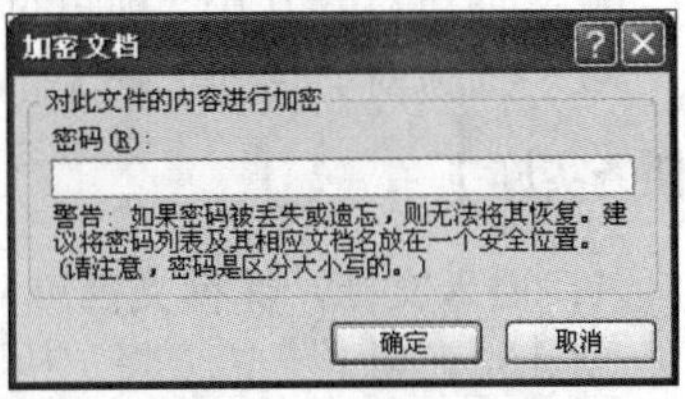

图 4-28　“加密文档”对话框

任务 2　设置“招聘”文档

【任务描述】

用友新道湖南会计学院在我院正式挂牌成立，学院与用友新道科技有限公司实现了联合办学，今该公司的经理在我院招聘文秘人员 2 名，辅导员要求小张同学来完成招聘通知的设置。效果如图 4-29 所示，具体步骤如下。

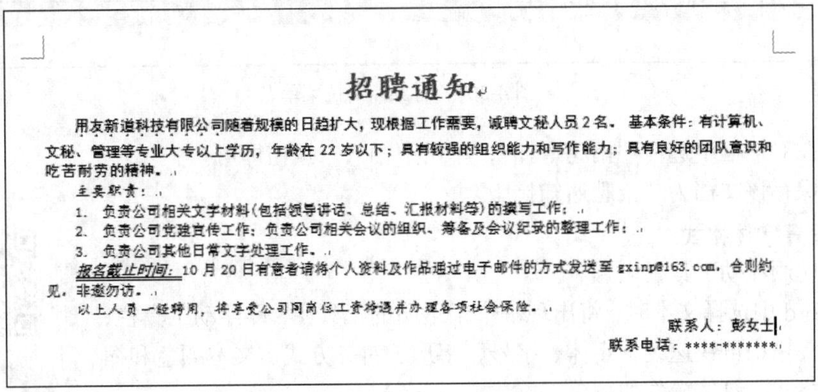

招聘通知

用友新道科技有限公司随着规模的日趋扩大，现根据工作需要，诚聘文秘人员 2 名。基本条件：有计算机、文秘、管理等专业大专以上学历，年龄在 22 岁以下；具有较强的组织能力和写作能力；具有良好的团队意识和吃苦耐劳的精神。

主要职责：

1. 负责公司相关文字材料(包括领导讲话、总结、汇报材料等)的撰写工作；
2. 负责公司党建宣传工作；负责公司相关会议的组织、筹备及会议纪录的整理工作；
3. 负责公司其他日常文字处理工作。

报名截止时间：10 月 20 日有意者请将个人资料及作品通过电子邮件的方式发送至 gxinp@163.com，合则约见，非邀勿访。

以上人员一经聘用，将享受公司同岗位工资待遇并办理各项社会保险。

联系人：彭女士

联系电话：****-*******

图 4-29　“招聘”文档效果

- 创建一个空白文档，插入素材“招聘通知”文件中的文字。以“招聘通知排版”为文件名进行保存。

- 调整标题文字为楷体、小一号、加粗、红色；除标题外所有文字为小四号，黑色；正文第 1 段为黑体，“用友新道科技有限公司”文字添加着重号；第 2 段“主要职责:”文字为楷体；第 3～5 段为宋体；第 6 段“报名截止时间:”为黑体、斜体、加下画线（双下画线），本段其他为宋体；第 7 段为楷体；最后两行“联系人:、联系电话:”为黑体。
- 要求标题居中，联系人、联系电话右对齐，其他段落左对齐；正文首行缩进 2 个字符。
- 将第 3～5 段设置项目编号：1.、2.、3.。
- 调整文档排版，要求纸张大小为 B5，方向为横向。

【操作要点】

- 通过不同的选定文本的方式完成文字的简单操作。
- 通过对字体、大小、颜色进行设置，让主标题醒目，能够让应聘者一目了然；对重要字眼添加不同形式的重点提示，让读者很快就能抓住招聘的中心内容。
- 通过对齐方式、项目符号完成内容简单排版。
- 通过对文件的纸张大小、方向的设定整体排版。

【任务实施】

W4.2.1　插入文档，保存文档

1．插入文档，保存文档

新建“文档 1”，需要将“招聘通知”的文字插入“文档 1”。方法如下。

（1）选择新建的“文档 1”中的“插入”→“文本”选项组，单击“对象”下拉按钮，在下拉菜单中选择“文件中的文字”命令，如图 4-30 所示，系统将弹出“插入文件”对话框。

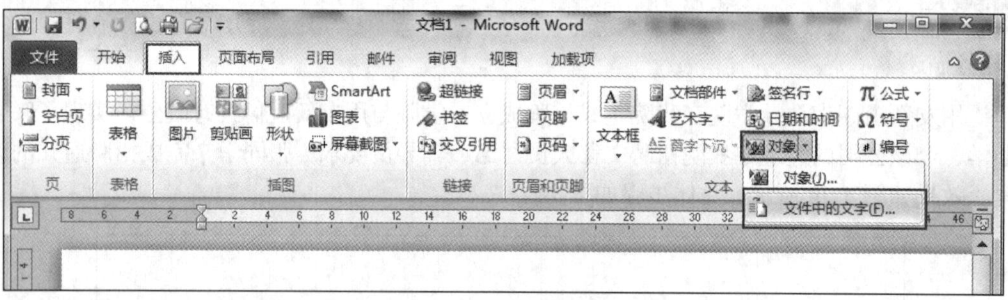

图 4-30 “对象”下拉菜单

（2）在对话框中选择“招聘通知”，单击“插入”按钮即可。

（3）保存该文档为“招聘通知排版”。

W4.2.2　设置字体格式

2．设置字体格式

（1）使用浮动工具栏设置

在 Word 中选择文本时，将出现一个半透明的工具栏，即浮动工具栏，在浮动工具栏中可快速设置字体、字号、字形、对齐方式、文本颜色和缩进级别等格式，具体操作如下。

① 选择标题文本，将鼠标指针移动到浮动工具栏上，在“字体”下拉列表框中选择“楷体”选项，如图 4-31 所示。

② 在“字号”下拉列表框中选择“小一”选项，如图 4-32 所示。

③ 在“颜色”下拉列表框中选择“红色”选项，再单击“加粗”按钮，如图 4-33 所示。

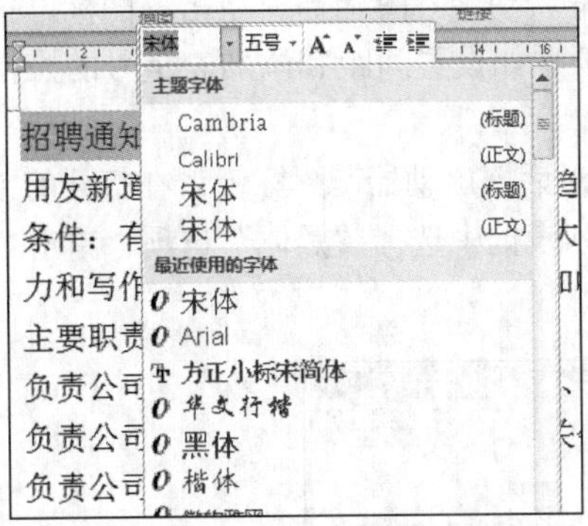

图 4-31　浮动工具栏设置字体

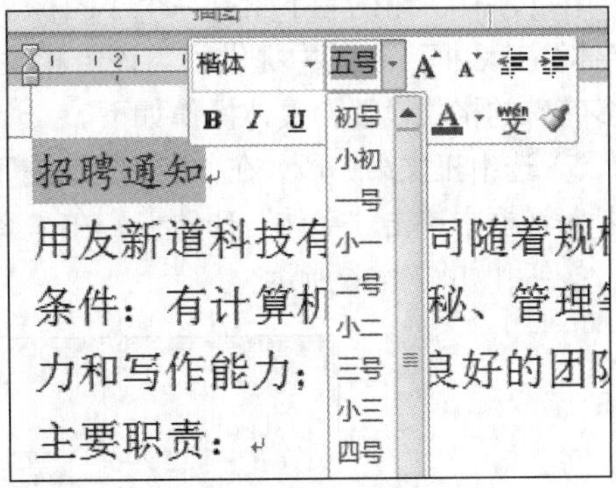

图 4-32　浮动工具栏设置字号

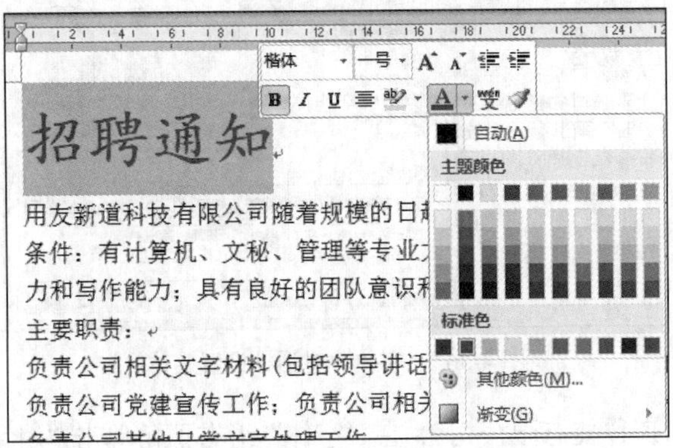

图 4-33　浮动工具栏设置颜色

（2）使用“字体”组设置

“字体”组的使用方法与浮动工具栏相似，都是选择文本后在其中单击相应的按钮，或在相应的下拉列表框中选择所需的选项进行字体设置，具体操作如下。

① 选择除标题文本外的文本内容，在“开始”→“字体”组的“字号”下拉列表框中选择“小四”选项，如图 4-34 所示。

② 在“开始”→“字体”组的“颜色”下拉列表框中选择“黑色”选项，如图 4-35 所示。

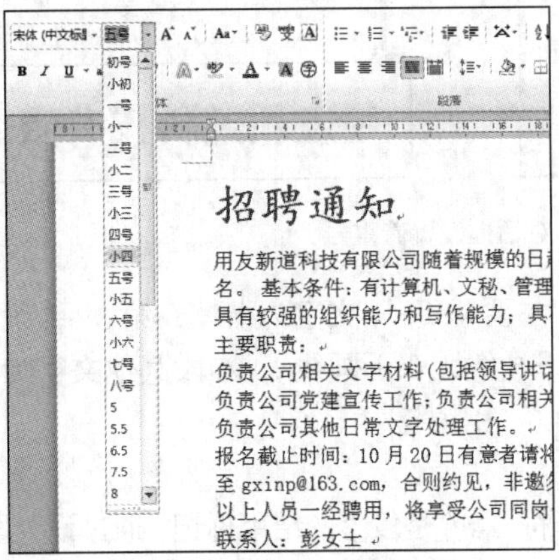

图 4-34　“字体”组设置大小

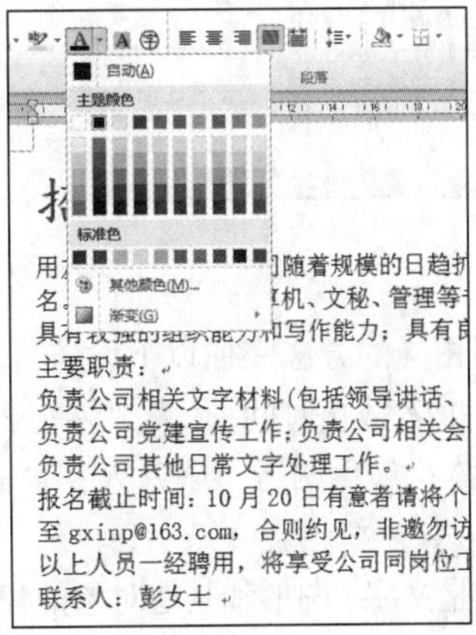

图 4-35　“字体”组设置颜色

（3）使用“字体”对话框设置

在“字体”组的右下角有一个小图标，即“对话框启动器”图标，单击该图标可打开“字体”对话框，在其中提供了与该组相关的更多选项，如设置间距和添加着重号的操作等更多特殊的格式设置，具体操作如下。

① 选中正文第一段，在“字体”组右下角单击“对话框启动器”图标。在打开的“字体”对话框中单击“字体”选项卡，在“字体”下拉列表框中选择“黑体”选项，单击“确定”按钮，如图 4-36 所示。

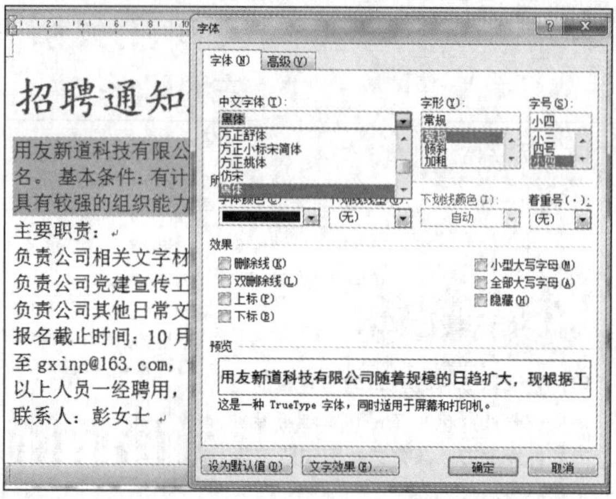

图 4-36 “字体”对话框设置字体

② 选中“用友新道科技有限公司”，在“字体”组右下角单击“对话框启动器”图标。在打开的“字体”对话框中单击“字体”选项卡，在“着重号”下拉列表框中选择“.”选项，完成后单击“确定”按钮，如图 4-37 所示。

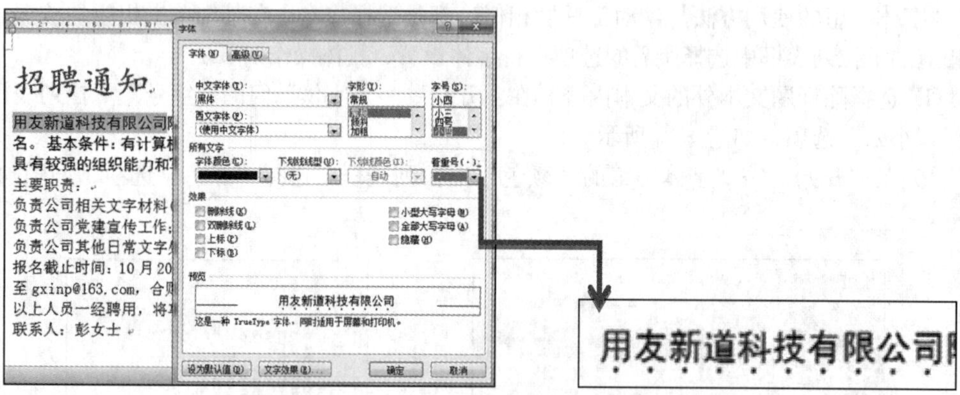

图 4-37 “字体”对话框设置着重号

使用相同的方法完成以下设置：第 2 段“主要职责：”文字为楷体；第 3～5 段为宋体；第 6 段“报名截止时间：”为黑体、斜体、加下画线（双下画线），本段其他文字为宋体；第 7 段为楷体；最后两行“联系人：”“联系电话：”为黑体。

3．设置段落格式

段落是文字、图形和其他对象的集合。回车符“↵”是段落的结束标记。通过设置段落格式，如设置段落对齐方式、缩进、行间距和段间距等，可以使文档的结构更清晰、层次更分明。

W4.2.3　设置段落格式

（1）使用“段落”组设置段落对齐方式

Word 中的段落对齐方式包括左对齐、居中对齐、右对齐、两端对齐（默认对齐方式）和分散对齐 5 种，在浮动工具栏和“段落”组中单击相应的对齐按钮，可设置不同的段落对齐方式，具体操作如下。

① 选择标题文本，在“段落”组中单击“居中”按钮 ，如图 4-38 所示。

② 选择最后两行文本，在“段落”组中单击“右对齐”按钮 ，如图 4-39 所示。

③ 选择其他段落文本，在“段落”组中单击“左对齐”按钮 。

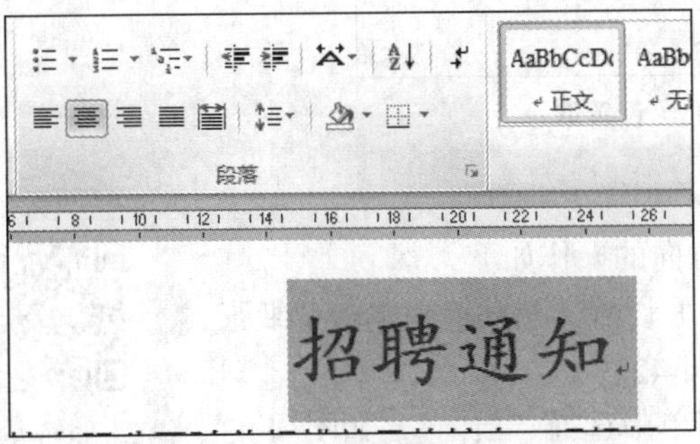

图 4-38　“段落”组设置居中

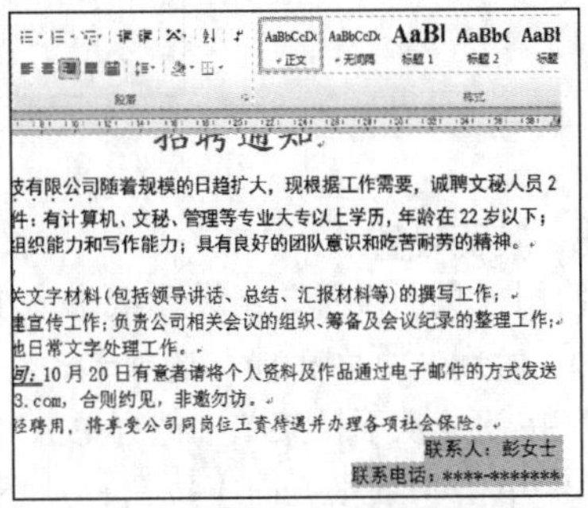

图 4-39　“段落”组设置右对齐

（2）使用“段落”对话框设置段落缩进

① 选择正文内容，在“段落”组右下角单击“对话框启动器”图标 。

② 在打开的“段落”对话框中单击“缩进和间距”选项卡，在“特殊格式”下拉列表框中选择“首行缩进”选项，其后的“磅值”数值框中将自动显示数值为“2 字符”，完成后单击“确定”按钮，返回文档中，设置首行缩进后的效果如图 4-40 所示。

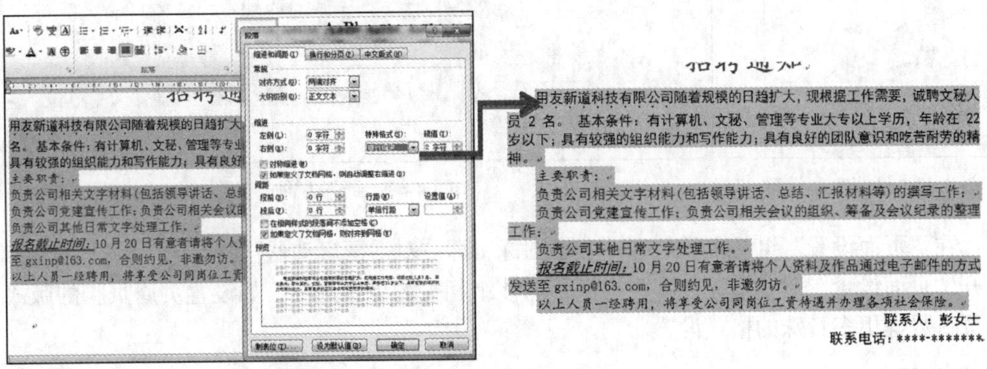

图 4-40　在“段落”对话框中设置首行缩进

W4.2.4　设置项目编号

4．设置项目编号

编号主要用于设置一些按一定顺序排列的项目，如操作步骤或合同条款等。

使用“段落”组设置编号的操作如下。

① 选择第 3～5 段文本内容。

② 在“段落”组中单击“编号”按钮 右侧的下拉按钮 ，在打开

的下拉列表的“编号库”栏中选择“1. 2. 3.”选项，如图 4-41 所示。

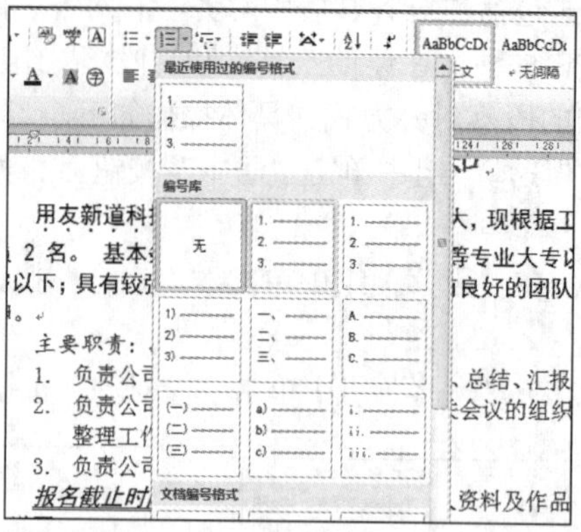

图 4-41　设置编号

5．页面设置

使用“页面设置”组设置纸张大小和方向的操作如下。

① 换到“页面布局”选项卡，在“页面设置”选项组中单击“纸张大小”按钮，从下拉菜单中选择 B5，如图 4-42 所示。

② 单击【纸张方向】按钮，从下拉菜单中选择“横向”，如图 4-43 所示。

W4.2.5　页面设置

图 4-42　纸张大小设置

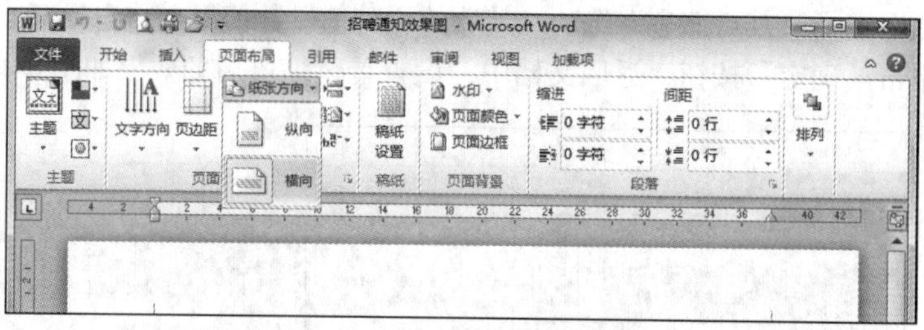

图 4-43　纸张方向设置

在“页面设置”组的右下角有一个小图标，即“对话框启动器”图标，单击该图标可打开“页面设置”对话框，在其中提供了与该组相关的更多选项，如设置页眉页脚的版式、每页行数等更多特殊的格式设置。

【拓展训练】

完成“文档排版 1”文档中的文字排版，并按下列要求进行操作，如图 4-44 所示。

新建一个空白文档，在“文档 1”中插入“文档排版 1”文件中的文字，以“排版文档”为文件名保存该文档。

（1）编辑文字：将第 1 行和第 2 行交换位置，删除最后一行文字，将“一个人的处境是苦是乐常是主观的。”作为正文第 1 段文字。

（2）设置字体：第 1 行标题为楷体，正文第 1 段为黑体，正文第 2 段为华文行楷，正文第 3 段为隶书，正文第 4 段为黑体。

（3）设置字号：第 1 行标题为一号，正文第 1 段和第 4 段为小四。

（4）设置字形：第 1 行标题倾斜，加粗，字符间距为加宽 3 磅；正文第 1 段加波浪下画线；正文第 4 段加粗加着重号。

（5）设置颜色：正文第 1 段设置为蓝色。

（6）设置文本效果：第 1 行标题半映像，接触；最后一行字，文本渐变填充设置红日西斜。

（7）设置对齐方式：第 1 行标题居中，第 2 行居中，最后一行右对齐。

（8）页面设置：上、下、左、右的距离分别为 2cm、2cm、3cm、3cm。

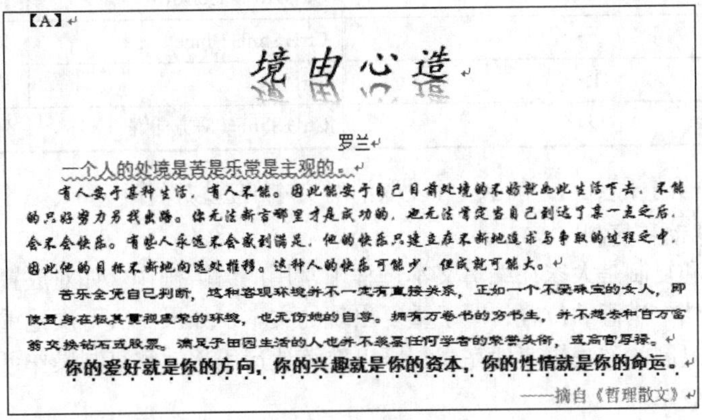

【A】

境由心造

罗兰

一个人的处境是苦是乐常是主观的。

有人安于某种生活，有人不能。因此能安于自己目前处境的不妨就此生活下去，不能的只好努力另找出路。你无法断言哪里才是成功的，也无法肯定当自己到达了某一点之后，会不会快乐。有些人永远不会感到满足，他的快乐只建立在不断地追求与争取的过程之中，因此他的目标不断地向远处推移。这种人的快乐可能少，但成就可能大。

苦乐全凭自已判断，这和客观环境并不一定有直接关系，正如一个不爱珠宝的女人，即使置身在极其重视虚荣的环境，也无伤她的自尊。拥有万卷书的穷书生，并不想拿来和百万富翁交换钻石或股票。满足于田园生活的人也并不羡慕任何学者的荣誉头衔，或高官厚禄。

你的爱好就是你的方向，你的兴趣就是你的资本，你的性情就是你的命运。

——摘自《哲理散文》

图 4-44　效果图

【知识链接】

1. 文本内容的选择

文本选定是 Word 最基本的操作，在对文本进行编辑之前，首先要选定要编辑的文本，被选定的文本反白显示在屏幕上。如在白底黑字中选定的文本呈现黑底白字显示。在 Word 中可以利用鼠标和键盘两种方法选定文本。

（1）使用鼠标选定文本

① 选择任意文本：使用鼠标拖动的方式可以选定文本中的任意部分，操作步骤如下：将鼠标指针定位在要选择文本的第一个字符前按住鼠标左键，拖动鼠标到最后一个字符处，释放鼠标。对于不连续的文本，按住【Ctrl】键可实现多重选择，这对于文档的编辑是十分有用的。

② 选择文本的一行或多行：如果要选定文本的某一行，可用鼠标拖动的方式实现，也可将鼠标指针移到该行的最左侧（每行左侧的这个位置称为选定框），当鼠标指针变为↗形状时，单击鼠标左键，即可选定该行文本；如果要选择多行，则在选中第一行时按住鼠标左键向下拖动，直到选定的最后一行再释放鼠标，所拖动区域内的若干行都被选中。

③ 选择文本的某一段落：可以用鼠标指针移到该段的最左侧，当鼠标指针变为↗形状时，双击鼠标左键，可选定该段落；也可以在段落中的任意位置快速地单击 3 次鼠标左键，即可选定该段落。

④ 选择全部文本：如果要选定整个文档，在“开始”→“编辑”选项组中单击“选择”下拉按钮，在下拉菜单中选择“全选”命令，即可选中全部文档内容或直接按【Ctrl+A】组合键；也可以用鼠标指针移到文档的最左端，当鼠标指针变为↗形状时，连续单击鼠标左键 3 次，将整个文档选定。

（2）使用键盘选定文本

Word 2010 提供了一套使用键盘选定文本的方法，主要通过按【Ctrl】键、【Shift】键和方向键来实现。使用键盘选定文本的快捷键如表 4-2 所示。

表 4-2　使用键盘选定文本的快捷键

快捷键	选择范围	快捷键	选择范围
Shift+←	左侧一个字符	Ctrl +Shift+ ↓	段尾
Shift+→	右侧一个字符	Shift+PageUp	上一屏
Shift+End	行尾	Shift+ PageDown	下一屏
Shift+Home	行首	Ctrl+Alt+PageDown	窗口结尾
Shift+↓	下一行	Ctrl+Shift+Home	文档开始处
Shift+↑	上一行	Ctrl+A	整个文档
Ctrl+Shift+↑	段首	Ctrl+Shift+F8+方向键	列文本块

用鼠标在文档的任意位置单击，可以取消对文本的选取操作。

2．文本的移动和复制

文本的移动和复制是大家在编辑文本过程中常用的编辑操作。如对放置不当的文本，可以快速移动到文档中满意的位置；对于重复出现的文本，如果一次一次地重复输入是比较麻烦的，可以利用复制的方法快速地完成，所以熟练地运用移动和复制操作可以节省用户大量时间，提高工作效率。

（1）移动文本

移动文本就是把原位置的文本移动到新的位置，具体可采用以下几种操作方法。

① 鼠标拖动来移动文本：选定要移动的文本，将鼠标指向要移动的文本（鼠标指针变成带虚线框形状，并且出现一个代表插入点的虚线随之移动），按住左键将文本拖动到新的位置，释放鼠标左键。

② 用“开始”选项卡移动文本：单击“开始”→“剪切板”选项组中的“剪切”按钮，将鼠标指针定位到要放置文本的位置，单击“开始”→“剪切板”选项组中的“粘贴”按钮。

③ 用快捷键来移动文本：选定要移动的文本，按【Ctrl+X】组合键，将鼠标指针定位到要放置文本的位置，按【Ctrl+V】组合键。

（2）复制文本

在文档中如果有多处内容相同，可输入一次，其他位置可以利用复制来完成。复制文本就是把选定的文本的副本粘贴到文档的新位置，与移动文本不同的是：移动文本后，原位置的文本将不再存在，而复制文本后，原位置的文本仍然存在。具体可采用以下几种操作方法。

① 用鼠标拖动来复制文本：选定要复制的内容，将鼠标指针指向所选内容，按住【Ctrl】键，同时按住鼠标左键拖到新的位置，释放鼠标左键。

② 用“开始”选项卡来复制文本：选定要复制的文本，单击“开始”→“复制”按钮，将鼠标指针定位到要放置文本的位置，单击“开始”→“粘贴”按钮。

③ 用快捷键来复制文本：选定要复制的文本，按【Ctrl+C】组合键，将鼠标指针定位到要放置文本的位置，按【Ctrl+V】组合键。

（3）选择性粘贴的使用

在复制文本或者表格后，可以将其粘贴为指定的样式，这样就需要用到 Word 的选择性粘贴功能。

① 选择需要复制的内容，按【Ctrl+C】组合键进行复制。

② 选定需要粘贴的位置，在“开始”→“剪贴板”选项组单击“粘贴”下拉按钮，在

下拉菜单中选择“选择性粘贴”命令。

③ 打开“选择性粘贴”对话框，在“形式”列表中选择一种适合的样式，如图 4-45 所示。

④ 单击“确定”按钮，即可指定样式粘贴复制的内容，与用鼠标右键单击选择粘贴方式相似，如图 4-46 所示。

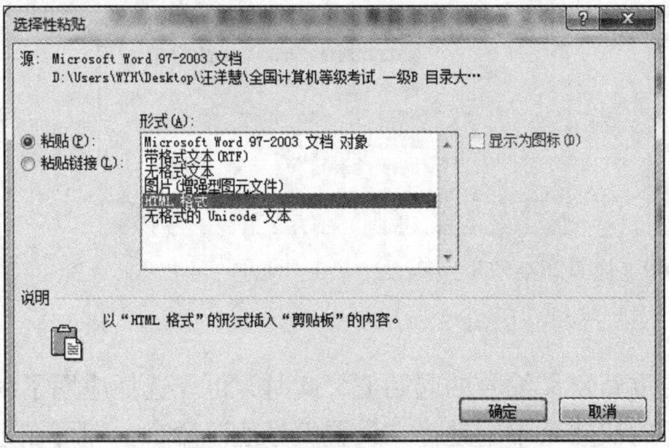

图 4-45 “选择性粘贴”对话框

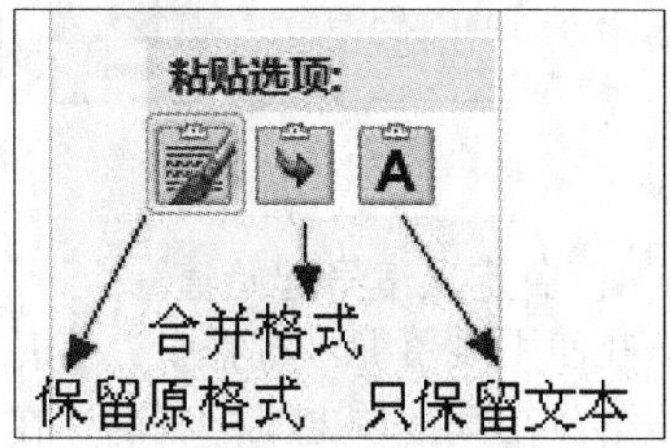

图 4-46 粘贴选项

3．设置格式

（1）字符间距设置

在打开的“字体”对话框中单击“高级”选项卡，在“间距”下拉列表框中选择“加宽”选项，在其后的“磅值”数值框中可设置具体数值，如图 4-47 所示，完成后单击“确定”按钮即可。

（2）阴影、渐变等文字修饰

单击“字体”选项组中的“文本效果”按钮，从下拉菜单中选择适当的命令可以设置文本效果，包括设置文本的轮廓、阴影、映像和发光效果，如图 4-48 所示。

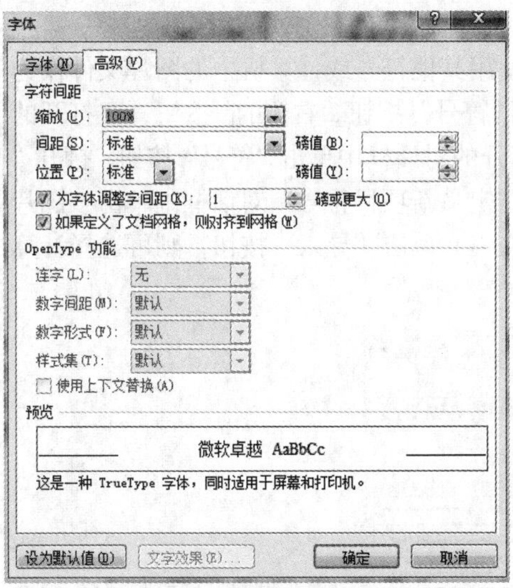

图 4-47 “高级”选项卡

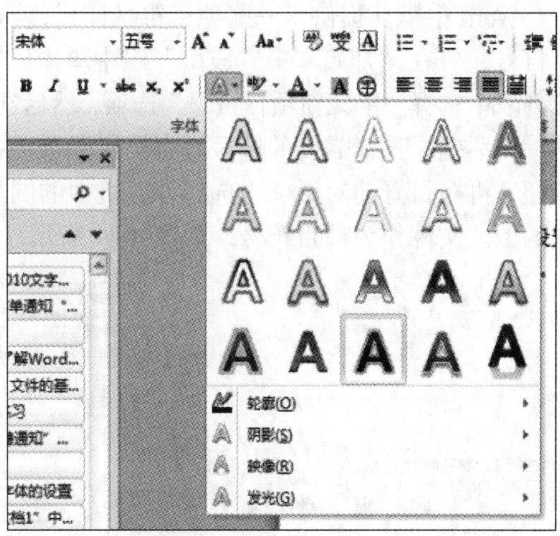

图 4-48 文本效果

单击“字体”选项组中的“字体颜色”按钮，从下拉菜单中选择“渐变”→“其他渐变”命令可以设置文本效果格式，包括设置文本填充、文本边框、轮廓样式等，如图 4-49 所示。

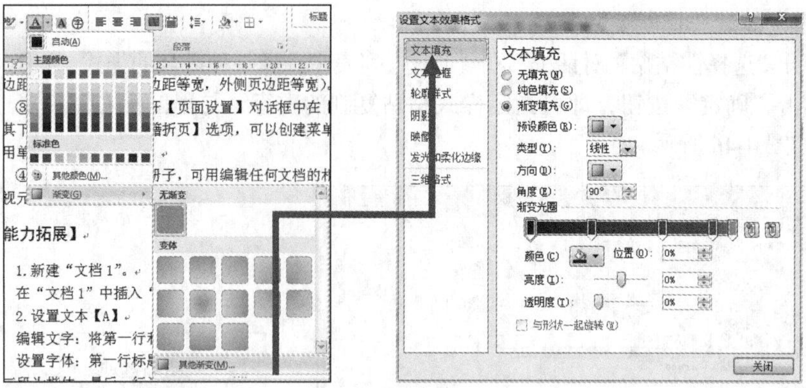

图 4-49　设置文本效果格式

4．自定义编号起始值

在使用段落编号过程中，有时需要重新定义编号的起始值，此时，可先选择应用了编号的段落，在其上单击鼠标右键，在打开的快捷菜单中选择“设置编号值”命令，即可在打开的对话框中输入新编号列表的起始值或选择继续编号，如图 4-50 所示。

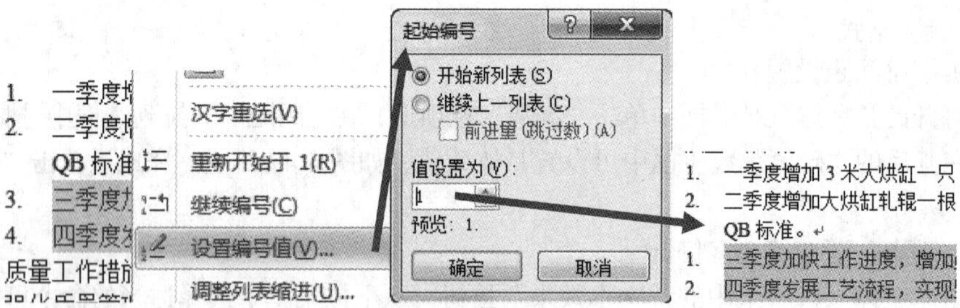

图 4-50　设置编号起始值

5．自定义项目符号样式

Word 中默认提供了一些项目符号样式，若要使用其他符号或计算机中的图片文件作为项目符号，可在“开始”→“段落”组中单击“项目符号”按钮右侧的按钮，在打开的下拉列表中选择“定义新项目符号”选项，然后在打开的对话框中单击“符号”按钮，打开“符号”对话框，选择需要的符号进行设置即可。在“定义新项目符号”对话框中单击“图片”按钮，再在打开的对话框中选择计算机中的图片文件，单击“导入”按钮，则可选择计算机中的图片文件作为项目符号，如图 4-51 所示。

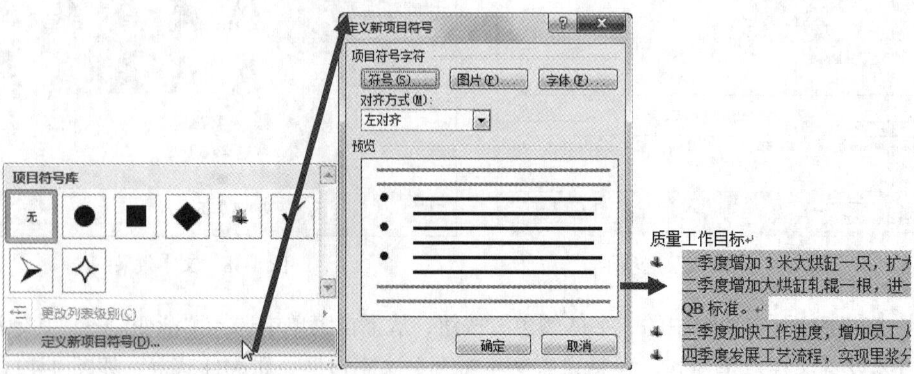

图 4-51　设置项目符号样式

对于创建了项目符号或编号的段落，再次单击“段落”选项组中的“项目符号”按钮或“编号”按钮，可以将原有的项目符号或编号撤销。

创建多级列表与添加项目符号或编号的列表相似，但多级列表中每段的项目符号或编号会根据缩进范围变化，最多可以生成有 9 个层次的多级列表。在多级项目列表的输入过程中，可以单击“增加缩进量”或“减少缩进量”按钮，调整列表项到合适的级别。

任务 3　排版“微博”文档

【任务描述】

小张同学最近迷上了在网络上发微博，他想将最近写的一篇文章放上微博，但嫌文字太单调。于是就利用 Word 2010 提供的相关技术来编辑自己的文章，效果如图 4-52 所示，具体步骤如下。

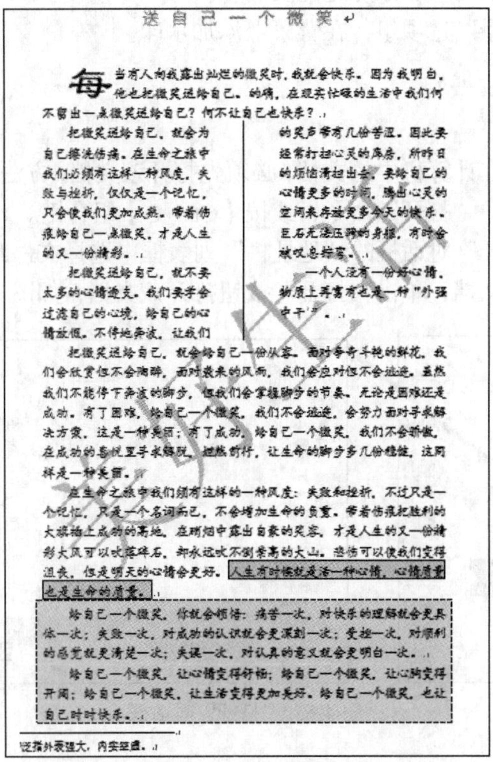

送自己一个微笑

每当有人向我露出灿烂的微笑时，我就会快乐。因为我明白，他也把微笑送给自己。的确，在现实忙碌的生活中我们何不留出一点微笑送给自己？何不让自己也快乐？

把微笑送给自己，就会为自己擦洗伤痛。在生命之旅中我们必须有这样一种风度，失败与挫折，仅仅是一个记忆，只会使我们更加成熟。带着伤痕给自己一点微笑，才是人生的又一份精彩。

把微笑送给自己，就不要太多的心情迷失。我们要学会过滤自己的心境，给自己的心情放假。不停地奔波，让我们的笑声带有几份苦涩。因此要经常打扫心灵的房屋，将昨日的烦恼清扫出去，要给自己的心情更多的时间，腾出心灵的空间来存放更多今天的快乐。巨石无法压跨的身躯，有时会被叹息击垮。

一个人没有一份好心情，物质上再富有也是一种“外强中干”。

把微笑送给自己，就会给自己一份从容。面对争奇斗艳的鲜花，我们会欣赏但不会陶醉，面对袭来的风雨，我们会应对但不会逃避。虽然我们不能停下奔波的脚步，但我们会掌握脚步的节奏。无论是困难还是成功。有了困难，给自己一个微笑，我们不会逃避，会努力面对寻求解决方案，这是一种美丽；有了成功，给自己一个微笑，我们不会骄傲，在成功的喜悦里寻求解脱，坦然前行，让生命的脚步多几份稳健，这同样是一种美丽。

在生命之旅中我们须有这样的一种风度：失败和挫折，不过只是一个记忆，只是一个名词而已，不会增加生命的负重。带着伤痕把胜利的大旗插上成功的高地，在硝烟中露出自豪的笑容，才是人生的又一份精彩大风可以吹落碎石，却永远吹不倒崇高的大山。悲伤可以使我们变得沮丧，但是明天的心情会更好。人生有时候就是活一种心情，心情质量也是生命的质量。

给自己一个微笑，你就会顿悟：痛苦一次，对快乐的理解就会更具体一次；失败一次，对成功的认识就会更深刻一次；受挫一次，对顺利的感觉就更清楚一次；失误一次，对认真的意义就会更明白一次。

给自己一个微笑，让心情变得舒畅；给自己一个微笑，让心胸变得开阔；给自己一个微笑，让生活变得更加美好。给自己一个微笑，也让自己时时快乐。

泛指外表强大，内实空虚。

图 4-52　“送自己一个微笑”文档效果

- 打开素材“送自己一个微笑”文档，按照要求设置、编排文档的版面，完成后将其以原文件名保存文档。
- 在正文前面添加标题“送自己一个微笑”，设置为“黑体”“加粗”“三号”“居中”，字间距加宽 4 磅，文字效果为“熊熊火焰”渐变填充。
- 全文左、右各缩进 2 字符；正文首行缩进 2 字符。
- 标题段前 0.5 行，段后 1.5 行；正文各段段前、段后各 0.5 行；正文各段固定行距 18 磅。
- 将正文中“心情”的字体修改为红色、加粗。

- 将第 1 段进行首字下沉，字体为隶书，下沉行数为 2。
- 将正文第 2～第 4 段设置为两栏格式，加分隔线。
- 为第 6 段中的“人生有时候就是活一种心情，心情质量也是生命的质量。”文字设置边框和底纹，最后两段添加边框，线型为虚线、1 磅；添加底纹，图案式样为 10%。
- 为文档“外强中干”添加尾注：“泛指外表强大，内实空虚。”
- 设置蓝色水印字“美好生活”。

【操作要点】

- 通过“段落”选项组或对话框，可以设置段落的缩进和间距等。
- 通过“首字下沉”对话框，可以为正文的第 1 个字符添加下沉效果。
- 通过“分栏”对话框，可以将指定内容分成相同或者不同大小的双栏或多栏。
- 通过“边框和底纹”对话框，即可为文字或段落添加边框和底纹样式。
- 通过“脚注”选项组，添加尾注及内容。
- 通过“页面背景”选项组，在背景上添加水印。

【任务实施】

W4.3.1 打开文档

1．打开文档

要查看或编辑保存在计算机中的文档，必须先打开该文档，方法如下。

（1）选择“文件”→“打开”命令，或按【Ctrl+O】组合键。

（2）在打开的“打开”对话框的“地址栏”列表框中选择文件路径，在窗口工作区中选择“送自己一个微笑”文档，单击“打开”按钮打开该文档，如图 4-53 所示。

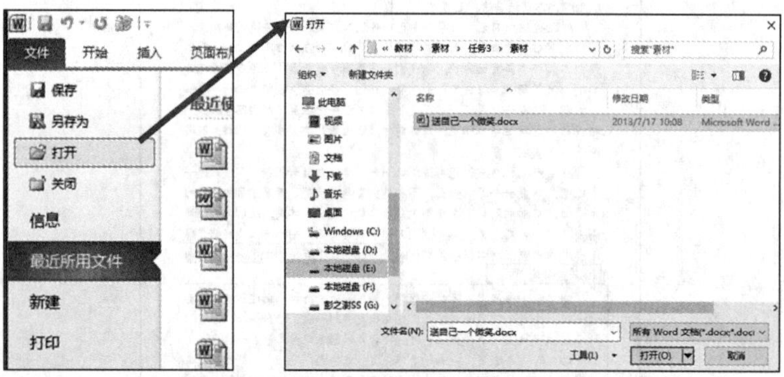

图 4-53 “打开”对话框

W4.3.2 设置字体格式

2．设置字体格式

（1）将鼠标指针移至文档首字符前，将插入点定位到此处。输入文档标题“送自己一个微笑”，按【Enter】键分段，独立成标题。

（2）选中标题，在“字体”组右下角单击“对话框启动器”图标。在打开的“字体”对话框中单击“字体”选项卡，在“字体”下拉列表框中选择“黑体”“加粗”“三号”选项，如图 4-54 所示。再次单击“高级”选项卡，在“间距”下拉列表框中选择“加宽”选项，其后的“磅值”数值框可设置为“4 磅”，单击“确定”按钮，如图 4-55 所示。在“段落”组中单击“居中”按钮。

（3）选中标题，单击“字体”选项组中的“字体颜色”按钮，从下拉菜单中选择“渐变”→“其他渐变”命令，打开“设置文本效果格式”对话框，选择渐变填充中的“心如止水”，如图 4-56 所示。

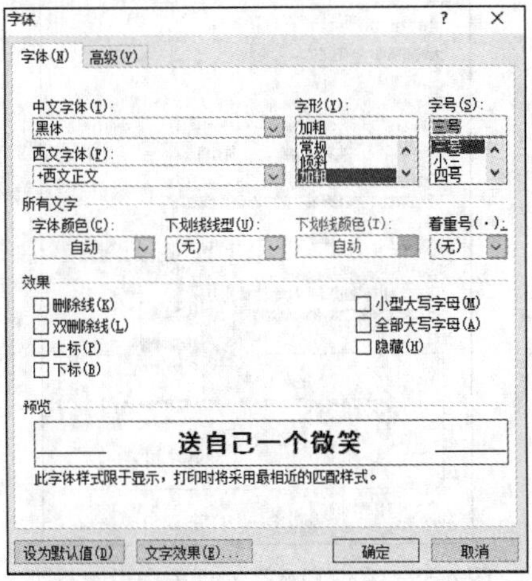

图 4-54 “字体”选项卡

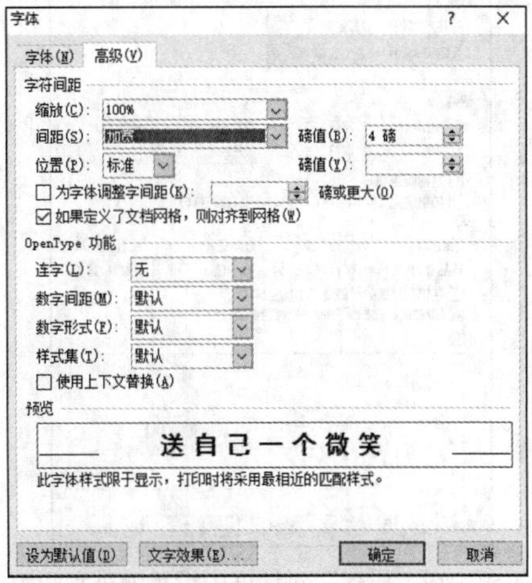

图 4-55 “高级”选项卡

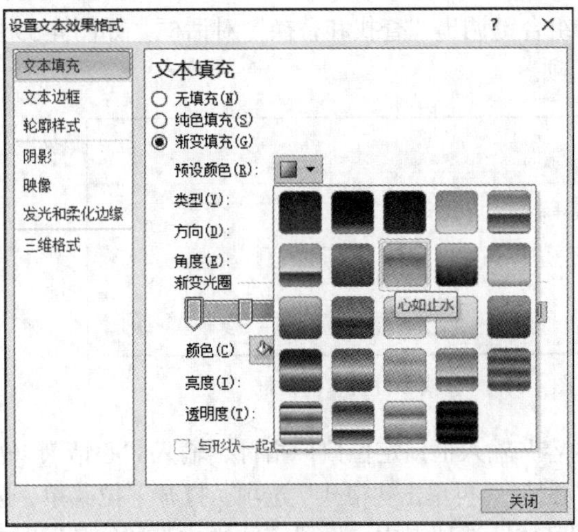

图 4-56 “设置文本效果格式”对话框

3．设置段落格式

（1）选择全文，在“段落”组右下角单击“对话框启动器”图标 。

（2）在打开的“段落”对话框中，单击“缩进和间距”选项卡，在“缩进”栏的左右设置“2 字符”，完成后单击“确定”按钮，效果如图 4-57 所示。

（3）选择正文内容，在打开的“段落”对话框中，单击“缩进和间距”选项卡，在“特殊格式”下拉列表框中选择“首行缩进”选项，其后的“磅值”数值框中将自动显示数值为“2 字符”，完成后单击“确定”按钮。

W4.3.3 设置段落格式

（4）选择标题文本，打开“段落”对话框，单击“缩进和间距”选项卡，在“间距”栏的“段前”数值框中输入“0.5 行”，“段后”数值框中输入“1.5 行”，完成后单击“确定”按钮，如图 4-57 所示。

（5）选择正文内容，打开“段落”对话框，单击“缩进和间距”选项卡，在“间距”栏中“行距”下拉列表框中选择“固定值”，输入设置值为“18 磅”，完成后单击“确定”按钮，如图 4-58 所示。

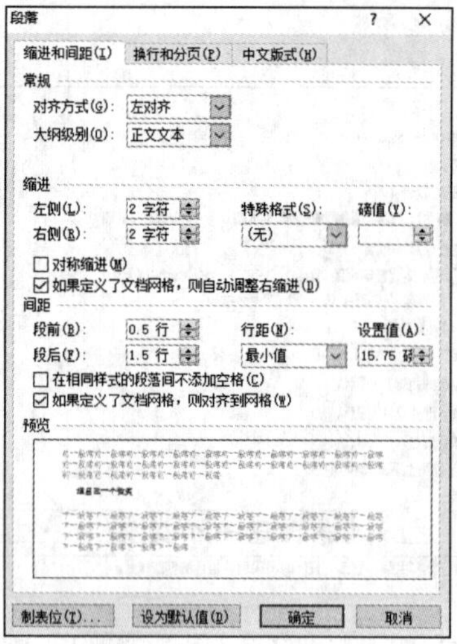

图 4-57　在“段落”对话框中设置缩进和间距

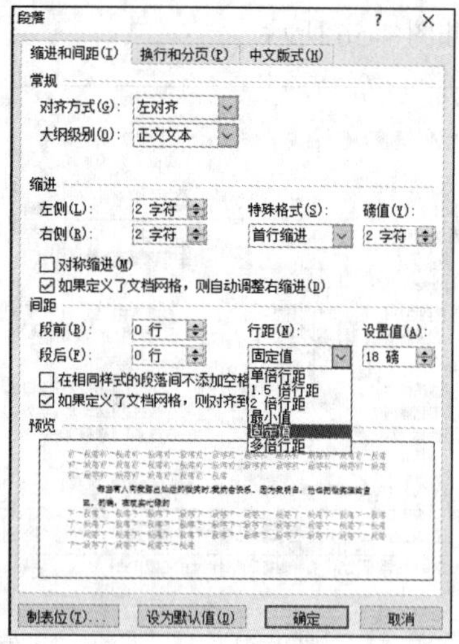

图 4-58　在“段落”对话框中设置行距

4．替换文字

（1）按【Ctrl+H】组合键调出“查找和替换”对话框，如图 4-59 所示，单击“更多”按钮，打开隐藏的更多选项。

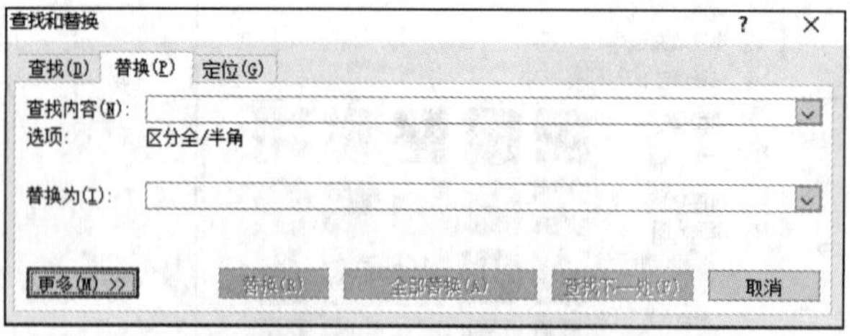

图 4-59　“查找和替换”对话框

W4.3.4　替换文字

（2）单击“查找内容”输入框，定位鼠标指针，输入“心情”，单击“替换为”输入框，定位鼠标指针，输入“心情”，再单击“格式”选项，打开下拉菜单，选择“字体”，打开“替换字体”对话框，在“字体”选项卡中，设置字体样式为“红色”“加粗”，单击“确定”按钮，如图 4-60 所示。

（3）单击“全部替换”按钮，系统会自动完成查找替换，单击弹出对话框的“确定”按钮完成正文替换，关闭“查找替换”对话框即可，如图 4-61 所示。

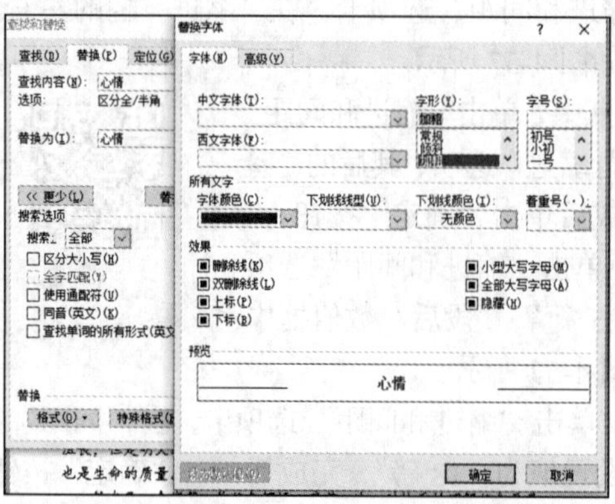

图 4-60　“替换字体”对话框

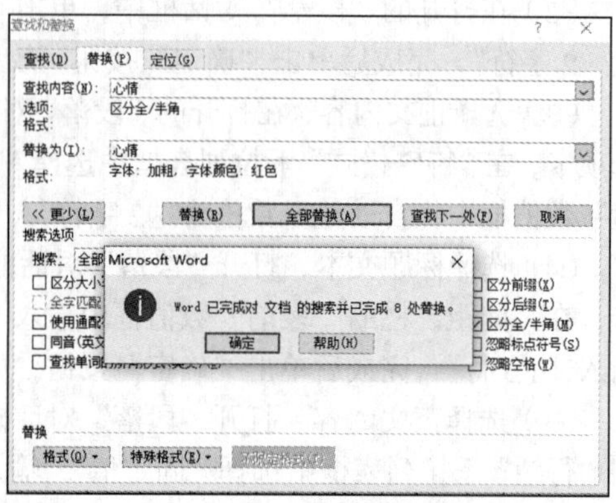

图 4-61　全部替换

5．设置首字下沉

（1）将插入点移至第一段，切换到“插入”选项卡，在“文本”选项组中单击“首字下沉”按钮，从下拉菜单中选择“首字下沉选项”命令，如图 4-62 所示。

（2）在打开的“首字下沉”对话框中进行设置，字体为隶书，下沉行数为 2，如图 4-63 所示。

W4.3.5 设置首字下沉

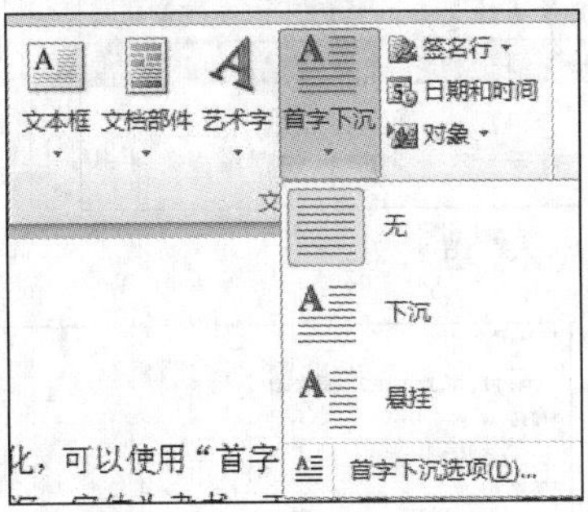

图 4-62 “首字下沉”按钮

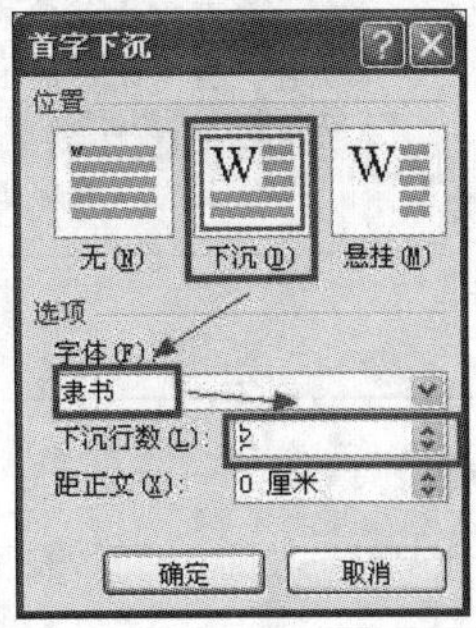

图 4-63 “首字下沉”对话框

6．设置分栏效果

（1）切换到“页面布局”选项卡。

（2）选择要在栏内设置格式的文本正文第 2～第 4 段。

（3）在“页面设置”选项组中单击“分栏”下拉按钮，在其下拉列表中选择“更多分栏”命令，打开“分栏”对话框。

（4）在“预设”部分选择“两栏”，选中“分隔线”复选框，如图 4-64 所示。

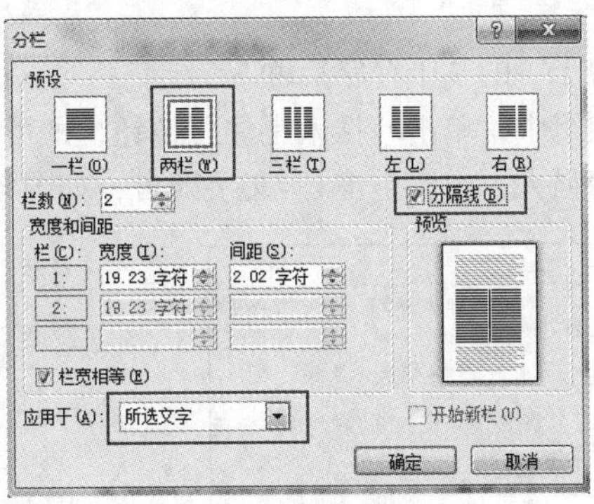

图 4-64 “分栏”对话框

W4.3.6 设置分栏效果

7．设置边框底纹

在 Word 文档中不仅可以为字符设置默认的边框和底纹，还可以为段落设置更漂亮的边框与底纹。

（1）为字符设置边框与底纹

选中第 6 段中的“人生有时候就是活一种心情，心情质量也是生命的质量。”文字，然后在“字体”组中单击“字符边框”按钮A设置字符边框，单击“字符底纹”按钮A设置字符底纹，如图 4-65 所示。

W4.3.7 设置边框底纹

（2）为段落设置边框与底纹

选中最后两段文字，在“开始”→“段落”选项组中单击“框线”下拉按钮，在下拉菜单中选择“边框和底纹”命令，打开“边框和底纹”对话框，在“边框”选项卡中设置线型为虚线、1 磅，如图 4-66 所示。在“底纹”选项卡中设置图案式样为 10%，如图 4-67 所示。

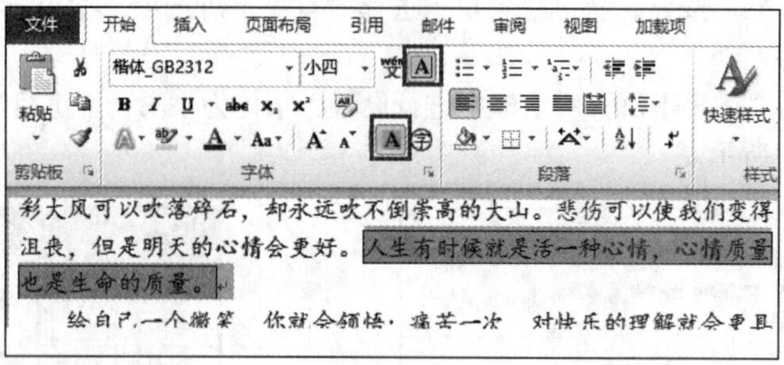

图 4-65 “字体”组

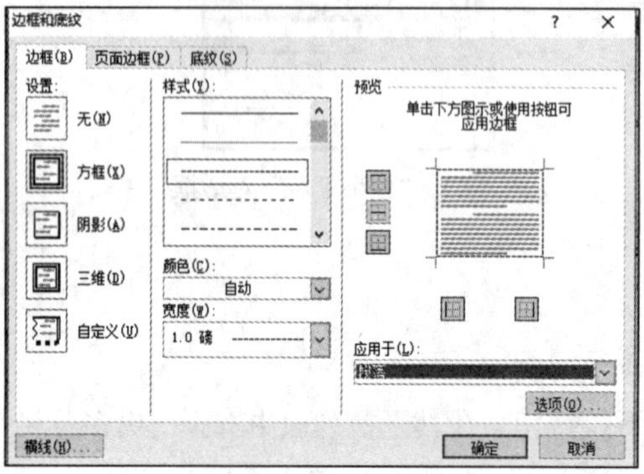

图 4-66 “边框”选项卡

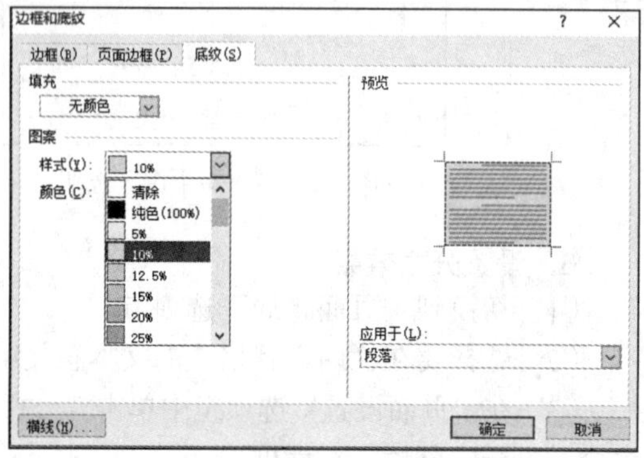

图 4-67 “底纹”选项卡

8．设置尾注效果

（1）将鼠标指针停留在“外强中干”的“干”字后面。

（2）在“引用”→“脚注”选项组中，单击“插入尾注”按钮，即可插入。

（3）在尾注位置输入“泛指外表强大，内实空虚。”文字即可，如图 4-68 所示。

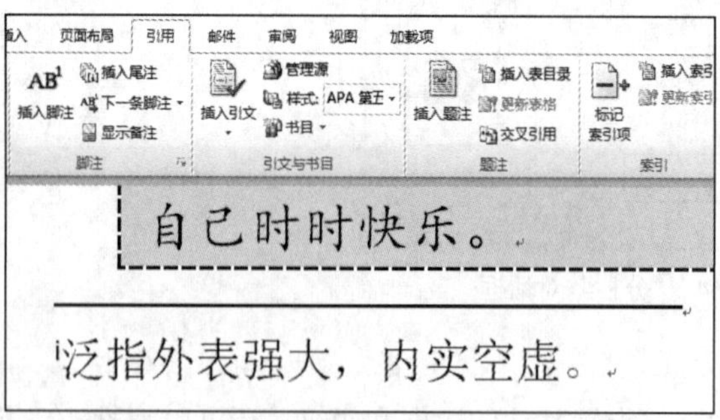

图 4-68 尾注位置

W4.3.8 设置尾注效果

9．设置水印效果

（1）在“页面布局”→“页面背景”选项组中单击“水印”下拉按钮，在下拉菜单中选择“自定义水印”命令。

（2）打开“水印”对话框，选中“文字水印”单选按钮，接着单击“文字”右侧的文本框，输入“美好生活”，颜色为蓝色，如图 4-69 所示。

（3）单击“确定”按钮，系统即可为文档添加自定义的水印效果。

W4.3.9 设置水印效果

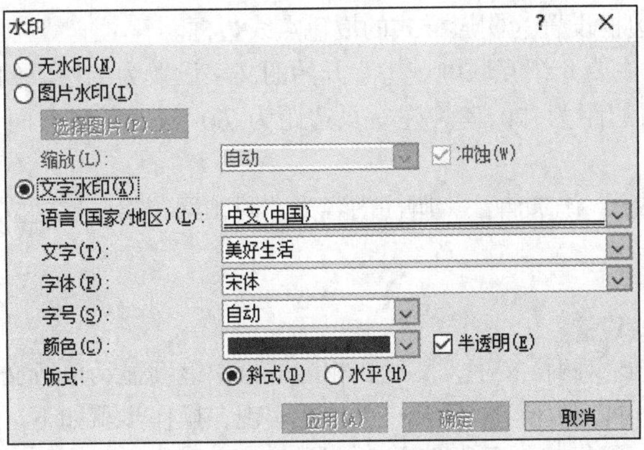

图 4-69 “水印”对话框

【拓展训练】

打开素材“Internet 技术”文档，按照要求设置、编排文档的版面，以原文件名保存文档，如图 4-70 所示。

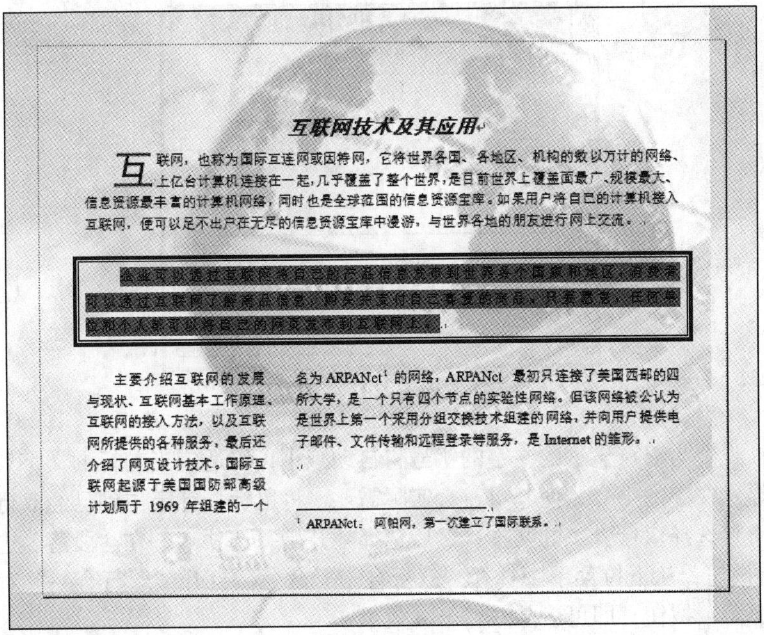

图 4-70 效果图

1. 基本操作

（1）将文档中所有的“Internet”改为“互联网”，删除文档中的所有空格。

（2）正文首行缩进 2 字符。

（3）将标题设置为黑体、小三号字、加粗、斜体并居中；将正文第二段设置为段前一行、段后一行，行间距为 1.2 倍行距，字符间距加宽 1.2 磅。

（4）将文档中的繁体转换为简体，以便于阅读。

（5）在正文第一段使用“首字下沉两行、黑体”效果。

2. 排版、打印

（1）将正文第二段添加图 4-70 所示的段落边框和蓝色文字底纹；页面背景设置为“地

球.jpg”图片，页面边框设置为阴影样式的橙色点线边框。

（2）将文中以“主要介绍互联网……”开始的文字设置为二栏、偏左。

（3）设置上下页边距为 70 磅，左右页边距为 60 磅，纸张方向为横向，纸张大小为 20cm×16cm。

（4）为“ARPANet”添加脚注，脚注内容为“阿帕网，第一次建立了国际联系。”。

【知识链接】

1．字符高级格式设置

当需要在一行中显示两行文字，然后在相同的行中继续显示单行文字，实现单行、双行文字的混排效果时，可以利用“双行合一”功能实现，操作步骤如下。

① 选取准备在一行中双行显示的文字（注意，被选中的文字只能是同一段落中的部分或全部文字），切换到“开始”选项卡，在“段落”选项组中单击“中文版式”按钮，从下拉菜单中选择“双行合一”命令，打开“双行合一”对话框。

② 此时可以预览双行显示的效果，如果选中“带括号”复选框，则双行文字将在括号内显示，最后单击“确定”按钮，如图 4-71 所示。返回 Word 工作界面。

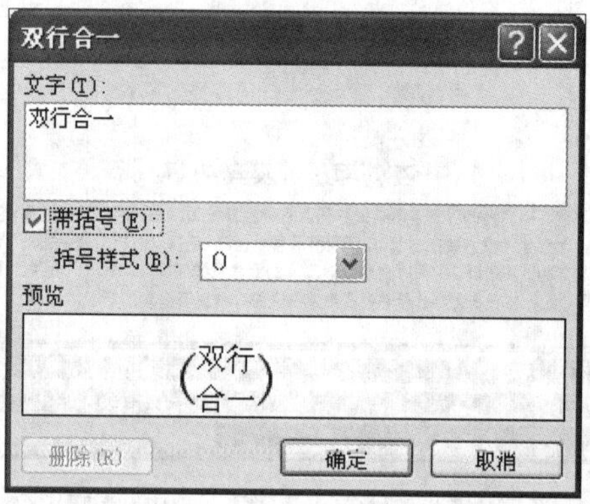

图 4-71 “双行合一”对话框

此时，被设置为双行显示的文字的字号将自动减小，以适应当前行的文字大小。用户可以设置双行显示文字的字号，使其更符合实际需要。将鼠标指针定位到已经双行合一的文本中，或者是直接选择双行合一的文本，然后选择“开始”选项卡，在“段落”选项组中单击“中文版式”按钮，从下拉菜单中选择“双行合一”命令，打开“双行合一”对话框，单击左下角的“删除”按钮，即可删除双行合一效果。

2．定位、查找和替换

Word 2010 提供了强大的查找和替换功能，它既可以处理普通文本、带有固定格式的文本，也可以处理字符格式、段落标记等特定对象，另外，它还支持使用通配符进行查找。

（1）定位

在编辑长文档时，为了查找其中某一页的内容，利用鼠标滚动的方法会很浪费时间，利用如下技巧可以快速定位到某一页，或定位到指定的对象，具体的操作方法如下。

① 打开长篇文档，在“开始”→“编辑”选项组中单击“高级查找”按钮。

② 打开“查找和替换”对话框，在“定位”选项下的“定位目标”列表框中选中“页”选项，接着在“输入页号”文本框中输入查找的页码（如 8），单击“定位”按钮，如图 4-72 所示。

③ 系统将自动关闭“查找和替换”对话框，文档自动定位到指定页。

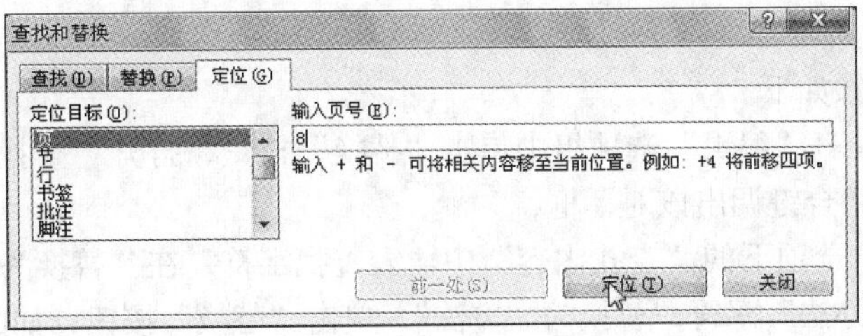

图 4-72　定位指定页

（2）查找

普通查找的操作步骤如下。

① 在“开始”→“编辑”选项组中单击“查找”按钮，在下拉菜单中选择“查找”命令。

② 在“导航”菜单栏里，输入需要查找的文字。如“办法”，文档中的对应字符自动被标注出来，并显示文本中有几个匹配项，如图 4-73 所示。

图 4-73　搜索“办法”字样

查找特殊文本（如数字）的操作步骤如下。

① 在“开始”→“编辑”选项组单击“查找”按钮，在下拉菜单中选择“高级查找”命令。

② 打开“查找和替换”对话框，单击“特殊格式”选项，打开下拉菜单，选择查找的格式，如“任意数字”，单击该选项，如图 4-74 所示。

③ 在“查找内容”中，自动输入代表任意数字的通配符（^#）。在“搜索”选项中单击下拉按钮，选择“全部”选项。

④ 在“查找”选项下，单击“阅读突出显示”选项，打开下拉菜单，选择“全部突出显示”。

⑤ 文档中所有的数字均查找完毕并标注完成，如图 4-75 所示，用户可以快速浏览文本中所有的数字。

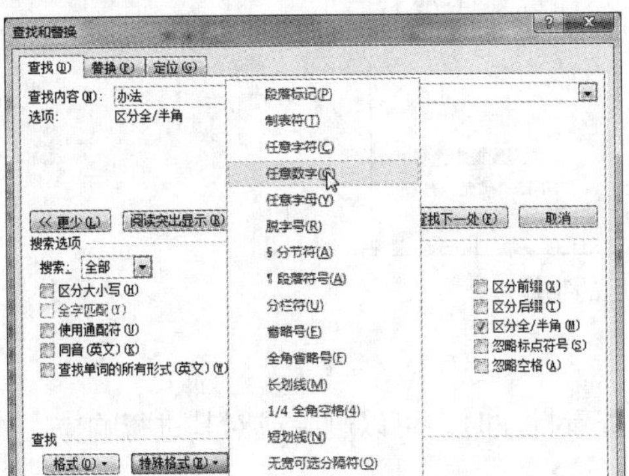

图 4-74　选择任意数字

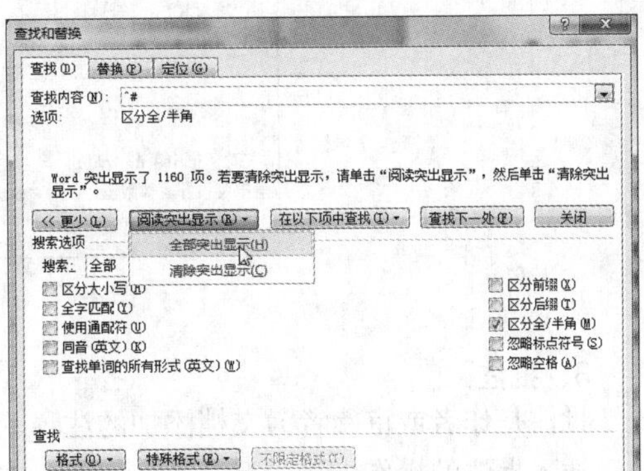

图 4-75　突出显示替换

（3）替换

普通的替换步骤如下。

① 在“开始”→“编辑”选项组中单击“替换”按钮，打开“查找和替换”对话框，或者按【Ctrl+H】组合键调出该对话框，

② 在“替换”选项下的“查找内容”中输入查找字符，在“替换为”输入栏中输入替换内容，如查找“办法”字符，替换为“方法”，单击“替换”按钮，如图 4-76 所示，每单击一次则自动查找并替换一处。

③ 单击“全部替换”按钮，文档内所有的查找内容均被替换。

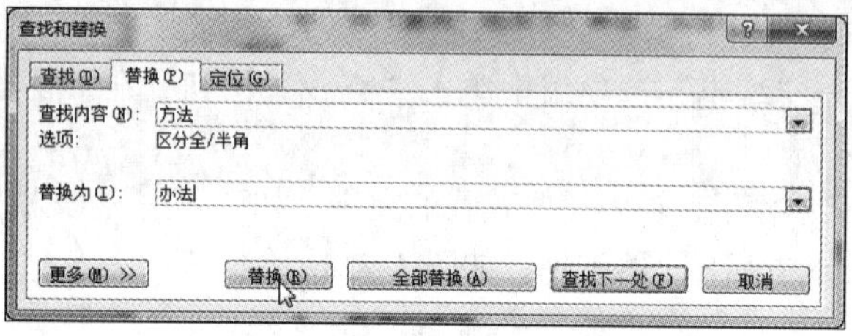

图 4-76　替换文本内容

特殊条件的替换步骤如下。

① 按【Ctrl+H】组合键调出“替换”对话框。单击“更多”按钮，打开隐藏的更多选项，如图 4-76 所示。

② 打开隐藏选项，定位鼠标指针，单击“特殊格式”按钮，在下拉列表中选择具体内容，如图 4-77 所示。

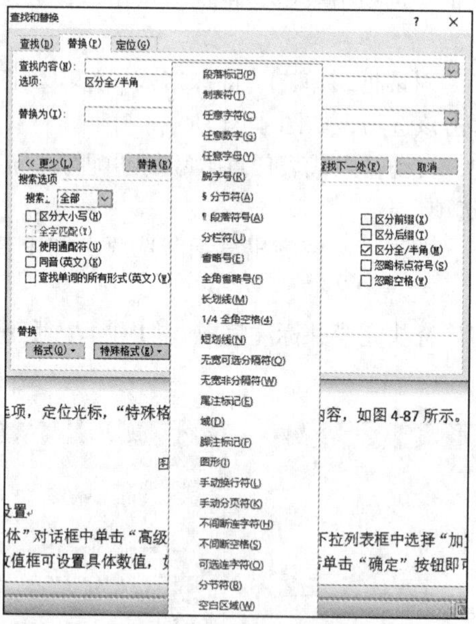

图 4-77　替换后的字体

3．批注

批注是作者或审阅者为文档添加的注释。当查看批注时，可以删除或对其进行响应。

插入批注的操作步骤如下。

① 选择要设置批注的文本。

② 在“审阅”→“批注”选项组中，单击“新建批注”按钮，如图 4-78 所示，即可插入批注框。

③ 在批注框中输入批注文字即可。

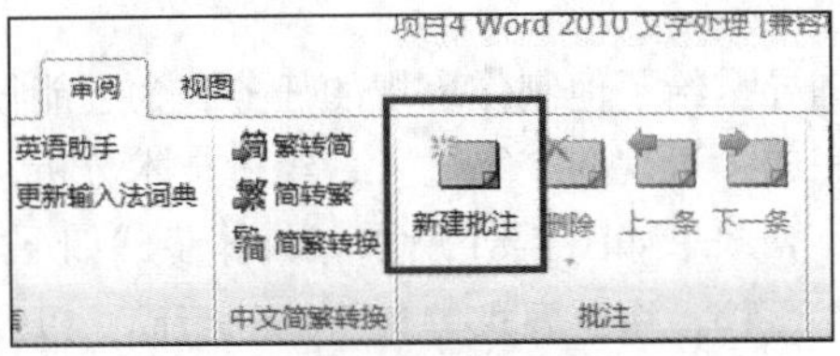

图 4-78 “批注”选项组

4. 中文简繁转换

在网络上很流行繁体字，因为看起来比较有个性化，而我们通常使用的是简体字，那么有什么办法将简体转换成繁体呢？其实 Word 2010 软件就有这个功能，如图 4-79 所示。

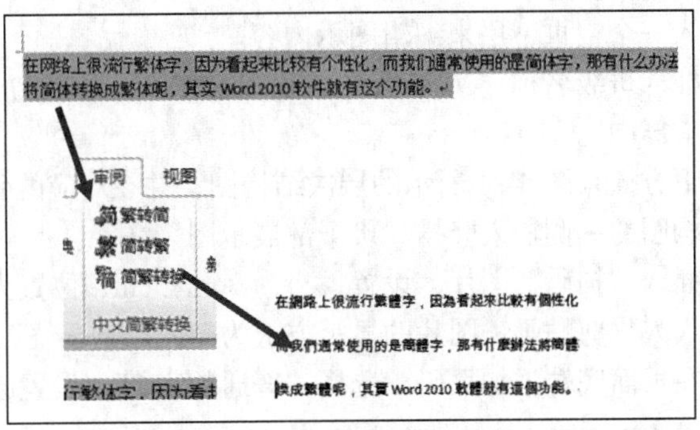

图 4-79 简体转换成繁体

5. 页面背景设置

好的 Word 背景能够渲染主体，让里面的文字、排版变得生动，像是给文章赋予了活力。如修改页面背景为图片效果的操作步骤如下。

① 首先打开需要增加背景的 Word 文档。

② 在“页面布局”→“页面背景”选项组中单击“页面颜色”按钮，在下拉列表中选择“填充效果”命令，弹出“填充效果”对话框，其中颜色指的是背景的颜色，有单色、双色和预设，预设里面有很多背景，透明度指的是背景的透明度，调节透明度可以得到一些淡雅的效果。选择“图片”选项卡，单击“选择图片”按钮选择图片，完成背景图片的设置，如图 4-80 所示。

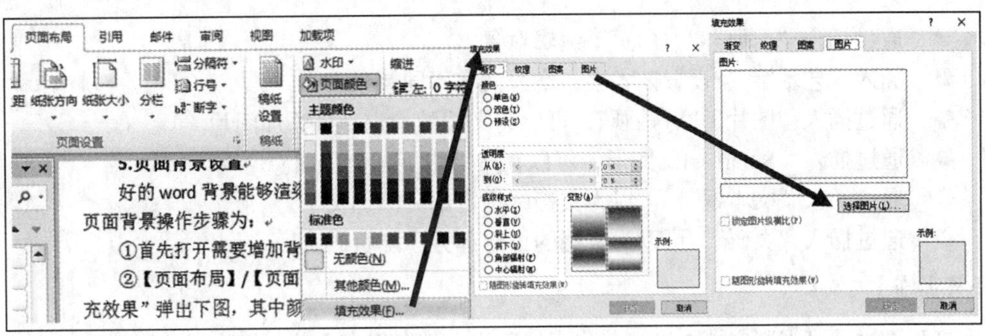

图 4-80 设置页面背景

任务 4　美化“班规”文档

【任务描述】

小张同学作为班长，辅导员给了他制作班规的任务，为了能很好地完成任务，小张认真查阅了校规等规章制度，完成了班规的文字输入，经过技术分析，充分利用 Word 2010 提供的相关技术精心设计与制作，效果如图 4-81 所示，具体步骤如下。

- 打开素材“班规”文档，按照要求美化文档的版面，以“美化班规”为文件名保存文档。
- 将纸张大小设为 16 开，上边距设为 3.2cm，下边距设为 3cm，左右页边距均设为 2.5cm。
- 利用素材前 3 行内容为文档制作一个“奥斯汀”封面，输入对应文字，删除多余的部分，令其独占一页。
- 在封面后插入一个空页，用来编辑图示内容。
- 空白页顶端插入班级名称“2018 会计 1 班”艺术字。样式为“蓝色，塑料棱台”；位置为“顶端居中”。
- 在其艺术字下方插入图 4-81 所示的层次结构图，并在对应的位置输入文本。
- 在其层次结构图的一侧输入竖排“班干部展示图”文字。
- 在本页底部插入“扫码”图片，设置大小为 3cm×5cm，位置为底端居右。
- 在文档内插入人物剪贴画，图片的显示方式为“四周型环绕”。
- 除封面外，在页面底端添加页码，选择“普通数字 2”，设置起始页码为“Ⅱ”。

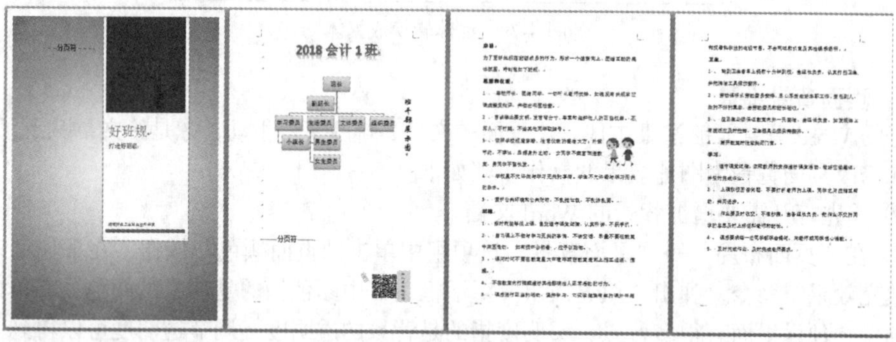

图 4-81　“班规”文档效果

【操作要点】

- 通过插入“封面”“空白页”编辑对象。
- 插入“艺术字”，设置艺术字，增强文字不同效果。
- 通过插入“图片”“剪贴画”，可以为文档的指定部分添加图片。
- 通过插入“SmartArt”图形，可以在文档中展示流程图。
- 通过插入“文本框”，可以为文档的指定部分添加文字。
- 通过插入“页码”，可以为文档的指定部分添加页码。

【任务实施】

打开素材“班规”文档，以“美化班规”为文件名保存文档。切换到“页面布局”选项卡，在“页面设置”选项组中单击“纸张大小”按钮，从下拉菜单中选择“16 开”。切换到“页边距”选项卡，从下拉菜单中选择“自定义边距”，打开“页面设置”选项卡，设置上边距为 3.2cm，下边距为 3cm，左页边距为 2.5cm，右页边距为 2.5cm。

W4.4.1　添加封面

1．添加封面

（1）在“插入”→“页”组中单击“封面”按钮，在打开的下拉列表框中选择“奥斯汀”选项。在“键入文档标题”文本处单击，输入“好班规”文本，在“键入文档副标题”处输入“打造好班级”文本，在“作者”文本处单击删除原本文字，输入“湖南财经工业职业技术学院”，如图 4-82 所示。

（2）选择“摘要”文本框，单击鼠标右键，在弹出的快捷菜单中选择“删除内容控件”命令，如图 4-82 所示。

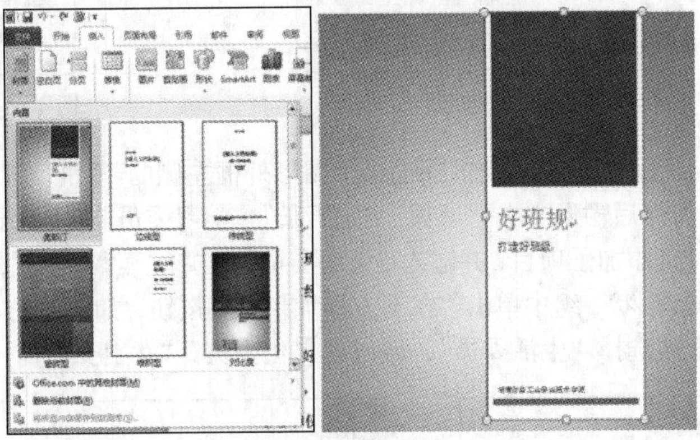

图 4-82　设计封面

2．插入空页

W4.4.2　插入空页

将鼠标指针移至文档首字符前，将插入点定位到此处。在“插入”→“页”组中单击“空白页”按钮，如图 4-83 所示。

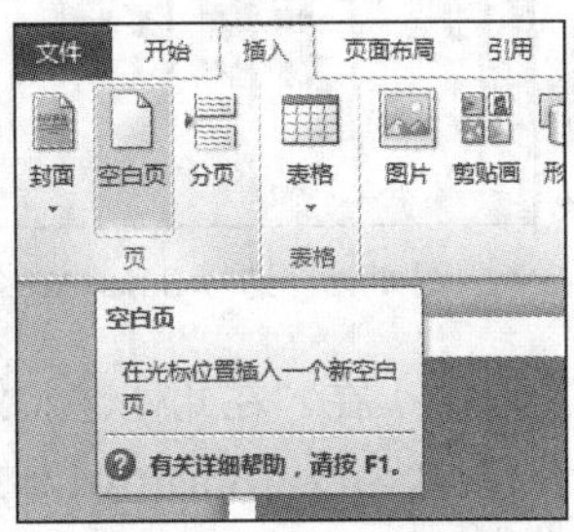

图 4-83　“空白页”按钮

3．插入艺术字

W4.4.3　插入艺术字

在文档中插入艺术字，可呈现出不同的效果，达到增强文字观赏性的目的。

（1）在“插入”→“文本”组中单击“艺术字”按钮，在打开的下拉列表框中选择样式为“填充-蓝色，强调文字颜色 1，塑料棱台，映像”，如图 4-84 所示。

（2）此时将在插入点处自动添加一个带有默认文本样式的艺术字文本框，在其中输入“2018 会计 1 班”文本，选择艺术字文本框，将鼠标指针移至边框上，当鼠标指针变为✥形状时，单击鼠标左键选中，在“格式”→“排列”组中单击“位置”按钮，从下拉列表框中选择“顶端居中”选项，如图 4-85 所示。

W4.4.4　插入 SmartArt 图形

4．插入 SmartArt 图形

SmartArt 图形用于在文档中展示流程图、结构图或关系图等图示内容，具有结构清晰、样式美观等特点。

（1）将插入点定位到艺术字下方，在“插入”→“插图”组中单击

“SmartArt”按钮，在打开的“选择 SmartArt 图形”对话框中单击“层次结构”选项卡，在右侧选择“组织结构图”样式，单击“确定”按钮，如图 4-86 所示。

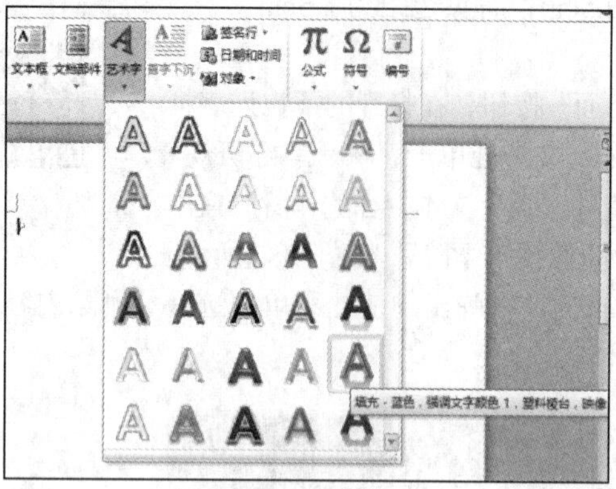

图 4-84 “艺术字”按钮

图 4-85 顶端居中

（2）插入 SmartArt 图形后，单击 SmartArt 图形外框左侧的按钮，打开“在此处键入文字”窗格，在项目符号后输入文本“班长”“副班长”“学习委员”“生活委员”“文体委员”文字后，按【Enter】键添加子项目，并输入“组织委员”。选择“学习委员”，然后在“SmartArt 工具-设计”→“添加形状”组中单击“在下方添加形状”按钮，如图 4-87 所示，并输入“小组长”，用同样的方法选择“生活委员”，输入“男生委员”“女生委员”。

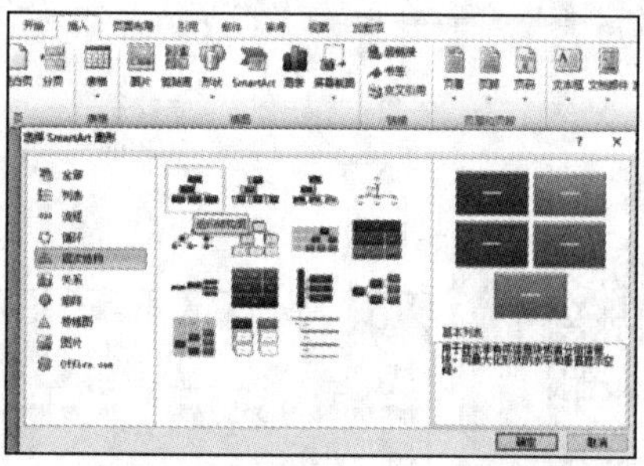

图 4-86 选择 SmartArt 图形样式

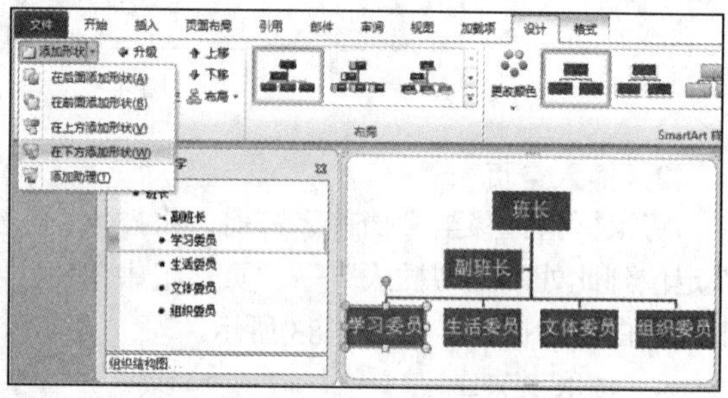

图 4-87 更改组织结构图布局

（3）在“在此处键入文字”窗格右上角单击“关闭”按钮关闭该窗格，在“SmartArt 工具-设计”→“SmartArt 样式”组中单击“细微效果”选项，如图 4-88 所示。

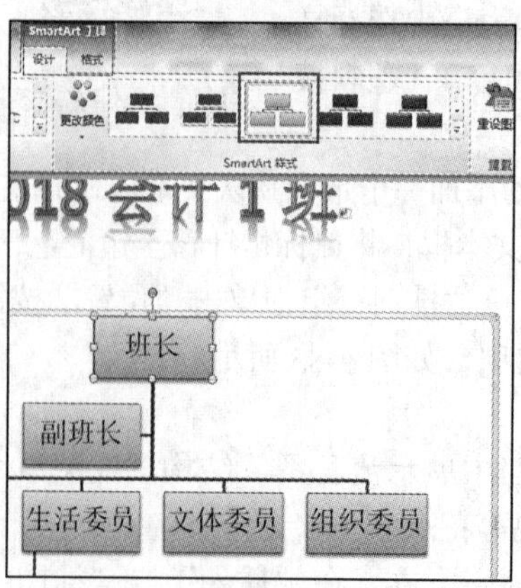

图 4-88 “细微效果”选项

W4.4.5 插入竖排文字

5. 插入竖排文字

（1）将插入点移至第一段，切换到“插入”选项卡，在“文本”选项组中单击“文本框”按钮，从下拉菜单中选择“绘制竖排文本框”命令，如图 4-89 所示。

（2）按住鼠标左键，拖出一个文字占位符，输入“班干部展示图”文字，设置字体为华文行楷，字号为二号。

（3）将鼠标指针移至边框上，当鼠标指针变为✥形状时，单击鼠标左键选中，在“格式”→“形状样式”组中单击“形状轮廓”按钮，从下拉列表框中选择“无轮廓”选项，如图 4-90 所示。在“格式”→“形状样式”组中单击“形状填充”按钮，从下拉列表框中选择“无填充颜色”选项。

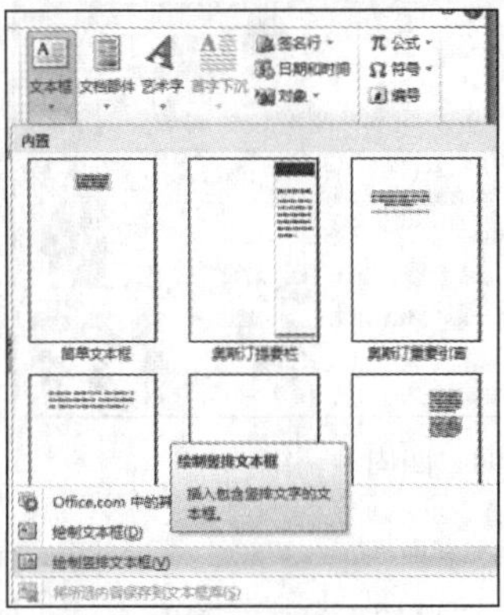

图 4-89 绘制竖排文本框

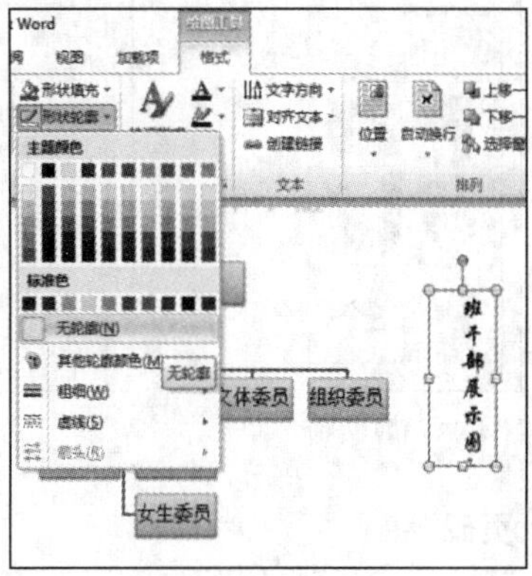

图 4-90 无轮廓

6. 插入图片

在 Word 中，用户可根据需要将图片插入到文档中，使文档更加美观。

（1）将插入点定位到本页下方，在“插入”→“插图”组中单击“图片”按钮。

（2）在打开的“插入图片”对话框的“地址栏”列表框中选择图片的路径，在窗口工作区中选择要插入的图片，这里选择“扫码.jpg”图片，单击“插入”按钮。

（3）选择图片，在“格式”→“大小”组的右下角单击“对话框启动器”图标，打开“布局”对话框，取消“锁定纵横比”选项，再输入高为 3cm、宽为 5cm，如图 4-91 所示。

（4）选择图片，在“格式”→“排列”组中单击“位置”按钮，从下拉列表框中选择“底端居右”选项，如图 4-92 所示。

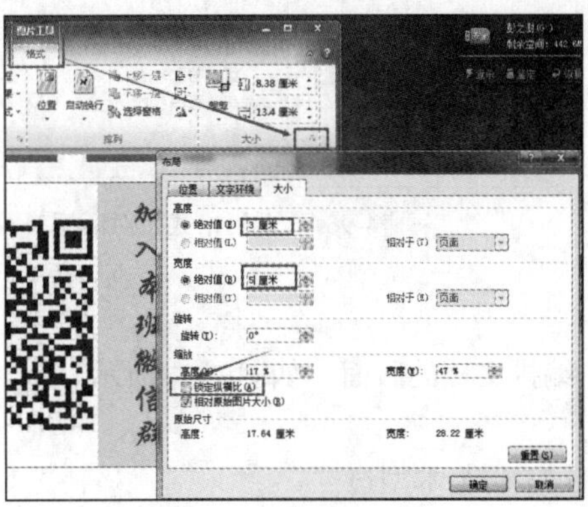

图 4-91 设置图片大小

图 4-92 底端居右

7．插入剪贴画

W4.4.6 插入剪贴画

（1）将插入点定位到正文中，在“插入”→“插图”组中单击“剪贴画”按钮，打开“剪贴画”任务窗格，在“搜索文字”文本框中输入“人”，单击“搜索”按钮，在下侧列表框中双击图4-93所示的剪贴画。

（2）选择插入的剪贴画，在“图片工具-格式”→“排列”组中单击“自动换行”按钮，在打开的下拉列表中选择“四周型环绕”选项。拖动剪贴画四周的控制点调整剪贴画大小，并将其移至合适位置，效果如图4-94所示。

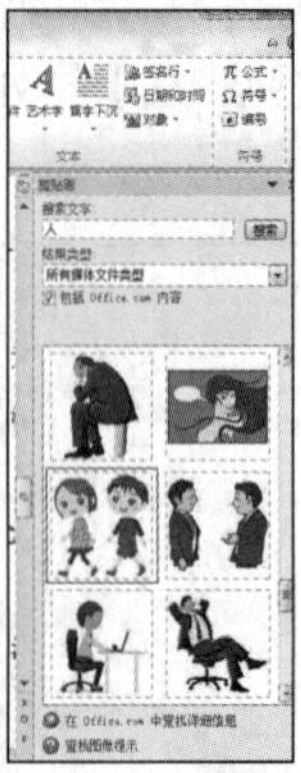

图4-93 剪贴画

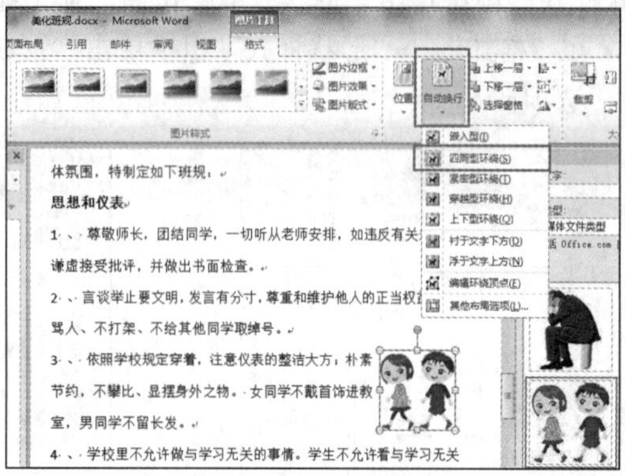

图4-94 四周型环绕

8．插入页码

W4.4.7 插入页码

（1）在“插入”→“页眉和页脚”选项组中单击“页码”下拉按钮，从下拉菜单中选择“页面底端”中的“普通数字2”，如图4-95所示。

（2）选中页码，单击鼠标右键，在弹出的快捷菜单中选择“设置页码格式”命令，在弹出的对话框中，在“编号格式”下拉列表中选择“Ⅰ，Ⅱ，Ⅲ，…”，在“起始页码”后的文本框中输入相应起始数字“Ⅱ”，如图4-96所示。

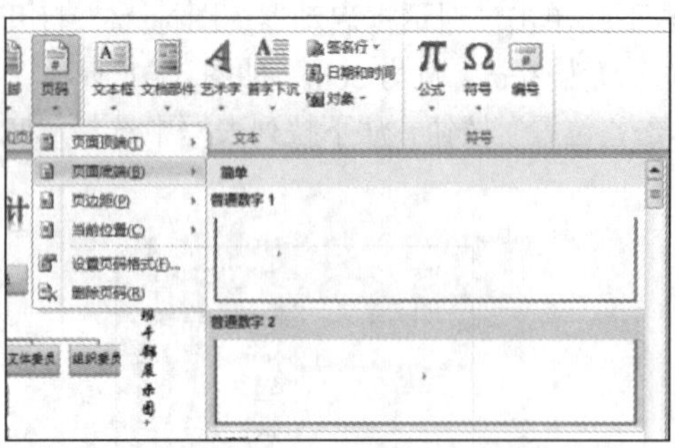

图4-95 设置页码格式

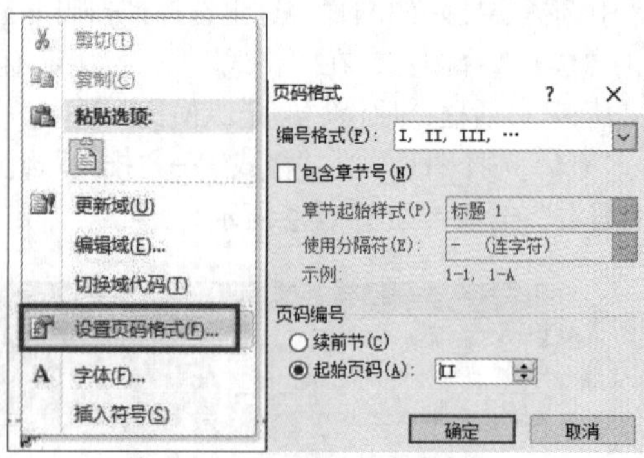

图4-96 “页码格式”对话框

【拓展训练】

新建“荣誉证书”文档，按照要求设置、编排文档的版面，如图4-97所示。

（1）要求纸张大小为B5，方向为横向。

（2）页面边框设置为橙色、图4-97所示的31磅艺术型边框。

（3）页面背景设置为红色的5%的填充图案。

（4）插入图 4-97 所示的星与旗帜形状，设置黄色边框，插入文字“奖”，在其两边插入图 4-97 所示的流程图形状，设置“熊熊火焰”渐变颜色及其方向。

（5）插入内部阴影样式的艺术字“荣誉证书”。

（6）输入图 4-97 所示的文字。

（7）打印“荣誉证书”文档。

图 4-97 “荣誉证书”效果图

【知识链接】

1．插入形状

在 Word 2010 中，用户可以在文档中插入形状，形状分为“线条”“基本形状”“箭头汇总”“流程图”“标注”“星与旗帜”几大类型，用户可以根据文本需要，插入相应的形状。操作步骤如下。

① 在“插入”→“插图”选项组中单击“形状”下拉按钮，在下拉菜单中选择合适的图形插入。

② 拖动鼠标画出合适的图形大小，完成图形的插入，将鼠标指针放置在图形的控制点上，可以改变图形的大小。在“绘图工具”→“格式”→“形状样式”选项组中可以设置不同的填充效果。

如果“形状”下拉菜单中的图形都不能符合要求，可在“插入”→“插图”选项组中单击“形状”下拉按钮，在下拉菜单中选择“任意多边形”命令，还可以手动绘制形状。

2．图片编辑与美化

对插入到文档中的图片，用户可以对其进行美化设置，如为图片设置效果，设置图片与文字的排列方式等。

（1）美化图片

选中图片，在“图片工具”→“格式”→“图片样式”选项组中单击“图片效果”下拉按钮，在下拉菜单中选择“棱台（B）”→“凸起”命令，即可设置图片的棱台效果，如图 4-98 所示。

（2）设置图片效果

① 选择图片，在“图片工具”→“格式”→“排列”选项组中单击“自动换行”下拉按钮，在下拉菜单中选择“紧密型环绕”命令。

② 所选择的图片在设置后实现了文字和图片的环绕显示，用鼠标移动或按键盘上的方向键即可移动图片到合适位置，最终效果如图 4-99 所示。

3．设置页面边框与底纹

在 Word 文档中不仅可以为字符、段落设置边框和底纹，还可以为页面设置更漂亮的边框与底纹。为页面设置边框的步骤如下。

图 4-98　设置棱台效果

图 4-99　最终效果

① 在“开始”→“段落”选项组中单击“框线”下拉按钮，在下拉菜单中选择“边框和底纹”命令，弹出“边框和底纹”对话框，选择“页面边框”选项卡，如图 4-100 所示。

② 设置“样式”“颜色”“宽度”“艺术型”等项。

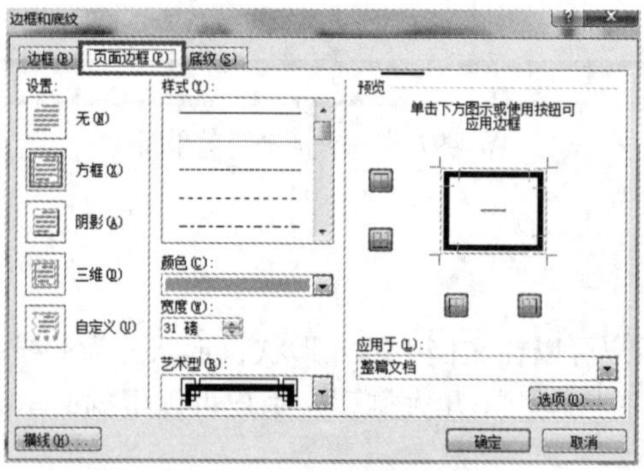

图 4-100　为页面设置边框

4．为页面背景

在 Word 中，页面背景可以是纯色背景、渐变色背景和图片背景。

① 在“页面布局”→“页面背景”组中单击“页面颜色”按钮，在打开的下拉列表中选择一种页面背景颜色，如图 4-101 所示。

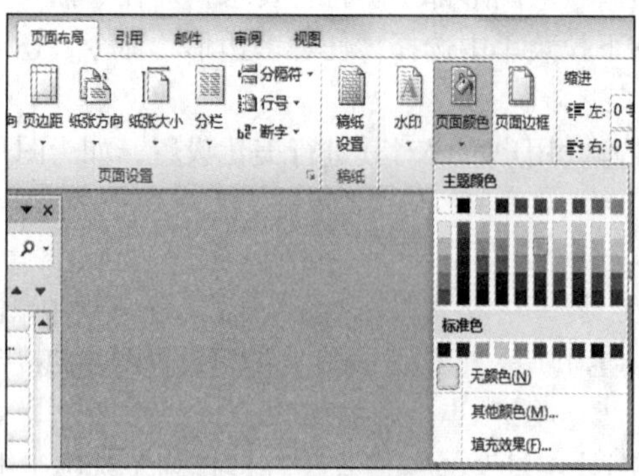

图 4-101　为页面设置颜色

② 若选择“填充效果”选项，在打开的对话框中单击“渐变”“纹理”“图案”“图片”等选项卡，便可设置渐变色背景、图片背景等，如图 4-102 所示。

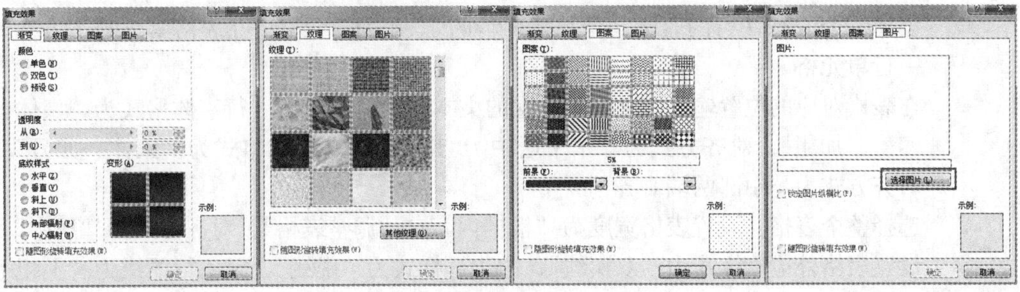

图 4-102　为页面设置填充效果

5．打印

创建好 Word 文档后，将文档打印出来。

① 单击“文件”→“打印”菜单，在右侧窗格单击“打印”按钮，即可打印文档，如图 4-103 所示。

② 在右侧窗格的“打印预览”区域，可以看到预览情况；在“打印所有文档”下拉列表中可以设置打印当前页或打印整个文档。

③ 在“单面打印”下拉菜单中可以设置单面打印或者手动双面打印，此外还可以设置打印纸张方向、打印纸张、正常边距等，用户可以根据需要自行设置。

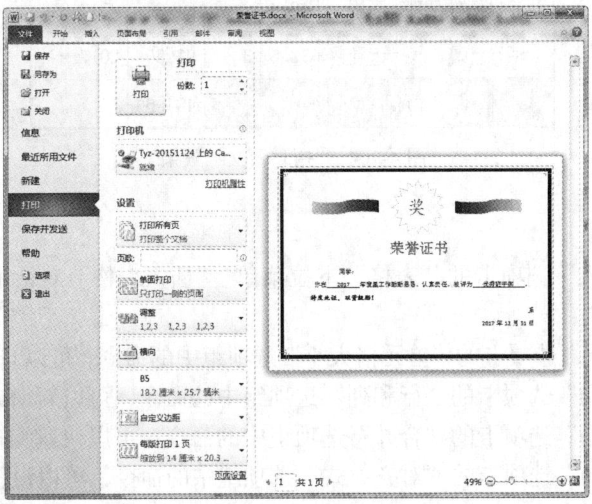

图 4-103　打印设置

任务 5　绘制“图书采购清单”表格

【任务描述】

由于学校图书馆需要扩充藏书量，各系部不同专业要引进新书。因此各系部需要制作一份图书采购清单作为采购部门采购的凭据。小张同学是兼职的图书馆管理员，电子信息系这项工作落到了他的身上，需要他完成图书采购单的制作，效果如图 4-104 所示，具体步骤如下。

- 创建一个空白文档，以“电子信息系图书采购清单”为文件名进行保存。
- 输入标题文本“电子信息系图书采购清单”，设置字体格式为“仿宋、加粗、小一、居中对齐”。

- 创建一个 6 列 7 行的表格，合并第 7 行的 1～4 列单元格，在表格第 1 行下方插入一行单元格。
- 在表格对应的位置输入图 4-104 所示的文本，然后设置第 1 行字体格式为“黑体、四号、加粗”，对齐方式为“水平居中”，其余行设置字体格式为“宋体、四号”，对齐方式为“中部两端对齐”。
- 选择整个表格，设置表格宽度为“根据内容自动调整表格”，对齐方式为“居中”。
- 设置表格外边框样式为“双实线”，内边框样式为“虚线”，第 1 行下线为“上粗下细”蓝色线，底纹为“白色、背景 1、深色 25%”。
- 使用公式完成合计列以及总计的计算，保留两位小数。

电子信息系图书采购清单

书名	专业	单价	数量	合计	入库时间
信息处理技术	应用	32.5	2	65.00	2017.9
云计算安全	云计算	26.3	3	78.90	2017.9
云计算应用基础	云计算	30	3	90.00	2017.9
网络基础	网络	34.2	2	68.40	2017.9
计算机软件基础	应用	42.4	2	84.80	2017.9
大话云计算	云计算	32.5	3	97.50	2017.9
总计				484.60	

图 4-104 “招聘”文档效果

【操作要点】

- 通过“插入”选项卡的“表格”下拉菜单、“插入表格”对话框或者手动绘制，皆可创建表格。
- 通过“布局”选项卡的“单元格大小”选项组中的命令，可以自动等分行高与列宽。
- 通过“布局”选项卡的“行和列”选项组中的命令，可以新增或删除单元格。
- 通过“布局”选项卡的“合并”选项组中的命令，可以快速编辑表格的结构。
- 通过“布局”选项卡的“对齐方式”选项组中的命令，可以设置文字在单元格内的方向和对齐方式。
- 通过“设计”选项卡的“表格样式”选项组中的命令或使用“边框和底纹”对话框，可以为单元格设置边框线的样式、颜色，以及添加底纹效果。
- 通过“布局”选项卡的“数据”选项组中的命令，可以对表格中的数据进行求和与乘积计算。

【任务实施】

W4.5.1 绘制表格框架

在使用 Word 制作表格时，最好事先在纸上绘制表格的大致草图，规划行列数，然后在 Word 中创建并编辑表格，以便快速创建表格。

1．绘制表格框架

（1）打开 Word 2010，在文档的开始位置输入标题文本“电子信息系图书采购清单”，字体格式为“仿宋、加粗、小一、居中对齐”，然后按【Enter】键。

（2）在“插入”→“表格”组中单击“表格”按钮，在打开的下拉列表中选择“插入表格”命令，打开“插入表格”对话框，如图 4-105 所示。

（3）在该对话框中分别将“列数”和“行数”设置为“6”和“7”，如图 4-106 所示。

（4）选择第 7 行第 1~4 列单元格，单击鼠标右键，在弹出的快捷菜单中选择“合并单元格”命令，如图 4-107 所示。

（5）将鼠标指针移动到表格第一行最后一个单元格外的回车处，然后按【Enter】键，插入一行单元格。

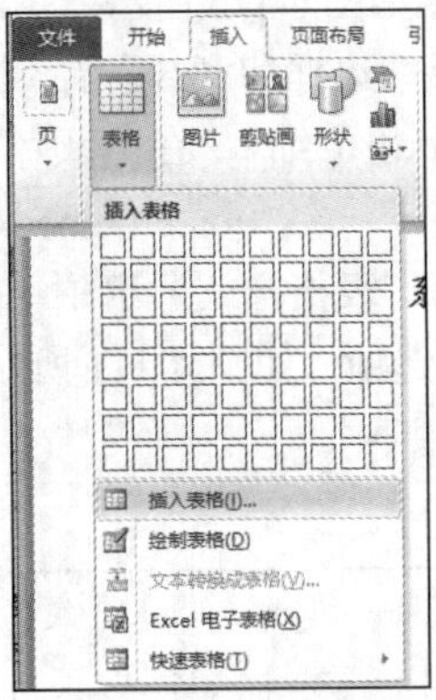

图 4-105　插入表格

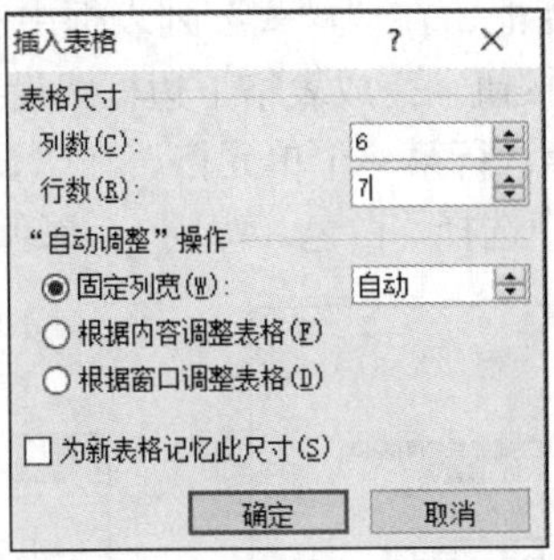

图 4-106　“插入表格”对话框

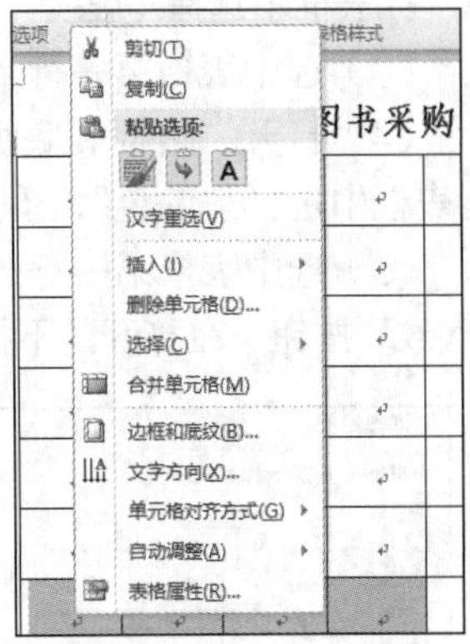

图 4-107　合并单元格

2．输入与编辑表格内容

表格外形编辑好后，就可以向表格中输入相关的表格内容，并设置对应的格式，具体操作如下。

W4.5.2　编辑表格内容

（1）在表格对应的位置输入相关的文本，选择第一行单元格中的内容，设置字体格式为“黑体、四号、加粗”，对齐方式为“水平居中”。选择表格中剩余的文本，设置字体格式为“宋体、四号”，对齐方式为“中部两端对齐”，如图 4-108 所示。

（2）保持表格的选中状态，在“表格工具-布局”→“单元格大小”组中单击“自动调整”按钮，在打开的下拉列表中选择“根据内容自动调整表格”命令，完成后的效果如图 4-109 所示。

（3）在表格上单击“全选”按钮选择表格，在“开始”→“段落”组中单击“居中”按钮，将表格居中设置。

电子信息系图书采购清单

书名	专业	单价	数量	合计	入库时间
信息处理技术	应用	32.5	2		2017.9
云计算安全	云计算	26.3	3		2017.9
云计算应用基础	云计算	30	3		2017.9
网络基础	网络	34.2	2		2017.9
计算机软件基础	应用	42.4	2		2017.9
大话云计算	云计算	32.5	3		2017.9
总计					

图 4-108　文本效果

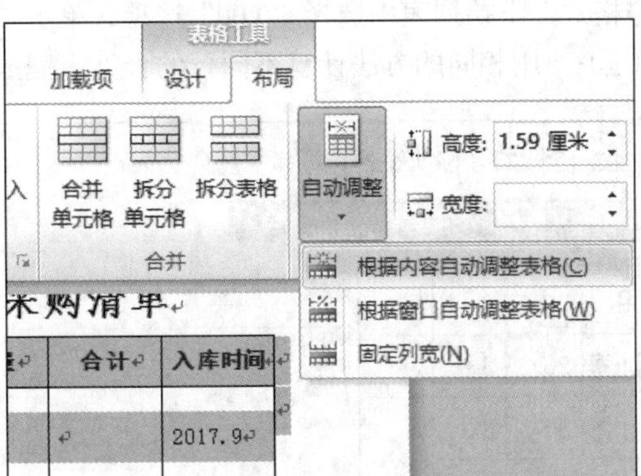

图 4-109　根据内容自动调整表格

3．设置与美化表格

W4.5.3　设置与美化表格

完成表格内容的编辑后，还可以对表格的边框和填充颜色进行设置，以美化表格，具体操作如下。

（1）在表格中单击鼠标右键，在弹出的快捷菜单中选择“边框和底纹”命令。

（2）打开“边框和底纹”对话框，在“设置”栏中选择“自定义”选项，在“样式”列表框中选择“双实线”，单击上下左右框线按钮，完成表格外框线设置，再在“样式”列表框中选择“虚线”，单击两个内线按钮，完成表格内框线设置，如图 4-110 所示。

（3）选中表格第一行，单击鼠标右键，在弹出的快捷菜单中选择“边框和底纹”命令。

（4）打开“边框和底纹”对话框，在“样式”列表框中选择“上粗下细”，在“颜色”列表框中选择“蓝色”，单击下线按钮，完成表格下边框线设置。

（5）选中表格第一行，以及第八行第一个单元格，在“设计”→“表格样式”组中单击“底纹”按钮，在打开的下拉列表中选择“白色，背景 1，深色 25%”选项，如图 4-111 所示。

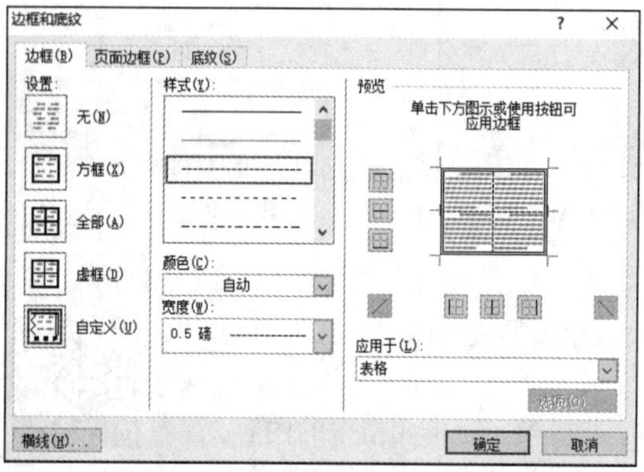

图 4-110　“边框和底纹”对话框

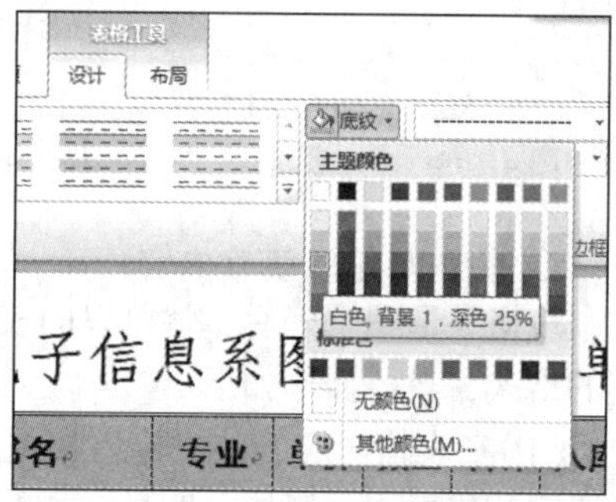

图 4-111　底纹设置

4．计算表格中的数据

W4.5.4　计算表格中的数据

在表格中可能会涉及数据计算，使用 Word 制作的表格也可以实现简单的计算，具体操作如下。

（1）将插入点定位到“合计”下方的单元格中，在“布局”→“数据”组中单击“公式”按钮。

（2）打开“公式”对话框，在“公式”文本框中输入“=C2*D2”，在“编号格式”下拉列表中选择“0.00”选项，单击“确定”按钮，完成计算，如图 4-112 所示。

（3）使用相同的方法计算不同行的合计，完成后的效果如图 4-113 所示。

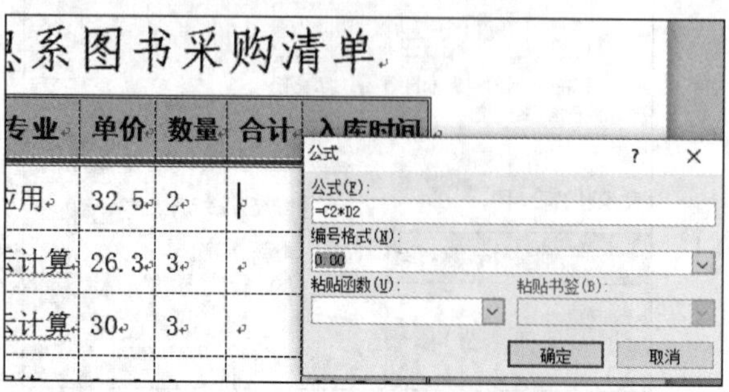

图 4-112　“公式”对话框

图 4-113　计算合计

（4）将插入点定位到“总计”右侧的单元格中，在“布局”→“数据”组中单击“公式”按钮。

（5）打开“公式”对话框，在“公式”文本框中输入“=SUM（ABOVE）”，在“编号格式”下拉列表中选择“0.00”选项，单击“确定”按钮，完成总计的计算，如图 4-114 所示。

书名	专业	单价	数量	合计	入库时间
信息处理技术	应用	32.5	2	65.00	2017.9
云计算安全	云计算	26.3	3	78.90	2017.9
云计算应用基础	云计算	30	3	90.00	2017.9
网络基础	网络	34.2	2	68.40	
计算机软件基础	应用	42.4	2	84.80	
大话云计算	云计算	32.5	3	97.50	
总计					

图 4-114　计算总计

【拓展训练】

打开“文本转表格”文档，按照要求绘制表格，如图 4-115 所示。

2009 年 7 月 6 日人民币外汇牌价

（100 外币/100 人民币）

货币名称	现汇买入价	现钞买入价	卖出价
澳大利亚元	538.63	527.28	542.96
加拿大元	585.21	572.87	589.91
美元	681.93	676.47	684.67
欧元	948.68	928.67	956.3
日元	7.1417	6.9911	7.199
新加坡元	467.02	457.17	470.77
英镑	1100.82	1077.61	1109.66

图 4-115　效果图

（1）将文档中最后 9 行文字转换成一个 9 行 4 列的表格，表格列宽为 2.5cm，行高为 0.8cm，设置表格位置为居中，表格单元格对齐方式为水平居中。

（2）设置表格外框线为 0.75 磅蓝色单实线、内框线为 0.5 磅红色单实线，表格第一行添加浅蓝色底纹。

（3）按照“货币名称”列根据“拼音”升序排列表格内容。

【知识链接】

1．创建表格

（1）自动插入表格

① 单击要创建表格的位置，在“插入”→“表格”选项组中单击“表格”下拉按钮，调出网格。

② 拖动鼠标，选定所需的行、列数。

（2）使用“插入表格”

使用该步骤可以在将表格插入到文档之前选择表格的大小和格式。

① 单击要创建表格的位置，在“插入”→“表格”选项组中单击“表格”下拉按钮，选择“插入表格”命令，打开“插入表格”对话框。

② 在“表格尺寸”组中输入所需的行数和列数。

③ 在“自动调整”操作下，选择调整表格大小的选项。

④ 若要使用内置的表格格式，可单击“快速表格”，选择所需选项。

2. 表格的基本操作

创建好表格后，还需要修改才能符合要求，如向表格中输入内容，对表格进行插入或删除行或列、合并或拆分单元格、拆分表格等各种编辑操作。

（1）选定

表格的所有操作也需要首先选定，然后操作。

① 选定单元格：将鼠标指针定位到要选定的单元格左侧，当鼠标指针变成形状时，单击鼠标左键；或选择“表格”→“选择”→“单元格”命令，即可选中单元格。通过拖动鼠标也可选定单元格内容。

② 选定表格的行：将鼠标指针定位到要选定行的左侧，当鼠标指针变成形状时，单击鼠标左键；或选择“表格”→“选择”→“行”命令，则该行被选中。

③ 选定表格的列：将鼠标指针定位到要选定列的上边，当鼠标指针变成形状时，单击鼠标左键；或选择“表格”→“选择”→“列”命令，则该列被选中。

④ 选定多个单元格、多行、多列：当鼠标指针变成、或形状时，单击鼠标左键并拖动即可。

⑤ 选定整个表格：将鼠标指针定位到表格的左上角的控制点上面，当鼠标指针变成形状时，单击鼠标左键，则整个表格被选中。

（2）行、列操作

① 选定要插入的单元格、行或列数目相同的行或列。

② 单击鼠标右键，在弹出的快捷菜单中选择“插入”命令，在级联菜单中选择“在左侧插入列”或“在右侧插入列”命令，即可在左侧或右侧插入一列；选择“在上方插入行”或“在下方插入行”命令，即可在上方或下方插入行，如图 4-116 所示。

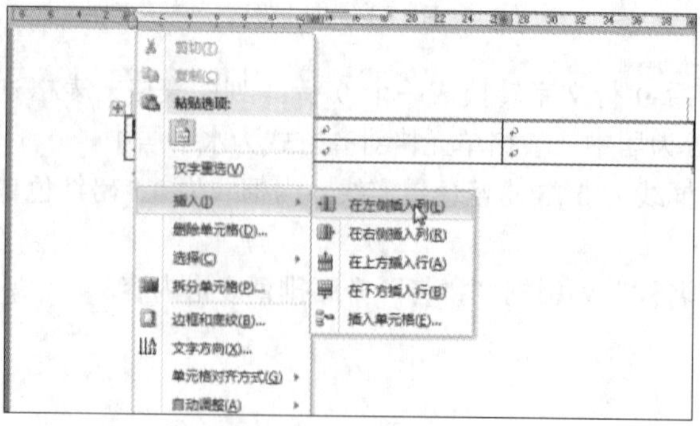

图 4-116　插入行列图

（3）单元格的合并与拆分

① 合并单元格

可以将同一行或同一列中的两个或多个单元格合并为一个单元格。例如，可以横向合并单元格以创建横跨多列的表格标题。

- 选择要合并的单元格。
- 在“布局”→“合并”选项组中单击“合并单元格”按钮，或单击“表格和边框”工具栏上的“合并单元格”按钮，如图 4-117 所示。

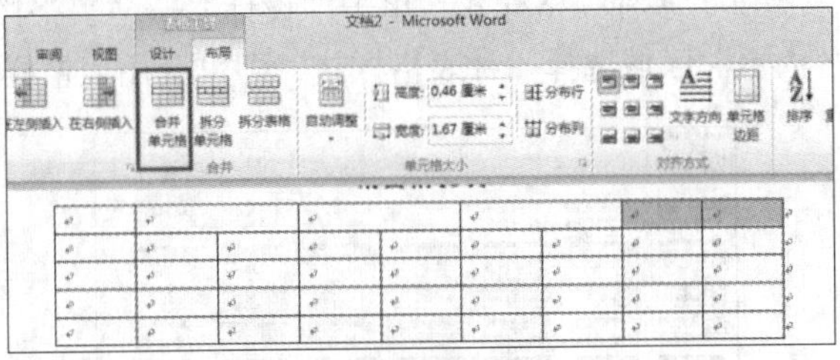

图 4-117 “合并单元格”按钮

② 拆分单元格

- 在单元格中单击，或选择要拆分的多个单元格。
- 在“布局”→“合并”选项组中单击“拆分并单元格”按钮，或单击“表格和边框”工具栏上的“拆分单元格”按钮。
- 选择要将选定的单元格拆分成的列数或行数。

③ 拆分表格

- 要将一个表格分成两个表格，单击要成为第 2 个表格的首行的行。
- 单击“布局”→“合并”→“拆分表格”按钮，如图 4-118 所示。

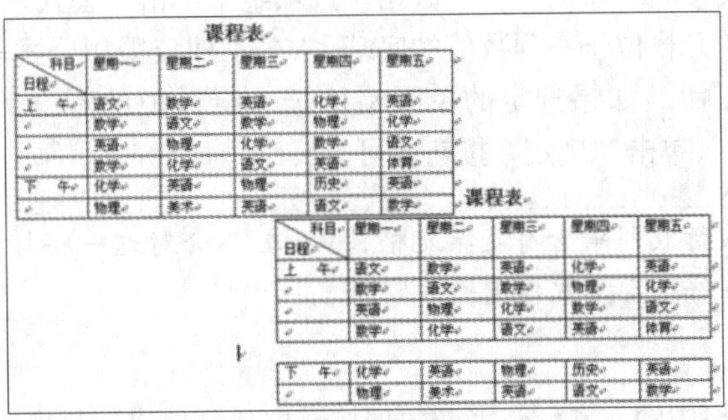

图 4-118 拆分表格

（4）删除表格或清除其内容

① 删除表格内容

- 选择要删除的项。
- 按【Delete】键。

② 删除表格中的单元格、行或列

- 选择要删除的单元格、行或列。
- 在“布局”→“行和列”选项组中单击“删除”下拉按钮，在下拉列表中选择“单元格”“行”“表格”或“列”命令。

（5）行高、列宽调整

① 手动调整：鼠标指针移至单元格的右侧边框上，当指针变成“+”形状时，按住鼠标左键向右拖动，加宽所选单元格的宽度。

② 精确调整：选中所要设定的行或者列，在“布局”→“单元格大小”选项组中直接

输入数值。

③ 自动调整：选中所要设定的行或者列，在“布局”→“单元格大小”选项组中单击“自动调节”下拉按钮，在下拉列表中选择“根据内容自动调节窗口”命令。

3．表格样式套用

Word 2010 为用户提供了多种表格样式，单击“设计”→“表格样式”选项组中的“其他”下拉按钮，在“内置”区域选择一种表格样式，即可套用表格样式，如图 4-119 所示。

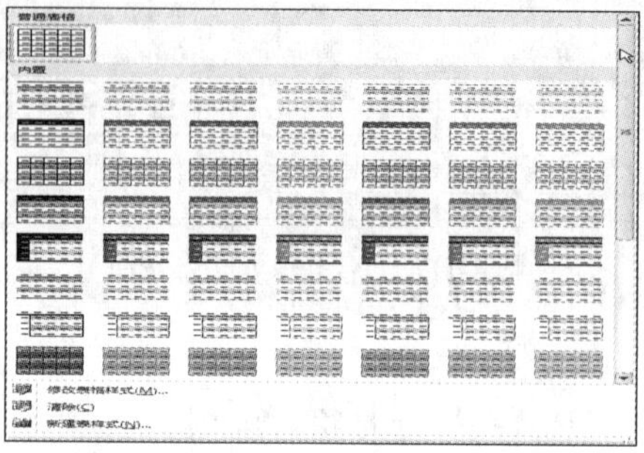

图 4-119　套用表格样式

4．表格的高级应用

（1）表格计算

计算行或列中数值的总和，如“销售情况表”的“总计”的计算。

① 单击要放置求和结果的单元格。

② 在“表格工具”→“布局”→“数据”选项组中单击“公式”按钮。

③ 如果选定的单元格位于一列数值的底端，Word 建议采用公式=SUM(ABOVE)进行计算，单击“确定”按钮。如果选定的单元格位于一行数值的右端，Word 建议采用公式=SUM(EFT)进行计算，单击“确定”按钮即可。

> 注意　若该行或列中含有空单元格，Word 不会对这一整行或整列进行累加。此时需要在每个空单元格中输入零值。

（2）表格的排序

可以将列表或表格中的文本、数字或数据按升序或降序进行排序。操作步骤如下。

① 选定要排序的列表或表格。

② 在“表格工具”→“布局”→“数据”选项组中单击“排序”按钮。

③ 打开“排序”对话框，选择所需的排序选项。完成设置后，单击“确定”按钮，即可进行排序。

（3）表格与文本之间的转化

将文本转换成表格时，可使用逗号、制表符或其他分隔符标记新的列开始的位置。

① 在要划分列的位置插入所需的分隔符。例如，在一行有两个字的列表中，在第一个字后插入逗号或制表符，从而创建一个两列的表格。

② 选择要转换的文本，在“插入”→“表格”选项组中单击“表格”按钮，选择“文本转换成表格”命令。

③ 在“文字分隔位置”组中选择所需的分隔符。

将表格转换成文本的操作步骤与此类似，只是在第 2 步中，在“表格工具”→“布局”→“数据”选项组中选择“将表格转换为文本”命令即可。

任务6　编排“毕业论文”长篇文档

【任务描述】

小张同学临近毕业，他按照指导老师发放的毕业设计任务书的要求，前期完成了项目开发和论文内容的书写。下一步，他将使用Word 2010对论文进行编辑和排版，其依据是教务处公布的“论文编写格式要求”，效果如图4-120所示，具体步骤如下。

- 将素材文件“论文.docx”另存为“论文正样.docx”，并在此文件中完成所有要求。
- 论文页面设置为A4幅面，纸张方向为纵向，页边距：左2.5cm，上、下、右均为2cm。页脚边距为1.4cm。
- 修改“正文”样式，中文为“宋体”、西文为“Times New Roman”，字号为“小四”，首行统一缩进2个字符，1.5倍行距。
- 新建样式，设置一级标题字体格式为“黑体、三号、加粗”，段落格式为“左对齐、段前段后均为0行、2倍行距”。使用图4-120中“一、二、…”所示的段落文字。
- 新建样式，设置二级标题字体格式为“微软雅黑、四号、加粗”，段落格式为“左对齐、1.5倍行距”。使用图4-120中“(一)、(二)…”所示的段落文字。
- 设置“摘要:、关键字:”文本字符格式为“微软雅黑、四号、加粗”，后面的关键字格式与正文相同。
- 将文档的第1页设置论文封面，“毕业论文”设置格式为“黑体、初号、分散对齐”，设置“题目”“姓名”“学号”“专业”文本，设置格式为“黑体、三号”。
- 目录另起第2页，用“3号、黑体、顶格居中”，两字之间空两格，目录包含“一级标题”“二级标题”样式所示的标题文字，具体内容用小四号宋体，20磅行距。
- 正文部分插入页眉“毕业论文”，右对齐，页脚处插入连续页码“第1页”，起始页码从“1”开始，位置居中，其他内容不标页码。
- 保存文档。

图4-120　“论文正样”文档效果

【操作要点】

- 通过“页面设置”对话框，可以设置页边距、版式、页眉页脚的位置。
- 通过“样式”任务窗格，可以快速地创建与应用样式。
- 通过“目录”对话框，可以为文档制定目录。
- 通过“页眉页脚”选项卡中的相关按钮，可以满足论文不同章节、奇偶页中页眉页脚的制作要求。

【任务实施】

为了快速执行教务处的排版规则，可以将论文中涉及的样式全部创建出来，然后分别应用到论文中。在编排一篇长文档或是一本书时，需要对许多的文字和段落进行相同的排版工作，如果只是利用字体格式和段落格式进行编排，费时且烦琐，更重要的是很难使文档格式保持一致。使用样式能减少许多重复的操作，在短时间内编排出高质量的文档。

1．修改样式

W4.6.1 修改样式

在“页面布局”→“页面设置”组中单击右下角的按钮，设置页面大小、页面方向、页边距和页眉边距。纸张大小为 A4，纸张方向为纵向。页边距：左 2.5cm，上、下、右均为 2cm。页脚边距为 1.4cm。

（1）在“样式”任务窗格中选择“正文”样式，单击鼠标右键，在打开的下拉列表中选择“修改”命令，如图 4-121 所示。

（2）在“格式”栏中选择“字体”选项，设置中文字体为“宋体”、西文字体为“Times New Roman”、字号为“小四”。打开的下拉列表中选择“段落”选项，设置首行统一缩进 2 个字符，1.5 倍行距，如图 4-122 所示。

图 4-121 选择“修改”命令

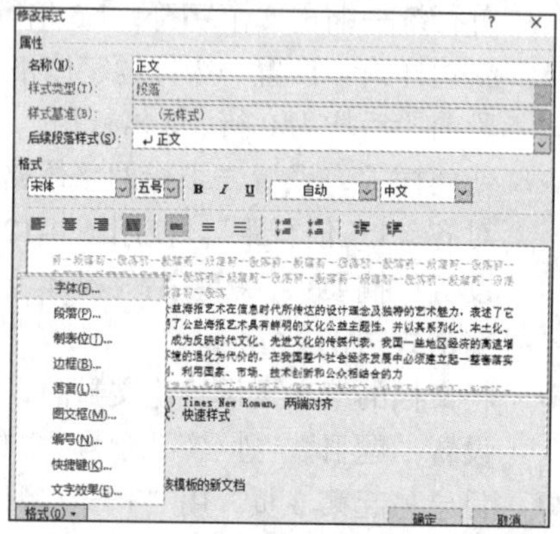

图 4-122 修改字体和颜色

（3）将插入点定位到其他同级别文本上，在“样式”窗格中选择“正文”选项为其应用样式，如图 4-123 所示。

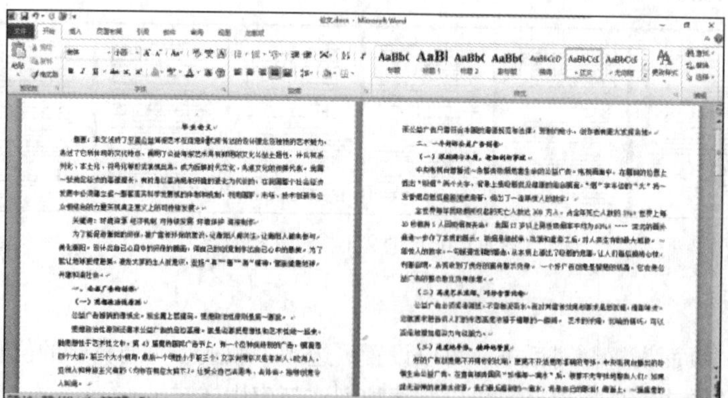

图 4-123 正文样式效果

2．创建样式

W4.6.2 创建样式

（1）将插入点定位到“一、”文本段，在“开始”→“样式”组中单击“对话框启动器”图标，打开“样式”任务窗格，如图 4-124 所示。

（2）单击“新建样式”按钮，在打开的对话框的“名称”文本框中输入“一级标题”，在“格式”栏中选择“字体”选项，将文字设置为“黑体、三号、加粗”；选择“段落”选项，设置段落格式为“左对齐”，段前、段后均为 0 行、2 倍行距。依次单击“确定”按钮，如图 4-125 所示。

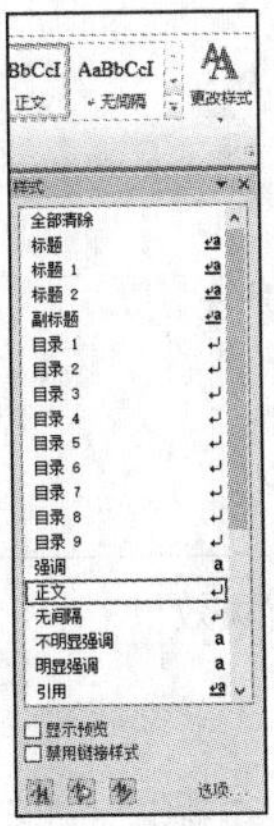

图 4-124　打开“样式”任务窗格

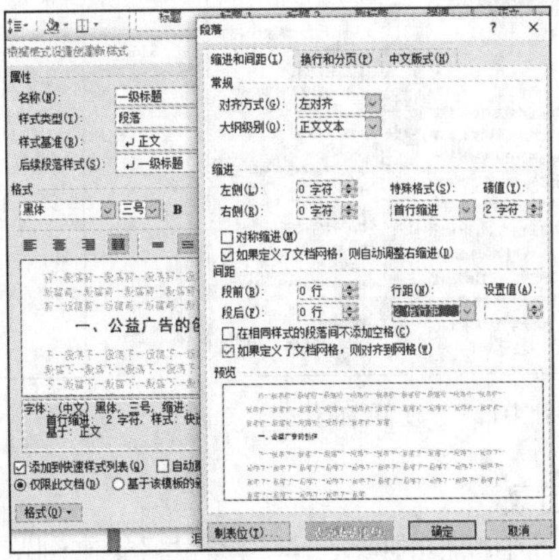

图 4-125　单击“新建样式”设定

（3）将插入点定位到其他同级别文本上，在“样式”窗格中选择“一级标题”选项为其应用样式。

用同样的方式设置“二级标题”的字体格式为“微软雅黑、四号、加粗”，段落格式为“左对齐、1.5 倍行距”。使用图 4-126 中“（一）、（二）…”所示的段落文字，如图 4-126 所示。

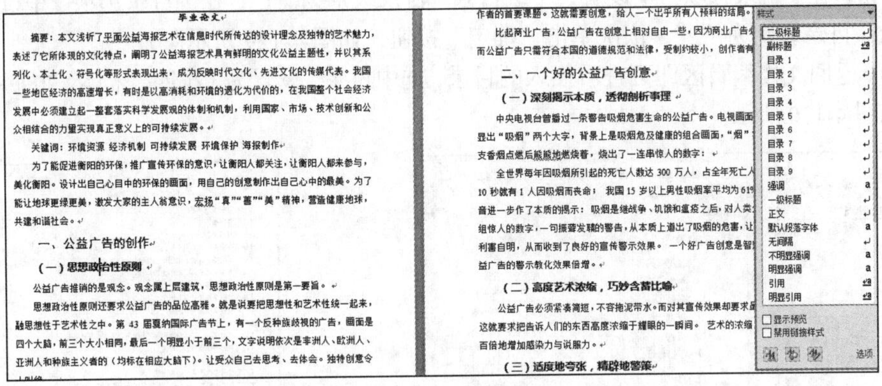

图 4-126　二级标题样式应用效果

3．分节

让封面、目录和内容在独立的节中，每节都是新的一页开始。

W4.6.3　分节

（1）选择“摘要”“关键词”的文本，设置字符格式为“微软雅黑、四号、加粗”，选择其余两段文字，应用正文样式。

（2）将插入点定位到文本“摘要”之前，在“页面布局”→“页面设置”组中单击“分隔符”按钮，在打开的下拉列表中的“分节符”栏中选择“下一页”选项，如图 4-127 所示。此时，“毕业设计”的文字独立成第 1 页，“摘要”的内容将从下一页开始。

（3）在第一页文档开始处选择“毕业论文”文本，设置格式为“黑体、初号、分散对齐”，输入“题目”“姓名”“学号”“专业”文本，分别选择设置格式为“黑体、三号”，然后利用空格键使其居中对齐，如图 4-128 所示。

（4）使用相同的方法插入分节符并创建新的空白页，设置第 2 页为空“目录”页。

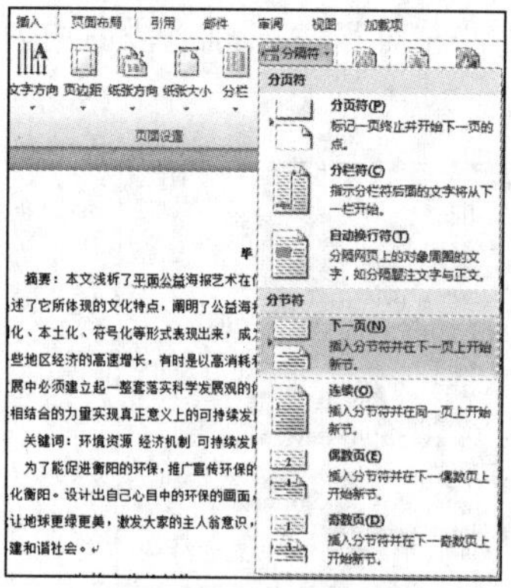

图 4-127　分节设置

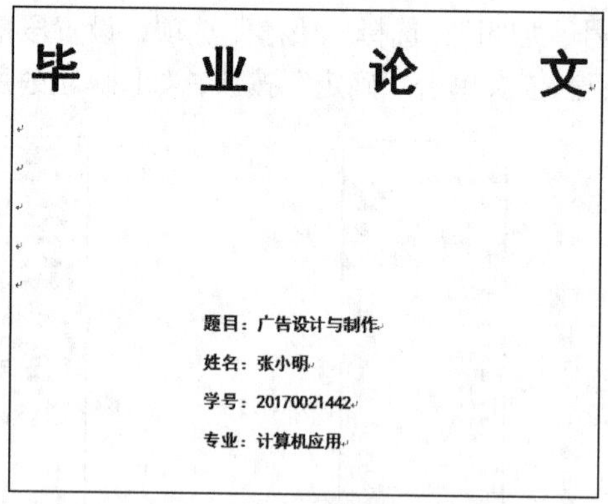

图 4-128　首页效果

4．创建目录

目录是文档中标题的列表，可以通过目录来浏览文档中讨论了哪些主题。

W4.6.4　创建目录

（1）在第 2 页页面第一行输入“目录”，设置“3 号、黑体、顶格居中”，两字之间插入两个空格。

（2）将插入点定位于第 2 行左侧，在“引用”→“目录”组中单击“目录”按钮，在打开的下拉列表中选择“插入目录”选项，打开“目录”对话框，单击“目录”选项卡，在“制表符前导符”下拉列表中选择“……”选项，单击“选项”按钮，在“目录选项”中设置“一级目录”目录级别为“1”，在“目录选项”中设置“二级目录”目录级别为“2”，依次单击“确定”按钮，如图 4-129 所示。

（3）返回文档编辑区即可查看插入的目录，选中目录，设置为“小四、宋体、20 磅行距”，效果如图 4-130 所示。

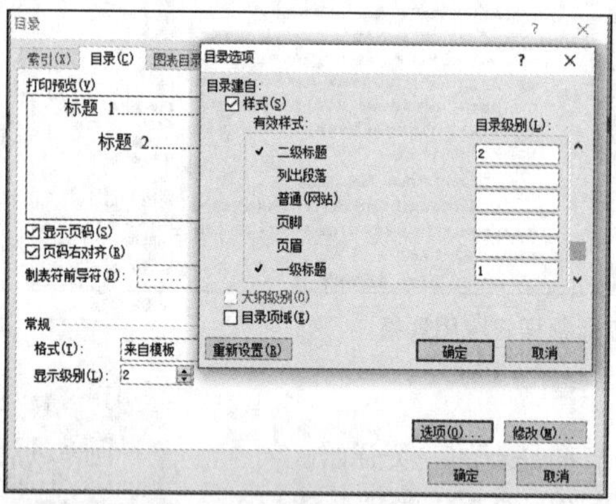

图 4-129　“目录”选项卡

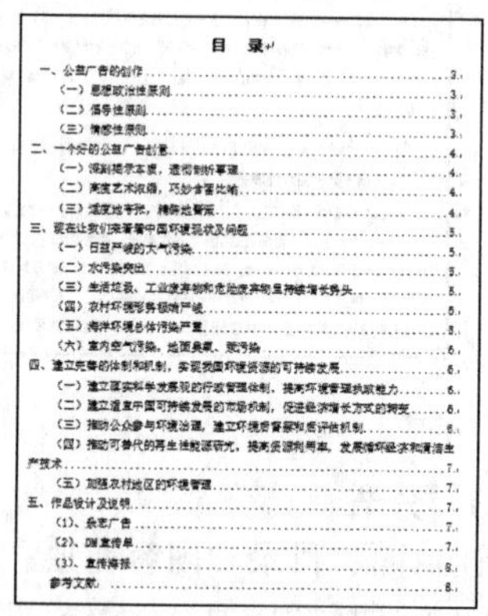

图 4-130　目录效果图

5．设置页眉页脚

为了使页面更美观，便于阅读，许多文档都添加了页眉和页脚。在编辑文档时，可在页眉和页脚中插入文本或图形，如页码、公司徽标、日期，作者名等，具体操作如下。

W4.6.5　设置页眉页脚

（1）在“插入”→“页眉和页脚”组中单击“页眉”按钮，在打开的下拉列表中选择“编辑页眉”选项，将鼠标指针停在第三页的页眉处，在“页眉页脚工具-设计”→“导航”组中单击“链接到前一条页眉”取消链接，如图 4-131 所示。然后在页眉处输入“毕业论文”文本，并设置对齐方式为“右对齐”。

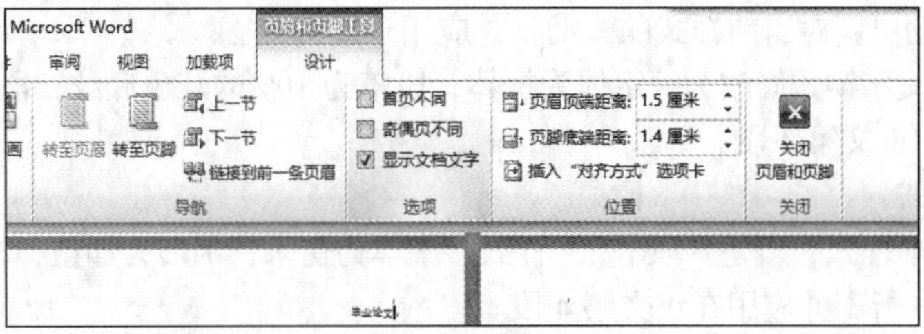

图 4-131　取消链接

（2）将插入点插入到第 3 页的页脚区，“页眉页脚工具-设计”→“导航”组中单击“链接到前一条页眉”取消链接，然后在页眉处输入“第页”文本。

（3）在“页眉页脚工具-设计”→“页眉和页脚”选项组中单击“页码”按钮，选择“设置页码格式”项，在弹出的对话框中，在“编号格式”下拉列表中选择“1，2，3，…”，选择“起始页码”后在框中输入相应起始数字“1”。

（4）将鼠标指针停在“第页”的中间，在“页眉页脚工具-设计”→“页眉和页脚”选项组中单击“页码”按钮，选择“当前位置”中的“普通数字”，并设置对齐方式为“居中”，完成页脚的设置。

（5）在“页眉页脚工具-设计”→“关闭”选项组中单击“关闭页眉和页脚”按钮，退出页眉和页脚视图。

【拓展训练】

1. 目录文档操作题，效果如图 4-132 所示。

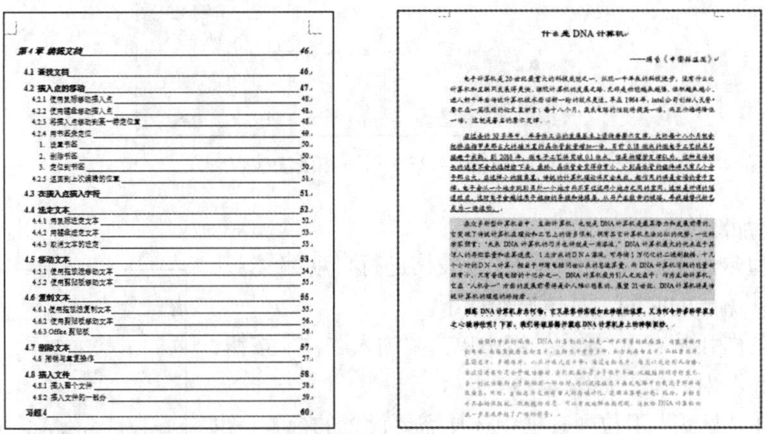

图 4-132　效果图

打开素材“目录.docx”，建立目录放在文档首部独立成页，目录格式为优雅、显示页码、页码右对齐，显示级别为 4 级，制表符前导符为“——”。

2. 样式文档操作题，效果如图 4-132 所示。

打开素材“样式.docx”，按下列要求进行。

（1）应用样式

将文档中第 1 行的样式设置为“文章标题”，第 2 行设置为“标题注释”。

将文章正文的第 1 段套用本文件夹中 KSDOT3.dot 模板中的“正文段落 1”样式。

（2）修改样式

以正文为基准样，将“文章正文”样式修改：字体为楷体，加下画线，段前、段后间距各为 0.5 行，自动更新对当前样式的改动，并应用于正文第 2 段。

将“重点正文”样式修改为：字体为楷体，段落为 10%的灰色底纹，段前、段后间距各 0.5 行，并应用在正文第 3 段。

（3）新建样式

以正文为基准样式，新建“段落 1”样式，字体为仿宋，字形为加粗，加着重号，段前、段后间距各为 0.5 行，并应用在正文第 4 段。

以正文为基准样式，新建“段落 2”样式：字体为华文新魏，字体颜色为玫瑰红，段落为左、右各缩进 2 个字符，并应用在正文第 5 段。

【知识链接】

1. 拼写和语法检查

完成对文档的编写后，逐字逐句地检查文档内容会显得费力、费时，此时可以使用 Word 中的“拼写和语法”功能对文档内容进行检查。

在“审阅”→“校对”选项组中单击“拼写和语法”按钮，打开“拼写和语法”对话框，对话框的“不在词典中”文本框中会显示出系统认为错误的词，并在“建议”文本框中显示建议的词，对错误的词汇进行更改，对正确的词汇可以直接跳过，如图 4-133 所示。

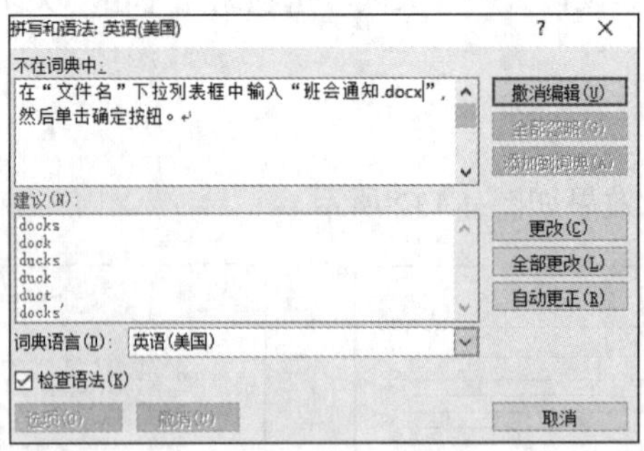

图 4-133　拼写和语法检查

2. 添加题注

题注通常用于对文档中的图片或表格进行自动编号，从而节约手动编号的时间，具体操作如下。

（1）在“引用”→“题注”组中单击“插入题注”按钮，打开“题注”对话框，如图 4-134 所示。

（2）在“标签”下拉列表框中选择需要设置的标签，也可以单击“新建标签”按钮，打开“新建标签”对话框，在“标签”文本框中输入自定义的标签名称。

（3）单击“确定”按钮返回对话框，即可查看添加的新标签，单击“确定”按钮即可返回文档。

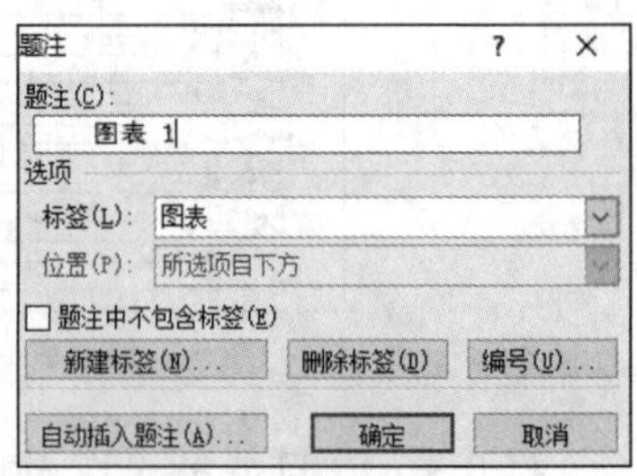

图 4-134　“题注”对话框

任务 7　批量制作“成绩通知单”

【任务描述】

期末考试后需要发送每个学生的成绩通知单，这个任务交给了小张同学，对于这类文档，如果逐份编辑，显然是费时费力，且易出错，Word 为解决这类问题提供了邮件合并功能，使用邮件合并功能可以方便地解决这类问题。

- 制作一份成绩通知单，创建主文档、数据源（素材中具备“成绩通知单.docx”及“学生成绩.xlsx”文件），打开“成绩通知单.docx”，以当前活动窗口为邮件合并主文档。
- 运用邮件合并功能制作内容相同、收件人不同的多份成绩通知单，要求将合并主文档以“成绩通知单 1.docx”为文件名保存，在进行效果预览后生成可以单独编辑的单个文档“成绩通知单 2.docx”保存。

【操作要点】

通过“邮件”合并功能，创建格式统一、内容基本一致、在某些同类关键词处有变化的文档。

【任务实施】

W4.7.1　邮件合并

邮件合并的步骤如下。

（1）打开素材“成绩通知单.docx”。

（2）在“邮件”→“开始邮件合并”选项组中单击“开始邮件合并”下拉按钮选择“邮件合并分布向导”选项，如图 4-135 所示。

（3）打开“邮件合并”任务窗格。选择“信函”项，然后单击“下一步：正在启动文档”超链接，选择“使用当前文档”项，单击“下一步：选取收件人”超链接。选择“使用现有列表”项，然后单击“浏览”按钮，如图 4-136 所示。

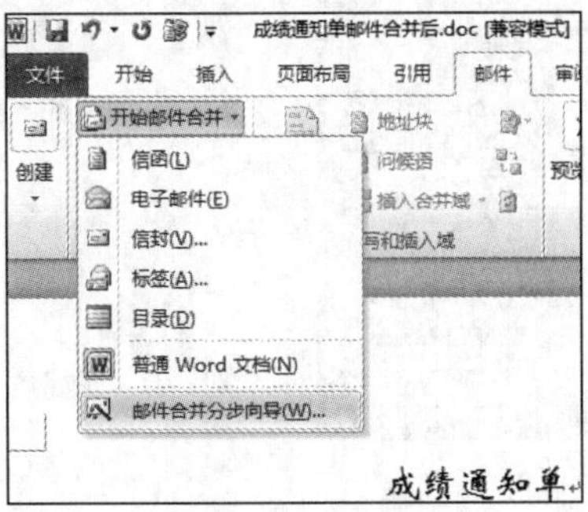

图 4-135　“邮件合并分布向导”选项

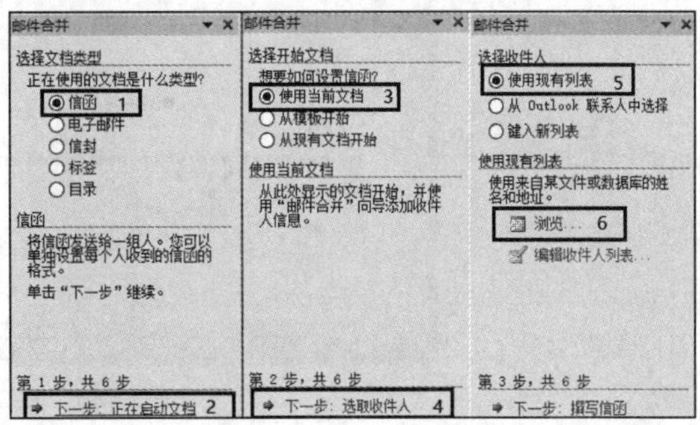

图 4-136　按步骤选择

（4）打开“选取数据源”对话框，定位素材“学生成绩.xlsx”文件，打开“邮件合并收件人”对话框，在“收件人列表”列表框中列出了刚创建的所有项目，如图 4-137 所示。核对无误后，单击“确定”按钮，完成“选择收件人”步骤。

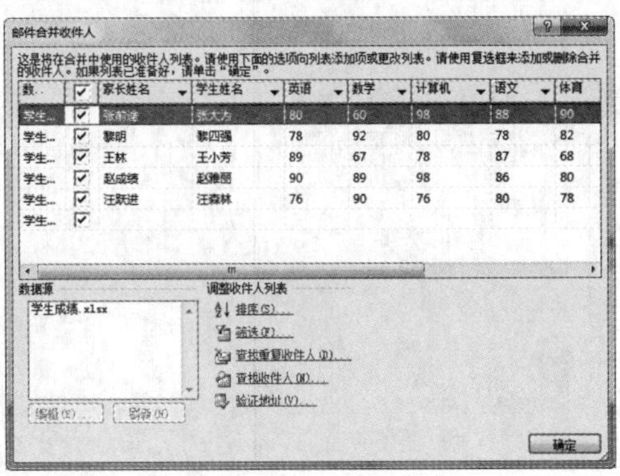

图 4-137　导入数据

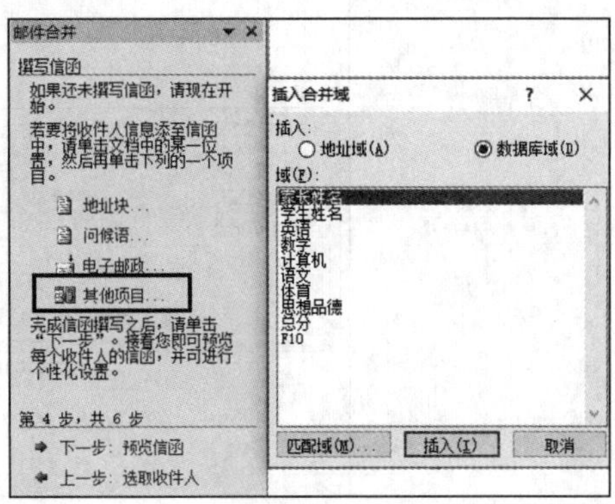

图 4-138　插入域

（5）单击“下一步：撰写信函”超链接，将鼠标指针定位于“家长”之前，单击“邮件合并”任务窗格中的“其他项目”按钮，打开“插入合并域”对话框，如图 4-138 所示。选择“域”列表中的“家长姓名”，单击“插入”按钮，在鼠标指针所在处插入域“《家长姓名》”，单击“关闭”按钮；重复本操作，在其他各项后分别插入域，如图 4-139 所示。

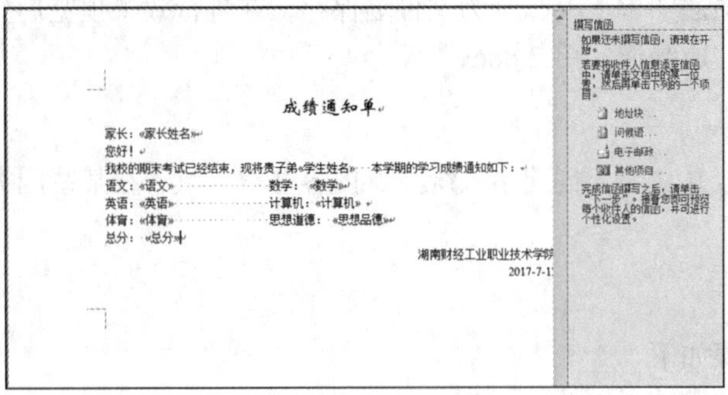

图 4-139　域插入效果

（6）单击“下一步：预览信函”超链接，可以看到在域的位置显示的是地址列表中的内容，如图 4-140 所示。预览无误，单击“下一步：完成合并”，完成邮件合并。

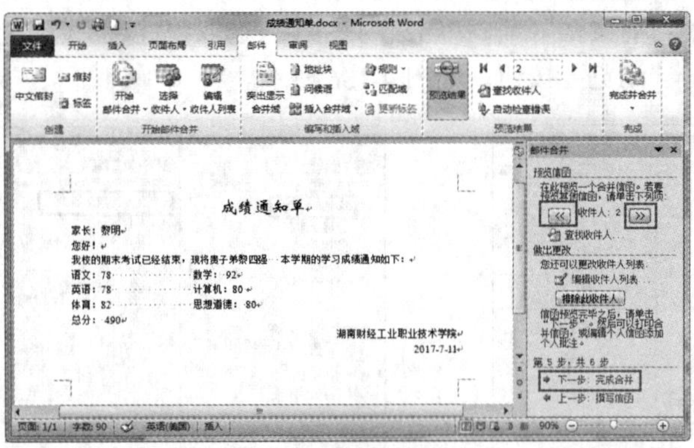

图 4-140　编写信函

（7）选择“编写单个信函…”，打开“合并到新文档”对话框，在“合并记录”组中选择“全部”项，单击“确定”按钮，如图 4-141 所示。创建的新的合并文档，将以“成绩通知单 2.docx”为文件名保存；主文档则以“成绩通知单 1.docx”为文件名保存。

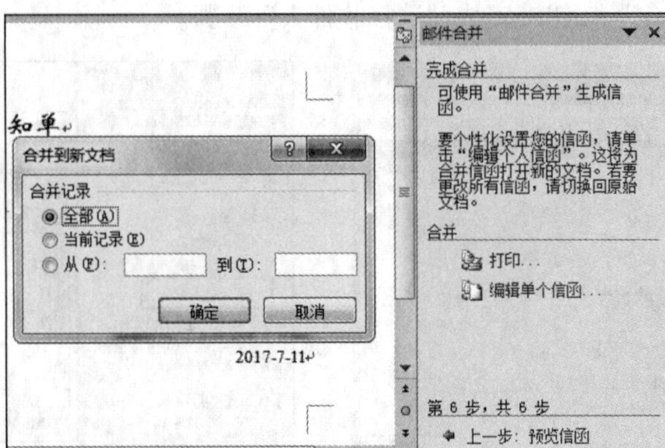

图 4-141　“合并到新文档”对话框

【拓展训练】

1．创建主文档、数据源

打开素材“请柬.docx”，以当前活动窗口为邮件合并主文档，套用信函的形式创建主文档，打开数据源“公司名.xlsx”。

2．编辑主文档

（1）在当前主文档的“您好”前面插入合并域“公司名”。

（2）依据“公司名”按递增的顺序进行排序记录，然后将前 3 条记录进行合并，将结果以“发送请柬.doc”为文件名保存到自己的文件夹中。

课外训练

1．编辑与排版简单文档

实验操作步骤如下。

（1）在桌面建立“EXAM”文件夹，再在此文件夹下以“××（班）×××（姓名）”为名建立考生文件夹（如 18 计应 1 班张山）。

（2）启动 Word 2010 并以“保护水资源.docx”为文件名保存到考生文件夹下。

（3）在此文档中输入以下文本。

> 水资源是人类赖以生存的最重要的自然资源之一。我国幅员辽阔，人口众多，水资源总量虽然比较丰富，居世界第六位，但人均拥有水量只有世界人均占有量的1/4。因此水资源是我国十分珍贵的自然资源。
>
> 水资源贫乏，直接威胁人类生存。
>
> 目前，全国 666 个建制市中，有 330 个不同程度地缺水，其中严重缺水的 108 个，几十个百万人口以上的大城市中，有 30 个长期受缺水的困扰。解决水资源紧缺的严重状况，关键是开源与节流并举，减少浪费、防治污染和加强管理，要把节水作为一项重要措施，落实到各行各业、千家万户。

（4）将全文设置为隶书、四号、首行缩进 2 个字符。

（5）将第 2 段设置为居中、添加着重号●。

（6）使用“查找与替换”功能将全文中所有的“水资源”字设置为红色字体。

（7）纸张大小设为自定义宽度为 20cm、高度为 20cm。

（8）用原文件名保存在考生文件夹下。

2．Word 综合练习

打开素材“农业工厂”文档，实验操作步骤如下。

（1）设置文档页面格式

① 按样文设置页眉和页脚，在页眉左侧输入文字“未来世界”，右侧插入域“第 X 页 共 Y 页”。（X、Y 分别代表某个确定的数字）。

② 按样文，设置页眉处段落边框为“绿色”、虚线“一线两点”线型，线条粗细为“1.5 磅”。

（2）设置文档编排格式

① 按样文，将标题设置为艺术字，式样为艺术字库中的第 1 行第 3 列，字体为“华文行楷”，填充效果为“渐变-预设-彩虹出岫Ⅱ”，线条颜色为“绿色”，环绕方式为“上下型”，

添加“阴影样式 16”。

② 按样文，将正文第 1 段字体设置为“楷体，五号，蓝色”，添加黄色底纹，设置“浅绿色”“三线”样式边框；第 2 段字体设置为“红色，强调文字颜色 2，深色 25%”；第 3 段字体设置为“红色”；第 4 段字体设置为“紫色，强调文字 4，淡色 40%”；第 5 段字体设置为“黑体，小四，绿色”。

③ 按样文，将第 1 段设置段后间距为“0.5 行”，最后一段设置段前间距为“0.5 行”。

④ 按样文，将第 2～第 4 自然段设置分“两栏”，栏间距为“1 厘米”。

（3）文档的插入设置

① 在样文所示位置插入图片“农业”，设置图片高度为“3.49 cm”、宽度为“4.65 cm”，环绕方式为“紧密型”。

② 按样文，设置图片的边框为“浅绿”“三线”线型，粗细为“6 磅”。

③ 按样文，设置灰色水印文字“农业”。

（4）插入、绘制文档表格

① 按样文所示，在文档尾部插入一个 3 行 3 列的表格，并自动套用格式“中等深浅底纹 1-强调文字 3”。

② 按样文所示，在表格中输入相应的文字。

（5）文档的整理、修改和保存

① 按样文，将正文中所有“农业工厂”添加“双实线”下画线。

② 保存文档，将文档以原名保存。

3．邮件合并综合练习

打开素材“邀请函 A”文档，实验操作步骤如下。

（1）修改标题“邀请函”文字的字体为隶书，字号为小二，字体颜色为红色，对齐方式为居中。

（2）设置正文各段落为 1.25 倍行距，段后间距为 0.5 倍行距；设置正文首行缩进 2 字符。

（3）落款和日期位置为右对齐，右侧缩进 3 字符。

（4）将文档中“×××大会”替换为“云计算技术交流大会”。

（5）设置页面高度为 20cm、页面宽度为 20cm，页边距（上、下）为 2cm，页边距（左、右）为 2cm。

（6）将电子表格“Word 人员名单.xlsx”中的姓名信息自动填写到“邀请函”中“尊敬的”三字后面，并根据性别信息，在姓名后添加“先生”（性别为男）或“女士”（性别为女）。

（7）设置页面边框为红“★”。

（8）在正文第 2 段的第一句话“……进行深入而广泛的交流”后插入脚注“参见***网站”。

（9）将设计的主文档以文件名“WORD.docx”保存，并生成最终文档，以文件名“邀请函.docx”保存。

项目五

Excel 2010 电子表格

教学目标

- 掌握 Excel 2010 的基本操作。
- 掌握工作表的格式化及公式和函数的应用。
- 掌握 Excel 2010 图表的使用、数据管理与分析。
- 了解工作表的屏幕显示与打印。

教学内容

- 建立及美化学生成绩表。
- 打印与编辑成绩表。
- 计算学生成绩表。
- 管理与分析学生成绩表。
- 制作学生成绩分析图表。

Excel 2010 是 Microsoft Office 中的电子表格程序。使用 Excel 2010 创建工作簿（电子表格集合）并设置工作簿格式，可以分析数据和做出更明智的业务决策。另外，还可以使用 Excel 跟踪数据，生成数据分析模型，编写公式以对数据进行计算，以多种方式透视数据，并以各种具有专业外观的图表来显示数据。本项目将通过几个典型任务介绍 Excel 2010 的使用方法，包括基本操作、表格编辑、数据管理、制作图表等内容。

任务 1 建立及美化学生成绩表

【任务描述】

期末考试后，辅导员让学生小张用 Excel 表格制作本班同学的成绩表，并以“成绩表”为文件名进行保存，并对成绩表进行美化，具体要求如下。

- 创建一个空白工作簿，以“成绩表”为文件名进行保存。
- 输入标题“高职计算机应用 1 班期末成绩表”。
- 输入相关列标题，如序号、学号等。
- 自动生成序号及学号。
- 对成绩设置数据有效性。
- 利用 Excel 实现对不及格成绩用倾斜、红色字体显示等设置。

- 对表格内容进行相应的设置：设置字体并增大字号，适当加大行高列宽，设置居中对齐方式，除表标题“高职计算机应用 1 班期末成绩表”外，为工作表分别增加恰当的边框和背景以使工作表更加美观（见图 5-1）。

高职计算机应用1班期末成绩表

序号	学号	姓名	语文	英语	计算机应用基础	体育	网页实训
1	3011630101	陈亮	95	90	70	60	95
2	3011630102	段文轩	75	85	95	90	75
3	3011630103	葛海军	80	60	65	75	85
4	3011630104	黄虹	78	75	85	85	60
5	3011630105	蒋文娟	65	45	70	80	85
6	3011630106	罗康	50	70	50	65	55
7	3011630107	石磊	60	50	60	70	60
8	3011630108	谢诗琴	93	95	90	95	95
9	3011630109	阳明	88	82	89	50	85
10	3011630110	周凤	70	68	68	90	75

图 5-1　成绩表效果图

【操作要点】

- 通过 Excel 提供的自动填充功能，可以自动生成序号，职工编号。
- 通过对“数据有效性”对话框进行设置，可以保证输入的数据在指定的界限内。
- 通过“新建格式规则”对话框，可以指定单元格区域的数据按要求格式进行显示。
- 通过“字体”选项组、“对齐方式”选项组、“数字”选项组、“样式”选项组，将“成绩表”的数据进行格式化处理。

【任务实施】

1．新建并保存工作簿

（1）创建新工作簿

通过选择“开始”→“所有程序”→“Microsoft Office 2010”→“Microsoft Excel 2010”命令，启动 Microsoft Excel 2010，创建空白工作簿。

（2）保存工作簿

选择“文件”→“保存”命令，在打开的“另存为”对话框的“地址栏”下拉列表框中选择文件保存路径，在“文件名”下拉列表框中输入“成绩表.xlsx”，然后单击“保存”按钮。

W5.1.1　新建并保存工作簿

2．输入工作表数据

（1）选择 A1 单元格，输入标题“高职计算机应用 1 班期末成绩表”，然后按【Enter】键，使鼠标指针移至 A2 单元格中。

（2）在 A2 单元格中输入列标题“序号”，按【Tab】键或“→”键切换到 B2 单元格，在其中输入标题“学号”。依次类推，在 C2:H2 单元格区域中依次输入列标题。

（3）选择 A3 单元格，在其中输入数字“1”，将鼠标指针移至 A3 单元格的右下角，当出现控制句柄“+”时，按住【Ctrl】键的同时向下拖动鼠标至 A12 单元格，A4:A12 单元格区域将自动生成序号。

W5.1.2　输入工作表数据

（4）拖动鼠标选定 B3:B12 单元格区域，切换到“开始”选项卡，在“数字”选项组中单击“数字格式”下拉列表框右侧的箭头按钮，选择列表框中的“文本”选项，在 B3 单元格中输入 3011630101，拖动控制句柄“+”，在 B3:B12 单元格区域中自动填充编号。

3．输入其他数据

在输入各科成绩时，要求数值为 0～100 的整数，若输入的数据不符合要求，就提示以便及时更正。

（1）在C3:C12单元格区域中输入学生姓名。选定D3:H12单元格区域，切换到“数据”选项卡，单击“数据工具”选项组中的“数据有效性”按钮，打开“数据有效性”对话框。

W5.1.3 输入其他数据

（2）在“设置”选项卡中，将“允许”下拉列表框设置为“整数”，将“数据”下拉列表框设置为“介于”，在“最小值”和“最大值”文本框中分别输入数字0和100，如图5-2所示。

（3）在“输入信息”选项卡中，在“标题”文本框中输入“输入数据要求”，在“输入信息”文本框中输入“请输入0至100之间的整数”，如图5-3所示。

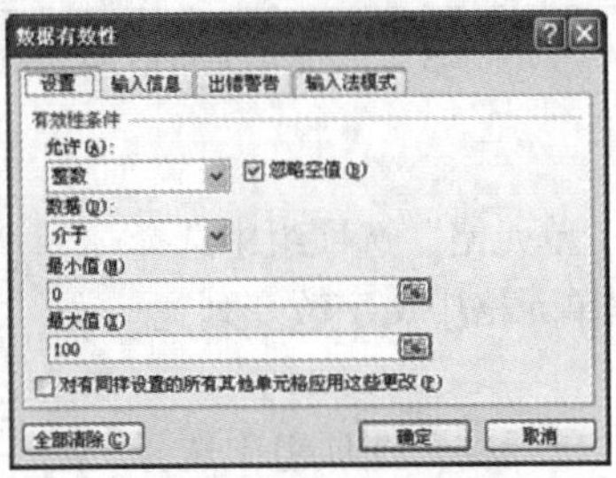

图5-2 “设置”选项卡

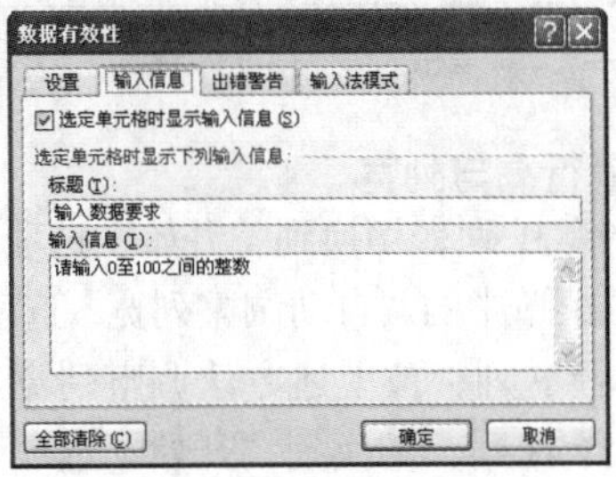

图5-3 “输入信息”选项卡

（4）在“出错警告”选项卡中，在“标题”文本框中输入“出错”，在“错误信息”文本框中输入“输入的数据不在要求的范围内”。

（5）在D3:H12单元格区域中输入学生成绩。

4. 设置单元格格式

（1）选择A1:H1单元格区域，切换到“开始”选项卡，单击“对齐方式”选项组中的“合并后居中”按钮，使标题行居中显示。在“字体”选项组中单击“字体”下拉列表框右侧的箭头按钮，选择列表框中的“华文新魏”选项，将“字号”下拉列表框设置为“20”，单击“加粗”按钮。

（2）选择A2:H2单元格区域，切换到“开始”选项卡，在“字体”选项组中单击“字体”下拉列表框右侧的箭头按钮，选择列表框中的“华文行楷”选项，将“字号”下拉列表框设置为“14”，单击“对齐方式”选项组中的“居中”按钮。单击“填充颜色”按钮右侧向下箭头，选择“橙色、强调文字颜色6，淡色40%”。

W5.1.4 设置单元格格式

（3）选择A3:H12单元格区域，按上述方法设置单元格格式为“华文仿宋、12号、居中对齐”。

5. 设置条件格式

（1）选择D3:H12单元格区域，切换到“开始”选项卡，在“样式”选项组中单击“条件格式”按钮，从弹出的下拉菜单中选择“新建规则”命令，打开“新建格式规则”对话框。

（2）选择“选择规则类型”列表框中的“只为包含以下内容的单元格设置格式”选项，将“编辑规则说明”组中的条件下拉列表框设置为“小于”，并在后面的数据框中输入数字“60”，如图5-4所示。

W5.1.5 设置条件格式

（3）单击“格式”按钮，打开“设置单元格格式”对话框，在“字体”选项卡中，选择“字形”组合框中的“倾斜”选项，将“颜色”下拉列表框设置为标准色中的“深红”，如图5-5所示。

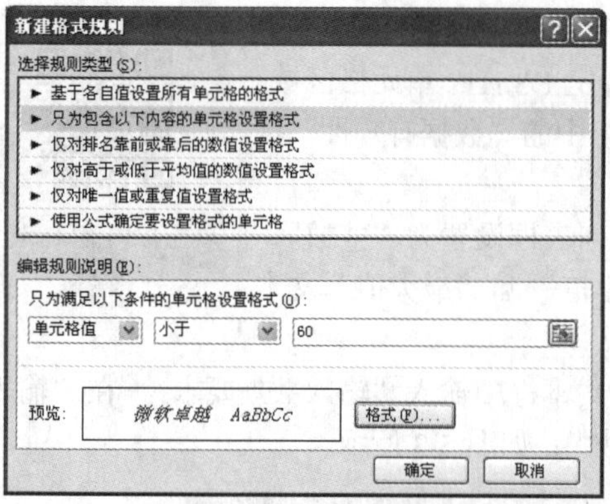

图 5-4 “新建格式规则”对话框

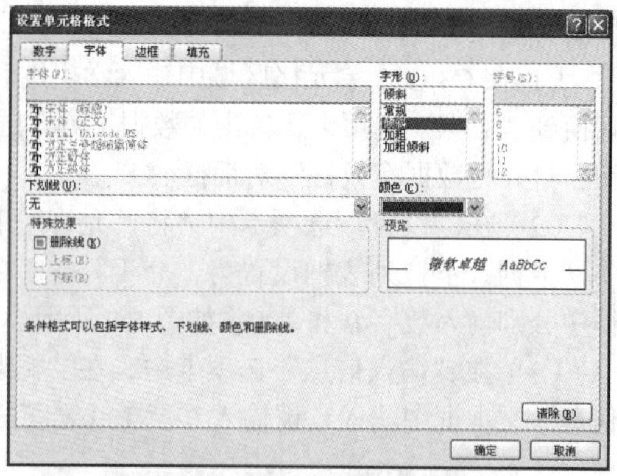

图 5-5 “设置单元格格式”对话框

6. 设置行高与列宽

（1）选择 B 列，切换到“开始”选项卡，在“单元格”选项组中选择“格式”下拉菜单中的“自动调整列宽”选项，根据单元格中文字改变列宽。

（2）选择 F 列，按上述方法调整列宽。

（3）选择 H 列，切换到“开始”选项卡，在“单元格”选项组中选择“格式”下拉菜单中的“列宽”选项，弹出“列宽”对话框，在“列宽”文本框中输入 10。

W5.1.6 设置行高与列宽

（4）选择 A2:H12 单元格区域，切换到“开始”选项卡，在“单元格”选项组中选择“格式”下拉菜单中的“行高”，弹出“行高”对话框，在行高文本框中输入 16。

7. 设置边框线

选择 A2:H12 单元格区域，切换到“开始”选项卡，在“字体”选项组中单击“边框”按钮右侧的箭头按钮，选择“其他边框”命令，打开“设置单元格格式”对话框中的“边框”选项卡，然后在“样式”列表框中选择“双实线”，在“颜色”下拉列表框中选择标准色中的“红色”，在“预置”栏中为表格添加“外边框”，接着在“样式”列表框中选择“细实线”，在“颜色”下拉列表框中选择标准色中的“浅蓝色”，在“预置”栏中为表格添加“内边框”，如图 5-6 所示。

W5.1.7 设置边框线

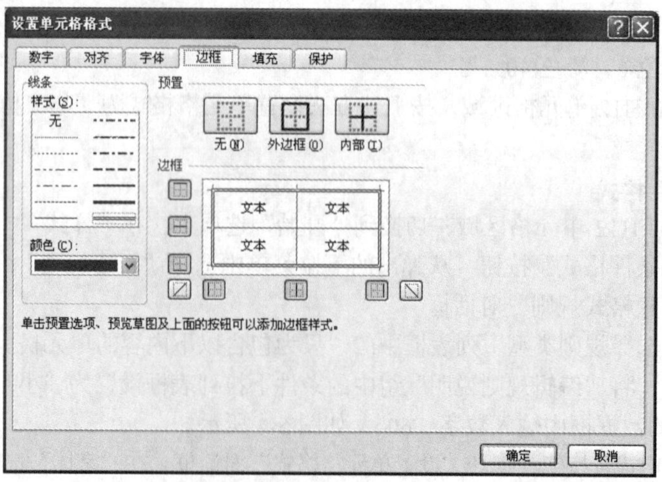

图 5-6 设置边框线

8. 设置工作表背景

切换到“页面布局”选项卡，单击“背景”按钮，弹出“工作表背景”对话框，选择素材中的文件“5-1 背景.jpg”，单击“插入”按钮。

W5.1.8 设置工作表背景

【拓展训练】

在电子表格软件中打开“5-1 拓展训练.xlsx”，并按下列要求进行操作。

（1）表格的环境设置与修改

如图 5-7 所示，在 Sheet1 工作表中表格标题行的下方插入一空行，在表格 A 列的左侧插入一空列。

如图 5-7 所示，将 B1:F2 单元格区域的名称定义为“统计表标题”。

（2）表格格式的编排与修改

如图 5-7 所示，将表格中标题区域（B1:F2）设置为“合并后居中”格式，将其字体设置为华文行楷、字号为 18 磅；将表格的表头行（B3:F3）的字体设置为隶书、16 磅、蓝色。

如图 5-7 所示，为表格的 B1 单元格填充浅绿色（RGB：200，250，220）底纹，为表格中的“分店名称”和“地理位置”两列填充黄色（RGB：255，255，153）底纹，为另外 3 列填充淡紫色（RGB：255，204，255）底纹，为整个表格添加图 5-7 所示的边框线，边框线颜色设置为标准色中的蓝色。

如图 5-7 所示，为表格自动调整列宽，将表格中的数据区域设置为水平居中格式。

人民商场各分店销售情况统计表

分店名称	地理位置	家电类	百货类	服装类
旗舰店	人民路	93000	94400	96700
一分店	中山南路	56000	90000	99000
二分店	中山北路	62000	68000	65000
三分店	爱民路	45000	65000	62000
四分店	平安路	56000	87000	50000
五分店	健康路	45000	48000	54000
六分店	白沙路	65000	65000	65000
七分店	黄白路	17000	52000	66000

图 5-7 拓展训练效果图

【知识链接】

1. Excel 2010 的启动、工作窗口和退出

首先来学习一下 Excel 2010 程序的启动操作、工作窗口的组成与程序的退出操作。

（1）启动 Excel 应用程序

① 选择“开始”→“所有程序”→“Microsoft Office 2010”→“Microsoft Excel 2010”命令，即可启动 Excel 2010。

② 如果在桌面上或其他目录中建立了 Excel 的快捷方式，直接双击该图标即可。

③ 如果在快速启动栏中建立了 Excel 的快捷方式，直接单击快捷方式图标即可。

④ 按【Win+R】组合键，调出“运行”对话框，输入“excel”，接着单击“确定”按钮也可以启动 Excel 2010。

（2）Excel 的工作窗口的组成元素

Excel 工作窗口的组成元素如图 5-8 所示，主要包括快速访问工具栏、选项卡、功能区、名称框、编辑栏、工作区、工作表标签、状态栏、选项组、标签滚动按钮等，用户可定义某

些屏幕元素的显示或隐藏。

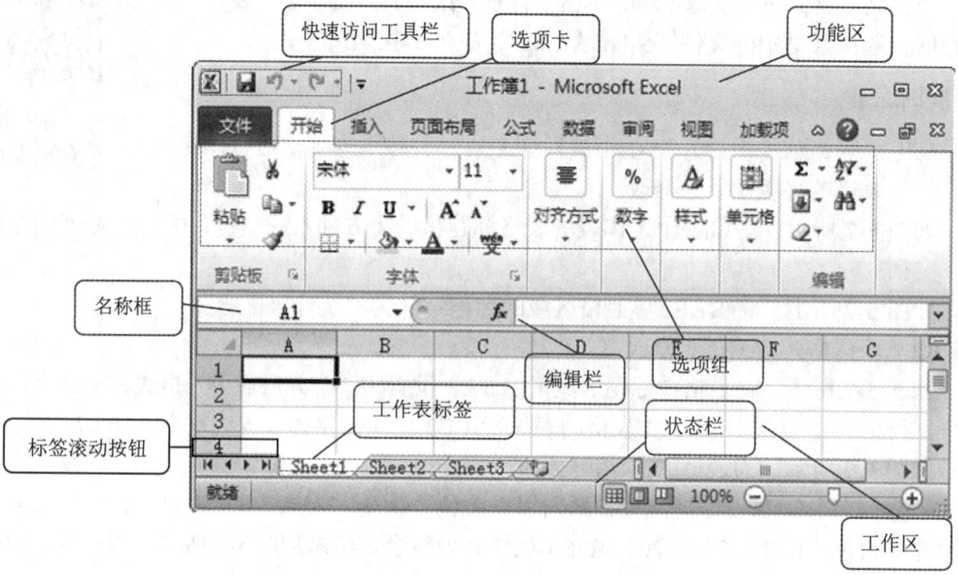

图 5-8　Excel 2010 工作窗口的组成元素

① 功能区与选项卡：功能区包含“文件”“开始”“插入”“页面布局”“公式”“数据”“审阅”“视图”8 个选项卡，每个选项卡包含相应的命令。某些选项卡只在需要时才显示。例如，当选择图表后，会显示“图表工具”选项卡。

② 快速访问工具栏：位于窗口左上角。用于放置用户经常使用的命令按钮，如图 5-8 所示。快速启动工具栏中的命令可以根据用户的需要增加或删除。

③ 选项组：位于功能区中。如“剪贴板”选项组中包括“剪切、复制、格式刷、粘贴”等相关的命令，它们组合在一起可完成各种任务，如图 5-8 所示。

④ 名称框：名称框用于显示当前所选的单元格或单元格区域的名称，如 A1。

⑤ 编辑栏：可以用来输入、显示、编辑活动单元格的内容。当单元格的内容为公式时，在编辑栏中可以显示单元格中的公式。

在非编辑状态下，编辑栏的左边只出现一个 fx 按钮。在编辑状态下，编辑栏的左边出现 3 个按钮 × ✓ fx，这 3 个按钮的作用如下。

×：“取消”按钮。单击该按钮，取消本次的输入或修改。

✓：“输入”按钮。单击该按钮，接受本次的输入或修改。

fx：“输入函数”按钮。单击该按钮，进行输入公式的操作。

⑥ 工作表编辑区：即工作表的编辑区域，由一个个单元格组成，它用于记录数据，并对输入的各种数据进行运算等操作。

每个工作表由 16384 列和 1048576 行组成，行与列的相交处为单元格，它是存储数据的基本单元。在工作表中，同一水平位置的单元格构成一行，每行有一个行号，如 1、2、3 等；同一垂直位置的单元格构成一列，每列有一个列标，用英文字母表示，如 A、B、C 等。每一个单元格用所在列的列标和所在行的行号来表示，如 A1 单元格表示其行号为 1，列标为 A。单击某一单元格，它便成为活动单元格，右下角的黑色小方块称为控制句柄，用于单元格的复制和填充，如 B3:D6 单元格区域表示以单元格 B3 和单元格 D6 作为对角线两端的矩形区域，3 列 4 行共 12 个单元格。

⑦ 工作表标签：显示工作表的名称，白色的标签为当前工作表的标签，如图 5-8 中的工作表标签 Sheet1 就是白色的，而其他两个工作表的标签是灰色的。这说明 Sheet1 是当前工作表，屏幕上显示的是 Sheet1 的内容。单击某一工作表标签名即可切换到该标签所对应的工作表。

⑧ 状态栏：位于 Excel 界面底部的状态栏可以显示许多有用的信息，如计数、和值、输入模式、工作簿中的循环引用状态等。

⑨ 标签滚动按钮：单击不同的标签滚动按钮，可以左右滚动工作表标签来显示隐藏的工作表。

⑩ 工作簿：工作簿是指 Excel 中用来存储并处理数据的文件。它包含一个或多个工作表，默认状态下为 3 个，分别为 Sheet1、Sheet2 和 Sheet3。工作簿就像一个大活页夹，工作表就像一个大活页夹中的一张张活页纸。启动 Excel 2010 时，系统将自动打开一个新的工作簿。

（3）退出 Excel

① 打开 Excel 2010 程序后，单击程序右上角的“关闭”按钮（），可快速退出主程序。

② 打开 Excel 2010 程序后，切换到“文件”选项卡，单击“退出”按钮，可快速退出当前开启的 Excel 工作簿，如图 5-9 所示。

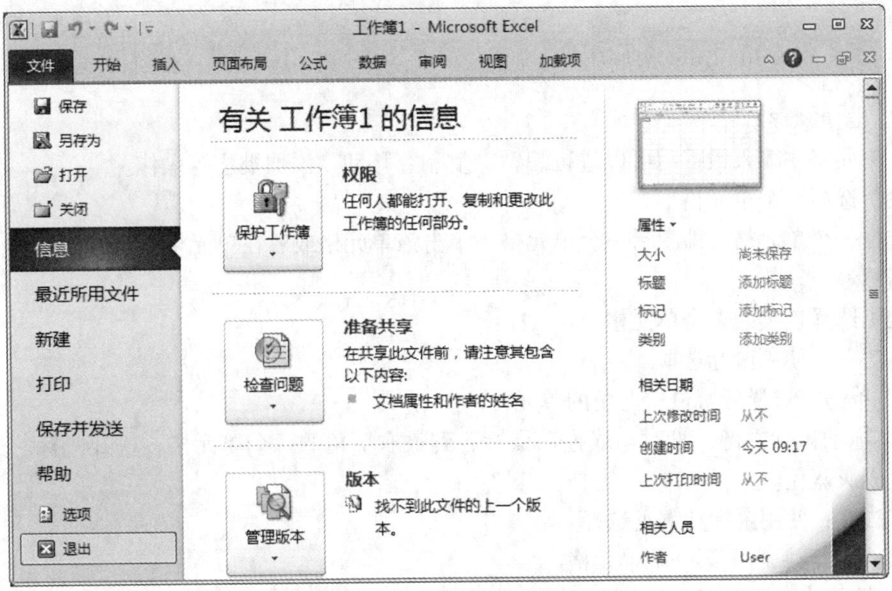

图 5-9　使用“退出”按钮

③ 直接按【Alt+F4】组合键。

注意　退出应用程序前没有保存编辑的工作簿，系统会弹出一个对话框，提示保存工作簿。

2. Excel 2010 的帮助系统

许多用户在使用 Excel 的过程中遇到问题时都不知所措，第一想法就是查阅相关资料或请教高手，这些方法固然可行，也十分有效，但在此之前一定不要忘了尝试使用 Excel 2010 的“帮助”功能。通过下列操作方法可访问帮助系统。

（1）单击 Excel 2010 主界面右上角的按钮，打开“Excel 帮助”窗口，如图 5-10 所示。

（2）在“键入要搜索的关键词”文本框中输入需要搜索的关键词，单击“搜索”按钮，即可显示出搜索结果，如图 5-11 所示。

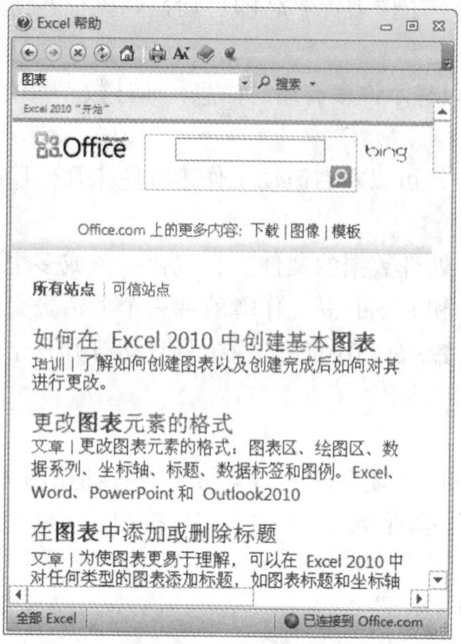

图 5-10　Excel 帮助窗口

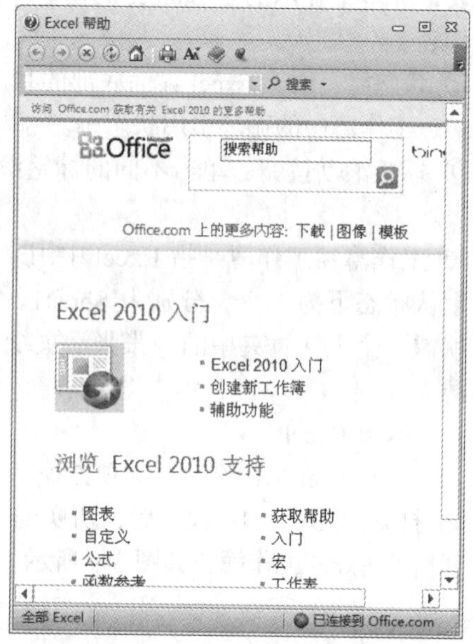

图 5-11　输入要搜索的关键词

3. 编辑数据

在单元格中输入数据后可以进行编辑、复制、移动、添加批注等操作。

（1）选择一个单元格

选择一个单元格，即激活一个单元格。单击该单元格或者在单元格的名称栏中输入单元格的名称。

（2）选择连续的多个单元格

方法一：使用鼠标选择。

① 单击需选择区域最左上角的单元格。

② 拖动鼠标左键，沿对角线拖动鼠标，到最右下角的一个单元格，松开鼠标。选定区域都变成灰蓝色。

方法二：使用鼠标和键盘选择。

① 单击区域内中第一个单元格。

② 按住【Shift】键，单击该区域中的最后一个单元格。

（3）选择不连续的单元格

选择第一个单元格或单元格区域，然后按住【Ctrl】键选择其他单元格或区域。

（4）选择工作表中的所有单元格

单击工作表左上角的全选按钮，或者直接按【Ctrl+A】组合键，就可以选中所有单元格。

（5）选择整行或整列

① 选定单行或单列：单击行标题或列标题。

② 选定连续行或连续列：在行标题或列标题间拖动鼠标，或者选择第一行或第一列，然后按住【Shift】键选择最后一行或最后一列。

③ 选择不相邻的行或列：先选中第 1 行或第 1 列，再按住【Ctrl】键选中其他行或列。

（6）编辑单元格内容

要编辑单元格中的部分数据，可以使用编辑栏或直接在单元格中进行修改。

如果只清除单元格内容，而保留其中的批注和单元格格式，只需选定单元格后，按【Delete】键或【BackSpace】键即可。

如果要清除单元格中的格式、内容、批注，只要选定欲删除数据的单元格区域，然后切换到“开始”选项卡，选择“编辑”选项组，单击“清除”按钮右侧的箭头按钮，只需选择一种相应的方式，如图 5-12 所示。

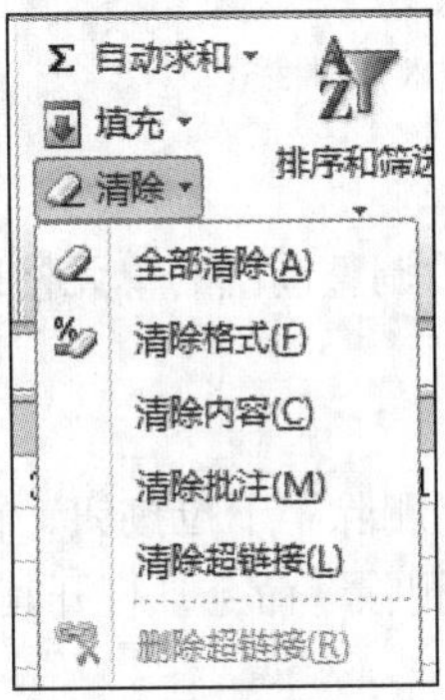

图 5-12 “清除”按钮

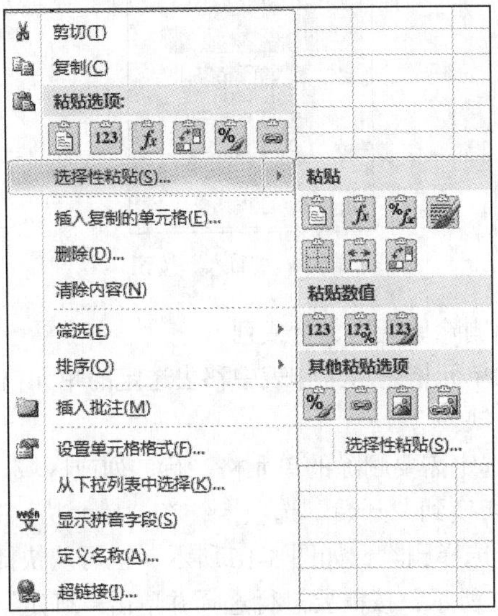

图 5-13 “选择性粘贴”菜单

（7）移动和复制单元格数据

Excel 中移动和复制单元格数据，与 Word 中一样，请查看 Word 中的操作。

Excel 中的数据除了有其具体值以外，还包含格式、公式、批注等内容。而复制单元格数据时，如果只需复制单元格的格式、批注等内容，可以在 Excel 工作表中使用“选择性粘贴”命令，操作如下。

① 选中需要复制的单元格区域，用鼠标右键单击被选中的区域，在弹出的快捷菜单中选择“复制”命令。

② 如果目标粘贴位置为一个单元格，则用鼠标右键单击该单元格；如果目标粘贴位置为一个单元格区域，则用鼠标右键单击该区域左上角的单元格，在弹出的快捷菜单中选择“选择性粘贴”命令，在列表中选择所需命令即可，如图 5-13 所示。

（8）插入空白单元格、行或列

① 选定要插入新的空白单元格、行、列，可执行下列操作之一。

插入新的空白单元格：选定要插入新的空白单元格的单元格区域。注意选定的单元格数目应与要插入的单元格数目相等。

插入一行：单击需要插入的新行之下相邻行中的任意单元格。如要在第 5 行之上插入一行，则单击第 5 行中的任意单元格。

插入多行：选定需要插入的新行之下相邻的若干行。选定的行数应与要插入的行数相等。

插入一列：单击需要插入的新列右侧相邻列中的任意单元格。如要在 B 列左侧插入一列，请单击 B 列中的任意单元格。

插入多列：选定需要插入的新列右侧相邻的若干列。选定的列数应与要插入的列数相等。

② 切换到“开始”选项卡，在“单元格”选项组中单击“插入”下拉按钮，选择“插入单元格”“插入工作表行”“插入工作表列”“插入工作表”命令，如图 5-14 所示。如果选择“插入单元格”，则打开其对话框，如图 5-15 所示；也可从快捷菜单中选择“插入”命令，打开其对话框。选择插入整行、整列或要移动周围单元格的方向，最后单击“确定”按钮。

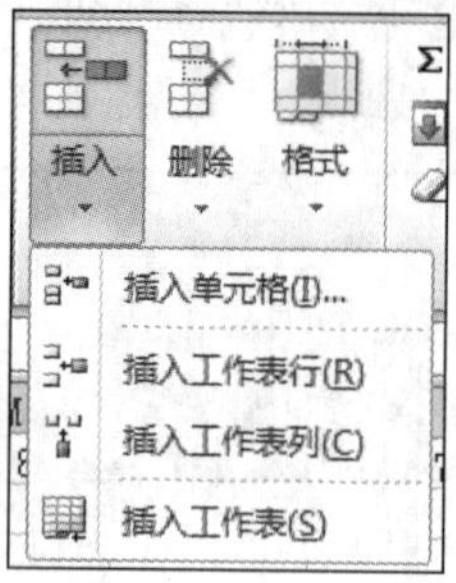

图 5-14 “插入”按钮

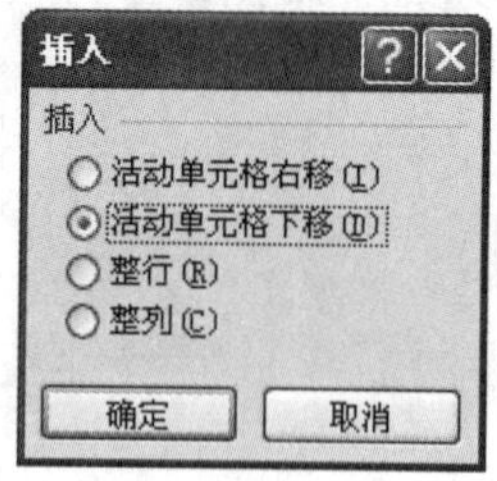

图 5-15 “插入”对话框

（9）删除单元格、行或列

删除单元格是从工作表中移去选定的单元格以及数据，然后调整周围的单元格以填补删除后的空缺。

① 选定需要删除的单元格、行、列或区域。

② 切换到“开始”选项卡，在“单元格”选项组中单击“删除”下拉按钮，在下拉菜单中进行选择删除，如图 5-16 所示。也可从快捷菜单中选择“删除”命令，打开其对话框，如图 5-17 所示，按需要进行选择并单击“确定”按钮。

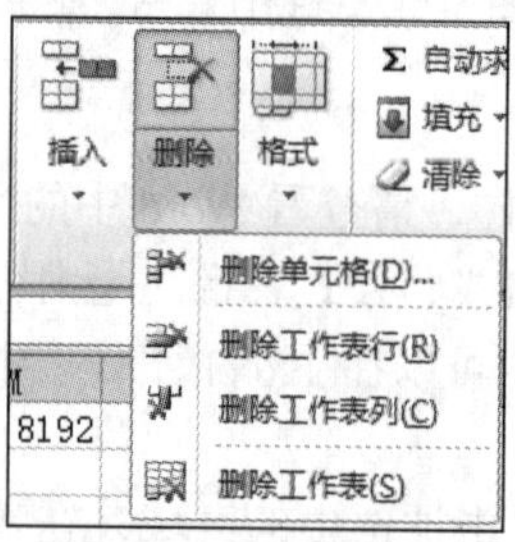

图 5-16 “删除”按钮

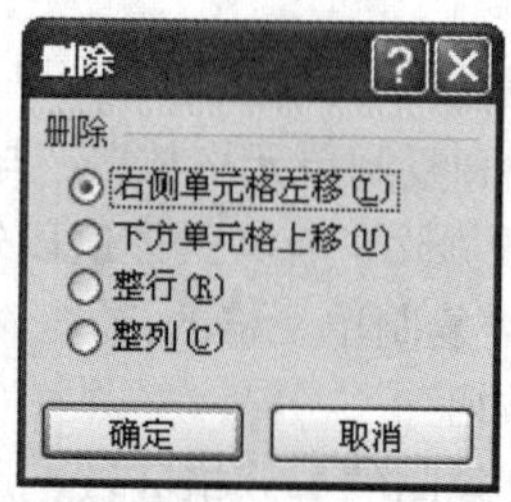

图 5-17 “删除”对话框

任务 2 打印与编辑成绩表

【任务描述】

期末考试后，辅导员让学生小张对“成绩表.xlsx”工作簿进行相应的整理及打印，具体要求如下。

- 复制两次“Sheet1”工作表，将副本放置到原表右侧，并分别将工作表重命名为“成绩 1”“成绩 2”和“成绩 3”。
- 删除“Sheet2”“Sheet3”工作表。
- 将 3 个工作表标签设置不同颜色。
- 将“成绩 2”工作表拆分为 4 个窗格，将“成绩 3”工作表以 A3 单元格作为冻结中心冻结窗格。

- 将“成绩 1”工作表进行相应页面设置，选定打印区域，进行横向打印。
- 保护“成绩 3”工作表，设置保护密码为“cgy”。
- 保护“成绩表.xlsx”工作簿的结构和窗口，密码为“dzx”。

【操作要点】

- 通过在工作表标签上单击鼠标右键，在弹出的快捷菜单中选择“重命名”“移动”“复制”“工作表标签颜色”等命令来完成工作表的重命名、复制、修改标签颜色等操作。
- 通过对“窗口”选项组中相应的按钮，来拆分工作表及冻结窗格。
- 通过“更改”选项组中相应的按钮，来保护工作表、工作簿。
- 通过“文件”选项组中的打印命令，来打印工作表。

【任务实施】

1. 复制工作表

① 切换到“文件”选项卡，选择“打开”命令，在打开的“打开”对话框的“地址栏”下拉列表框中选择文件路径，在工作区选择“成绩表.xlsx”工作簿，单击“打开”按钮即可打开选择的工作簿。

② 在“Sheet1”工作表标签上单击鼠标右键，在弹出的快捷菜单中选择“移动或复制”命令，如图 5-18 所示，打开“移动或复制工作表”对话框，如图 5-19 所示。

W5.2.1 复制工作表

③ 在打开的对话框中的“下列选定工作表之前”列表框中选择复制工作表的位置，这里选择“Sheet2”选项，然后选中“建立副本”复选框复制工作表，完成后单击“确定”按钮即可复制“Sheet1”工作表，如图 5-20 所示。

④ 使用相同的方法在“Sheet1（2）”工作表后继续复制工作表，如图 5-20 所示。

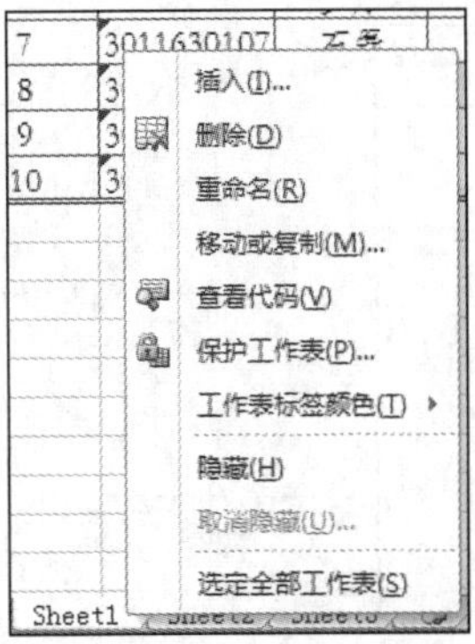

图 5-18 “移动或复制”命令

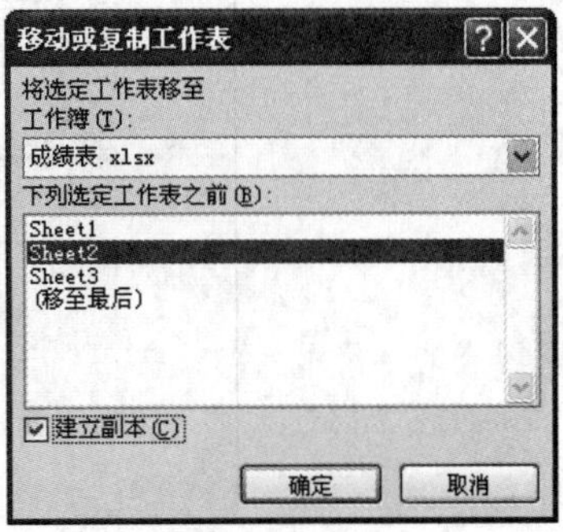

图 5-19 “移动或复制工作表”对话框

2. 重命名工作表

① 在“Sheet1”工作表标签上单击鼠标右键，在弹出的快捷菜单中选择“重命名”命令或双击“Sheet1”工作表标签，此时选择的工作表标签呈可编辑状态，且该工作表的名称自动呈黑底白字显示。

W5.2.2 重命名工作表

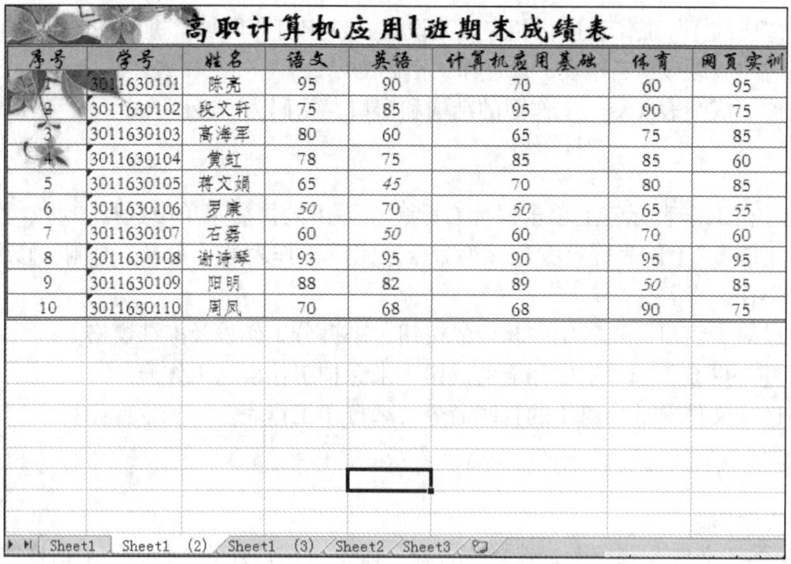

高职计算机应用1班期末成绩表

序号	学号	姓名	语文	英语	计算机应用基础	体育	网页实训
1	3011630101	陈亮	95	90	70	60	95
2	3011630102	段文轩	75	85	95	90	75
3	3011630103	高海军	80	60	65	75	85
4	3011630104	黄虹	78	75	85	85	60
5	3011630105	蒋文娟	65	45	70	80	85
6	3011630106	罗康	50	70	50	65	55
7	3011630107	石磊	60	50	60	70	60
8	3011630108	谢诗琴	93	95	90	95	95
9	3011630109	阳明	88	82	89	50	85
10	3011630110	周凤	70	68	68	90	75

图 5-20　复制工作表

② 直接输入文本“成绩 1”，然后按【Enter】键或在工作表的任意位置单击以退出编辑状态。

③ 使用相同的方法将 Sheet1（2）和 Sheet1（3）工作表标签重命名为“成绩 2”和“成绩 3”，如图 5-21 所示。

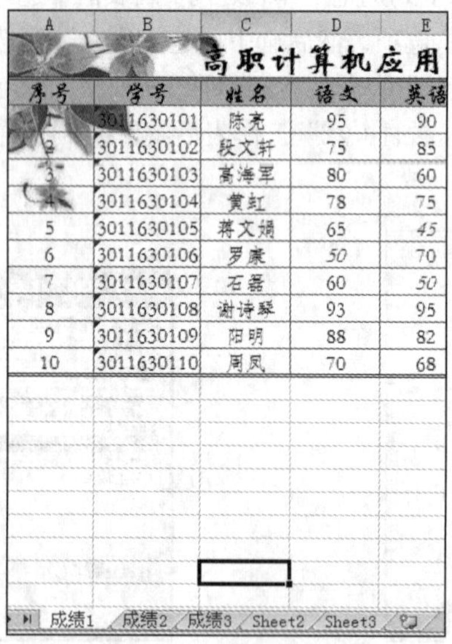

高职计算机应用

序号	学号	姓名	语文	英语
1	3011630101	陈亮	95	90
2	3011630102	段文轩	75	85
3	3011630103	高海军	80	60
4	3011630104	黄虹	78	75
5	3011630105	蒋文娟	65	45
6	3011630106	罗康	50	70
7	3011630107	石磊	60	50
8	3011630108	谢诗琴	93	95
9	3011630109	阳明	88	82
10	3011630110	周凤	70	68

图 5-21　重命名工作表

3．删除工作表

① 先选择“Sheet2”工作表，按住【Ctrl】键不放，再单击“Sheet3”工作表标签，在其上单击鼠标右键，在弹出的快捷菜单中选择“删除”命令，如图 5-22 所示。

② 返回工作簿中可看到“Sheet2”“Sheet3”工作表已被删除，如图 5-23 所示。

W5.2.3　删除工作表

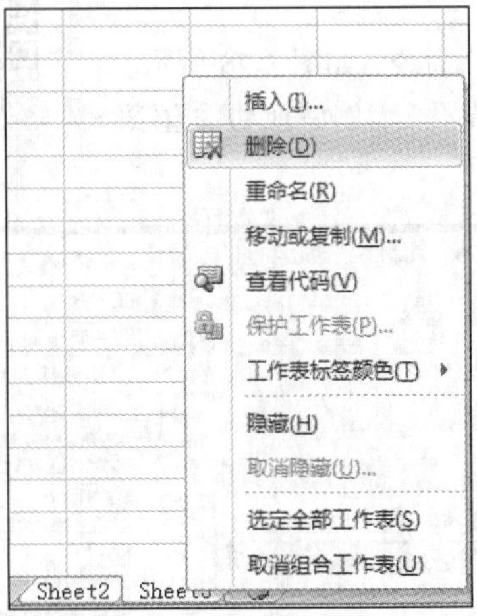

图 5-22　删除工作表命令

图 5-23　删除工作表效果图

W5.2.4　设置工作表标签颜色

W5.2.5　拆分工作表

4．设置工作表标签颜色

① 在工作簿的“成绩 1”工作表标签上单击鼠标右键，在弹出的快捷菜单中选择“工作表标签颜色”中的“标准色 红色”命令。

② 使用相同的方法为“成绩 2”“成绩 3”工作表标签设置颜色，分别为“标准色 绿色”和“标准色 蓝色”。

5．拆分工作表

① 在“成绩 2”工作表中选择 E7 单元格，切换到“视图”选项卡，在“窗口”选项组中单击“拆分”按钮。

② 此时工作簿将以 E7 单元格为中心拆分为 4 个窗格，在任意一个窗口中选择单元格，然后滚动鼠标滚轴即可显示出工作表中的其他数据，如图 5-24 所示。

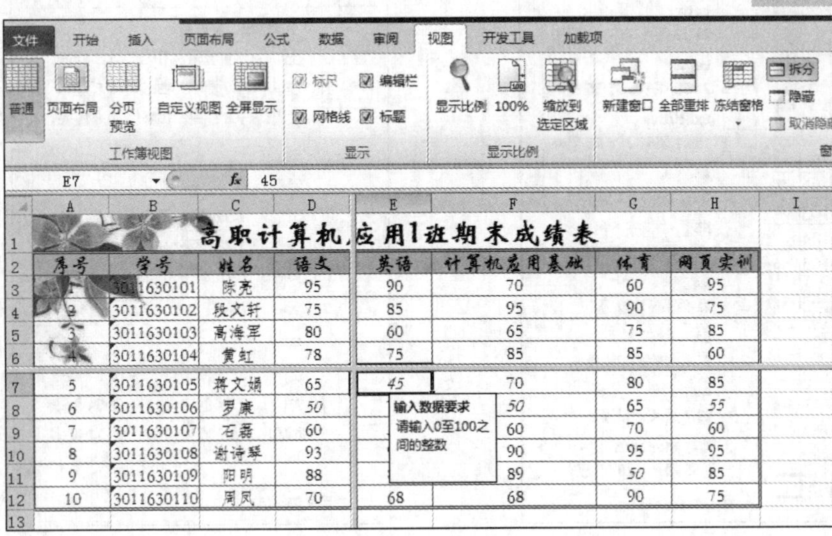

图 5-24　拆分工作表

6. 冻结窗格

W5.2.6 冻结窗格

① 在“成绩 3”工作表中，选择 A3 单元格，切换到“视图”选项卡，在“窗口”选项组中单击“冻结窗格”按钮。

② 在打开的下拉列表中选择“冻结拆分窗格”命令，如图 5-25 所示。

③ 在工作表中，保持 A3 单元格上方的行位置不变，然后拖动垂直滚动条，即可查看工作表其他部分的行。

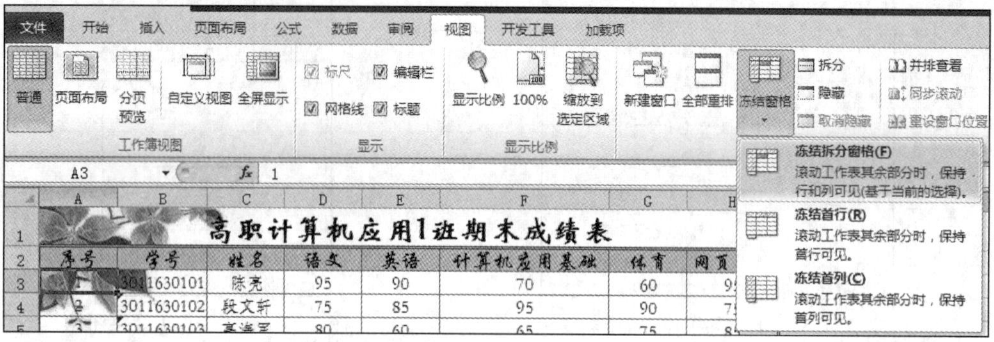

图 5-25 冻结拆分窗格

7. 页面布局及打印表格

W5.2.7 页面布局

（1）页面布局

① 在“成绩 1”工作表中，切换到“页面布局”选项卡，在“页面设置”选项组中单击“纸张大小”下拉按钮，选择 A4 纸，如图 5-26 所示。

② 在“页面设置”选项组中单击“页边距”下拉按钮，在弹出的列表中选择“自定义边距”命令，如图 5-27 所示，弹出“页面设置”对话框，如图 5-28 所示。

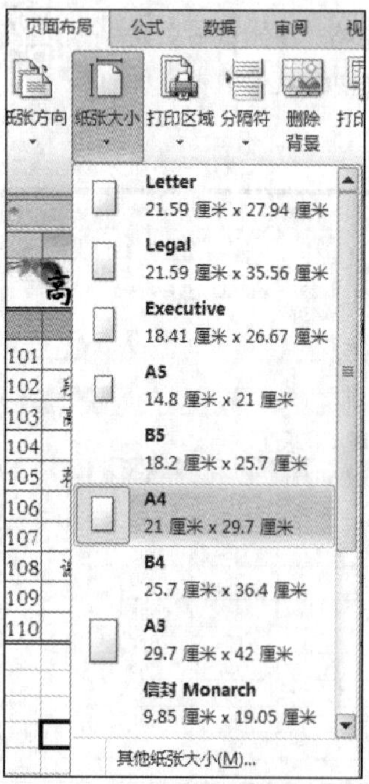

图 5-26 “纸张大小”下拉列表框

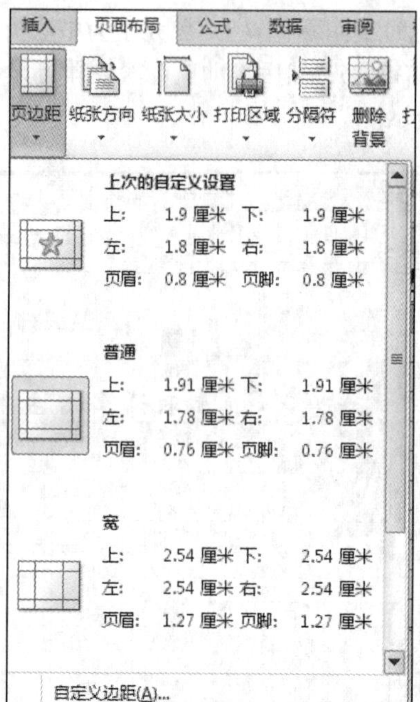

图 5-27 “页边距”下拉列表框

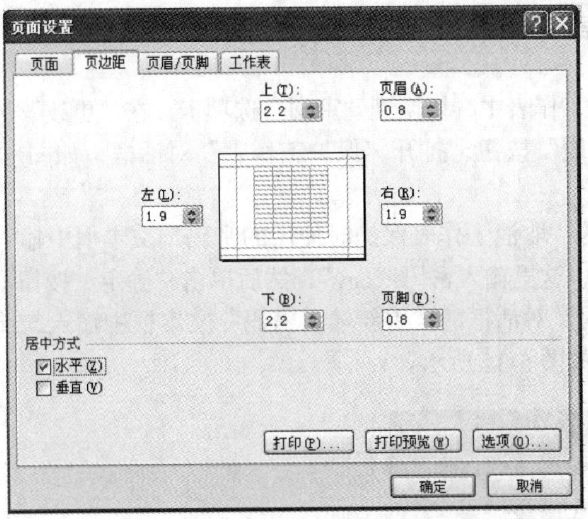

图 5-28 “页边距”选项卡参数设置

③ 在“页面设置”对话框中，单击“页边距”选项卡，在数值框中输入相应的数值，并在“居中方式”栏中单击选中“水平”复选框，然后单击“确定”按钮。

（2）打印表格数据

① 选择 A1:H6 单元格区域，在“页面设置”组中单击“打印区域”按钮，在打开的下拉列表中选择“设置打印区域”选项，所选区域四周将出现虚线框，表示该区域将被打印，如图 5-29 所示。

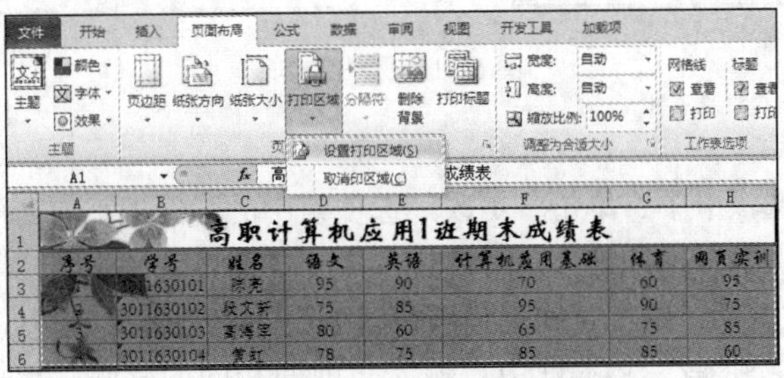

图 5-29 设置打印区域

② 选择“文件”选项卡中的“打印”命令，在右侧的界面中单击“打印”按钮即可，如图 5-30 所示。

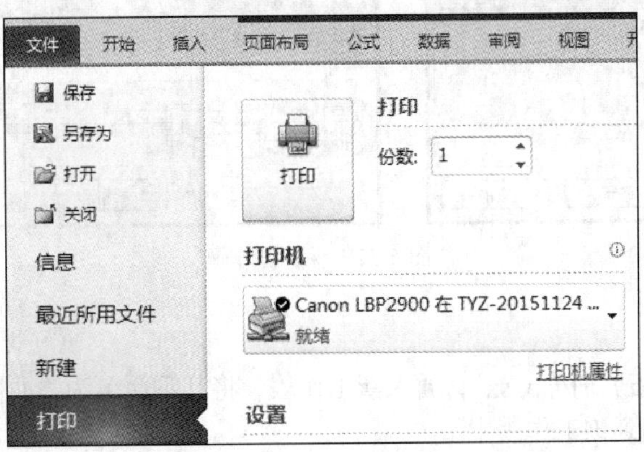

图 5-30 “打印”命令

8．保护表格数据

W5.2.8 保护工作表和工作簿

（1）保护工作表

① 在“成绩 3”工作表中，切换到“审阅”选项卡，在“更改”选项组中单击“保护工作表”按钮，打开“保护工作表”对话框，如图 5-31 所示。

② 在该对话框的“取消工作表保护时使用的密码”文本框中输入取消保护工作表的密码，这里输入密码“cgy”，然后单击“确定”按钮。

③ 在“确认密码”对话框的“重新输入密码”文本框中输入与前面相同的密码，然后单击“确定”按钮，如图 5-31 所示。

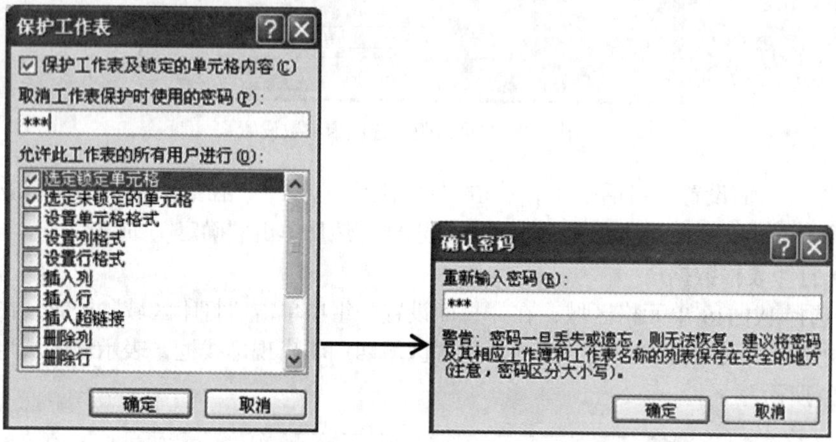

图 5-31　保护工作表

（2）保护工作簿

① 在“审阅”选项卡中，单击“更改”选项组中的”保护工作簿”按钮。

② 在打开的“保护结构和窗口”对话框中选中“窗口”和“结构”复选框，在“密码”文本框中输入密码“dzx”，单击“确定”按钮，如图 5-32 所示。

③ 在“重新输入密码”文本框中，输入与前面相同的密码，单击“确定”按钮，如图 5-32 所示。

④ 完成后保存并关闭工作簿。

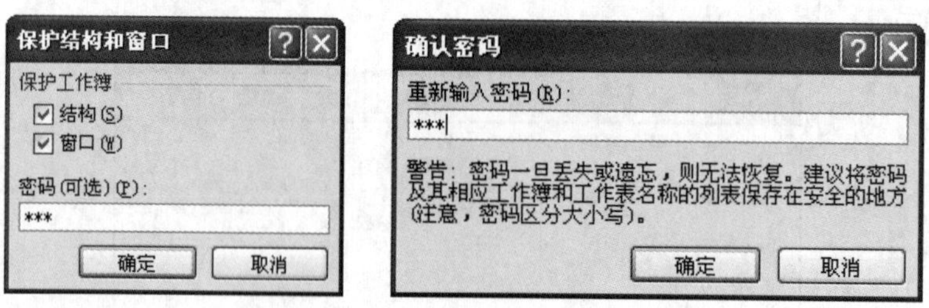

图 5-32　保护工作簿

【拓展训练】

（1）打开“5-2 拓展训练.xlsx”，插入新工作表，将其重命名为“抽样调查表”，将 Sheet1 工作表中的内容复制到该工作表中。

（2）删除“Sheet2”“Sheet3”工作表。

（3）将工作表“抽样调查表”“Sheet1”标签颜色分别设置为“紫色、强调文字颜色 4、深色 50%”“水绿色、强调文字颜色 5、淡色 40%”。

（4）将“抽样调查表”工作表中的 A2:F9 单元格区域套用“表样式中等深浅 5”。

（5）在“抽样调查表”工作表中设置工作表保护，其密码为“123”。

（6）在“Sheet1”工作表中进行冻结首列操作。

【知识链接】

1. 选取工作表

要在工作表中编辑数据，首先必须选择该工作表。

（1）选择单张工作表

选择单张工作表，只需单击工作表标签。如果工作表很多，工作表标签不能完全显示在屏幕上，这时可按以下方法选择指定工作表。

① 在工作表中用鼠标右键单击标签滚动按钮中的任意一种，在弹出的快捷菜单中就显示了创建的所有工作表，如图 5-33 所示。

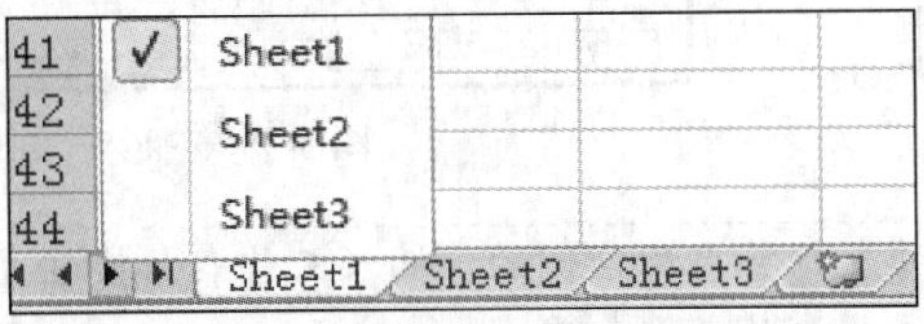

图 5-33 显示创建的所有工作表

② 单击选择需要的工作表名称，此时被选中的工作表呈白底且突出显示，即为当前工作表，其他工作表标签呈灰底显示，如图 5-33 所示。

（2）选择多个工作表

要同时选择多个工作表，可以按【Ctrl】键或【Shift】键，然后单击鼠标左键，可以同时选择多张不连续或连续的工作表。注意按住【Shift】键，分别单击两个工作表标签，则两个标签之间的全部工作表都将被选中。按住【Ctrl】键，分别单击两个工作表标签，则这两个工作表将被选中。

（3）选择全部工作表

在工作表中用鼠标右键单击工作表标签，在弹出的快捷菜单中选择“选定全部工作表”命令，如图 5-34 所示。

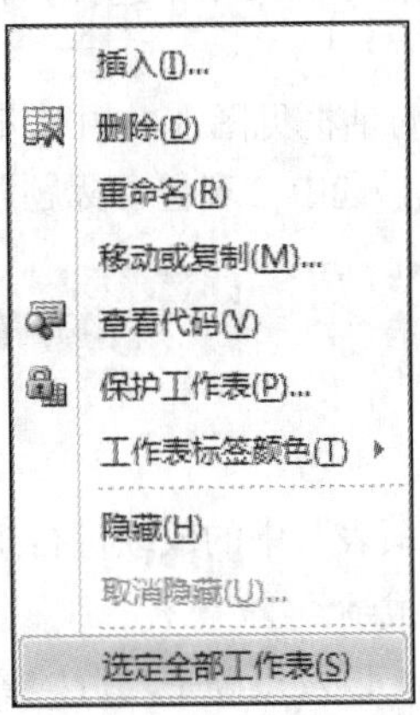

图 5-34 “选定全部工作表”命令

2．插入工作表

默认情况下，一个工作簿有 3 张工作表 Sheet1、Sheet2、Sheet3，不够时可增加工作表。

（1）选定一张或多张连续工作表（多张工作表必须为连续）。

（2）用鼠标右键单击工作表标签（如 Sheet1），从弹出的快捷菜单（见图 5-35）中选择“插入”命令，打开“插入”对话框，在“常用”选项卡中选择“工作表”，单击“确定”按钮，如图 5-36 所示。在选定的工作表左边就插入了与选定数目相同的工作表。

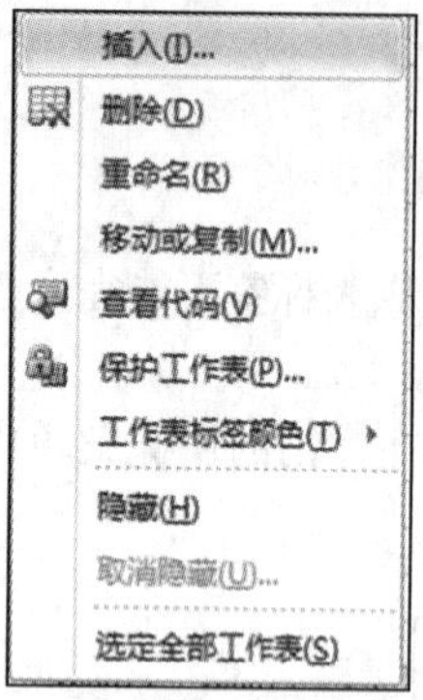

图 5-35　快捷菜单

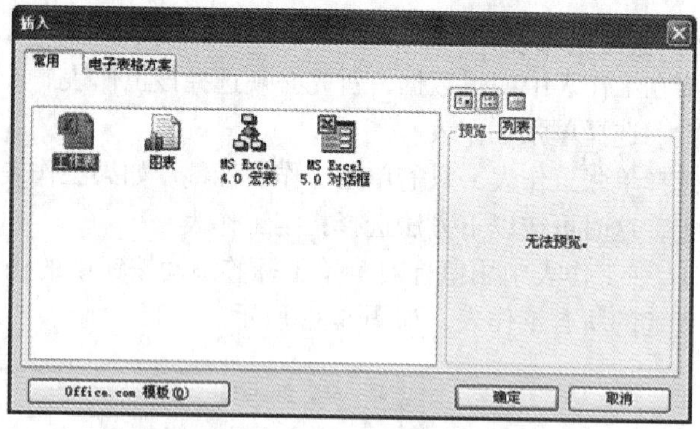

图 5-36　“插入”对话框

注意

单击工作表标签名称右侧的“插入工作表”按钮（或按【Shift+F11】组合键）也可插入工作表，如图 5-37 所示。

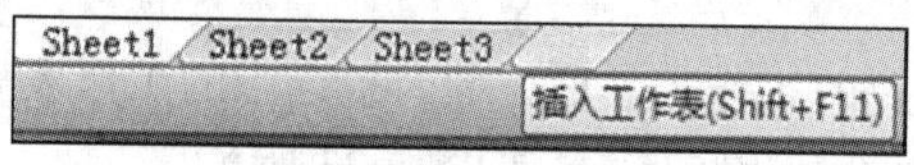

图 5-37　“插入工作表”按钮

3．套用表格样式

利用系统的“套用表格样式”功能，可以快速地对工作表进行格式化，使表格变得美观大方。系统预定义了 17 种表格的格式，具体操作步骤如下。

（1）选中要设置格式的单元格或区域。

（2）切换到“开始”选项卡，单击“样式”选项组中的“套用表格样式”下拉按钮，从弹出的菜单中选择一种表格格式。

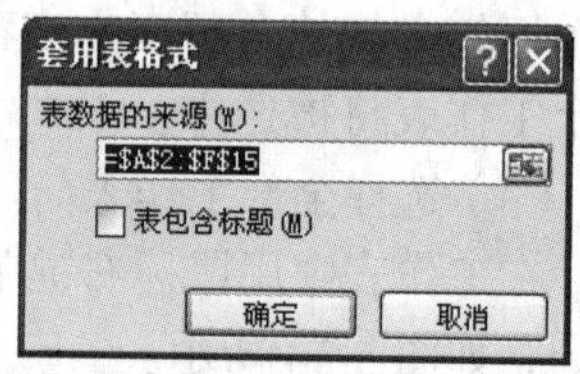

图 5-38　“套用表格式”对话框

（3）在弹出的“套用表格式”对话框见图 5-38 中，确认表数据的来源区域是否正确。如果希望标题出现在套用格式的表中，选中“表包含标题”复选框，单击“确定”按钮即可。

任务 3　计算学生成绩

【任务描述】

辅导员将学生小张制作的“成绩表”中的成绩进行统计与分析，具体要求如下。

- 计算每位学生总分、平均成绩。
- 统计不同分数段的学生数，以及最高平均分、最低平均分，结果如图 5-39 所示。

高职计算机应用1班期末成绩表									
序号	学号	姓名	语文	英语	计算机应用基础	体育	网页实训	总分	平均成绩
1	3011630101	陈亮	95	90	70	60	95	410	82.00
2	3011630102	段文轩	75	85	95	90	75	420	84.00
3	3011630103	高海军	80	60	65	75	85	365	73.00
4	3011630104	黄虹	78	75	85	85	60	383	76.60
5	3011630105	蒋文娟	65	45	70	80	85	345	69.00
6	3011630106	罗康	50	70	50	65	55	290	58.00
7	3011630107	石磊	60	50	60	70	60	300	60.00
8	3011630108	谢诗琴	93	95	90	95	95	468	93.60
9	3011630109	阳明	88	82	89	50	85	394	78.80
10	3011630110	周凤	70	68	68	90	75	371	74.20

学生平均成绩分段统计		
分数段	人数	比例
90分以上	1	10.00%
80～89分	2	20.00%
70～79分	4	40.00%
60～69分	2	20.00%
0～59分	1	10.00%
总计	10	100.00%
最高分	93.60	
最低分	58.00	

图 5-39　成绩分析效果图 1

- 按德育、文体分数以 4 : 5 的比例计算出每名学生的总评成绩，完成学生的综合排名，并以学院有关奖学金评定的文件为依据，确定奖学金获得者名单，结果如图 5-40 所示。

高职计算机应用1班总评成绩、排名及奖学金发放表							
序号	学号	姓名	文化	德育	总评	排名	奖学金
1	3011630101	陈亮	82.00	85	83.2	3	二等
2	3011630102	段文轩	84.00	90	86.4	2	二等
3	3011630103	高海军	73.00	78	75	5	三等
4	3011630104	黄虹	76.60	76	76.36	4	三等
5	3011630105	蒋文娟	69.00	80	73.4	6	三等
6	3011630106	罗康	58.00	50	54.8	10	
7	3011630107	石磊	60.00	75	66	9	
8	3011630108	谢诗琴	93.60	90	92.16	1	一等
9	3011630109	阳明	78.80	65	73.28	7	
10	3011630110	周凤	74.20	69	72.12	8	

图 5-40　成绩分析效果图 2

- 设计一个成绩通知书，通过输入学生的学号，打印出该成绩通知书，结果如图 5-41 所示。

通知书

尊敬的家长朋友：　　　　请输入学号　3011630105

经过一个学期紧张而忙碌的学习生活，你的孩子在家长、学校、社会的教育和影响下，各方面取得了长足的进步，现将你孩子在学习、德育、院奖学金获得情况通知如下：

姓名	文化	德育	总评	排名	奖学金
蒋文娟	69	80	73.4	6	三等

图 5-41　成绩通知书

【操作要点】

- 通过自动求和、求平均值，可以计算总分、平均成绩。
- 通过 COUNTIF 函数统计不同分数段的学生人数。
- 通过对单元格数据的引用，可以统计不同分数段的学生比例。
- 通过 MAX、MIN 函数计算出最高分、最低分。
- 通过使用“选择性粘贴”对话框中的按钮，可以实现按指定要求对数据进粘贴。
- 通过公式计算出总评成绩。
- 通过 RANK 函数计算出成绩排名，通过 IF 函数标志出获得奖学金情况。
- 通过 VLOOKUP 函数查找出学生，并打印其成绩单。

【任务实施】

打开工作簿文件“成绩表 3”，在 Sheet1 工作表中进行以下操作。

1．计算学生总分及平均成绩

W5.3.1 计算学生总分及平均成绩

（1）计算总分

① 将鼠标指针置于 I3 单元格中，切换到“公式”选项卡，单击“函数库”选项组中的“自动求和”按钮，则 D3:H3 单元格区域的周围会出现虚线框，且 I3 单元格中显示公式“=SUM（D3:H3）”，按【Enter】键计算出总分。

② 利用控制句柄，计算出所有学生的总分。

（2）计算平均成绩

① 将鼠标指针置于 J3 单元格中，切换到“公式”选项卡，单击“函数库”选项组中的“自动求和”下拉按钮，从弹出的下拉菜单中选择“平均值”命令，则 D3:I3 单元格区域的周围会出现虚线框，且 I3 单元格中显示公式“=AVERAGE(D3:I3)”，在“编辑栏”中将公式中的“I3”修改成“H3”，即显示公式“=AVERAGE(D3:H3)”，按【Enter】键计算出平均成绩。

② 利用控制句柄，计算出所有学生的平均成绩。

③ 选定 J3:J12 单元格区域，切换到“开始”选项卡，单击“数字”选项组中的“常规”下拉按钮，选择“数字”选项，设置成两位小数。

2．分段统计人数及比例

W5.3.2 计算分段人数

（1）计算分段人数

① 选中 E16 单元格，切换到“公式”选项卡，单击“函数库”选项组中的“插入函数”按钮，打开“插入函数”对话框。

② 将“或选择类别”下拉列表框设置为“统计”，然后在“选择函数”列表框中选择“COUNTIF”选项，如图 5-42 所示，接着单击“确定”按钮，打开“函数参数”对话框。

③ 在工作表中选择 J3:J12 单元格区域，将“函数参数”对话框的“Range”框内显示的内容修改为“$J$3:$J$12”，接着在“Criteria”框中输入条件“>=90”，如图 5-43 所示，最后单击“确定”按钮，返回工作表。此时，在 E16 单元格中显示出计算结果，在编辑栏中显示对应的公式为“=COUNTIF($J$3:$J$12,">=90")”，统计出平均分在 90 分以上的人数。

④ 再次单击 E16 单元格，按【Ctrl+C】组合键复制公式，然后在 E17 单元格中按【Ctrl+V】组合键粘贴公式，并修改为“=COUNTIF($J$3:$J$12,">=80")-COUNTIF($J$3:$J$12,">=90")”，按【Enter】键，统计出平均分在 80～89 分的人数。

⑤ 将 E18、E19、E20 单元格中的分式分别设置为“=COUNTIF($J$3:$J$12,">=70")-COUNTIF($J$3:$J$12,">=80")”、=COUNTIF($J$3:$J$12,">=60")-COUNTIF($J$3:$J$12,">=70")”

和“=COUNTIF($J$3:$J$12,"<60")”，统计出各分数段的人数。

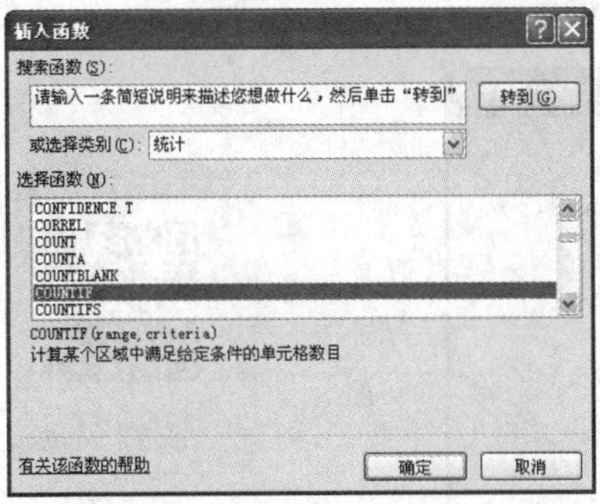

图 5-42 “插入函数”对话框

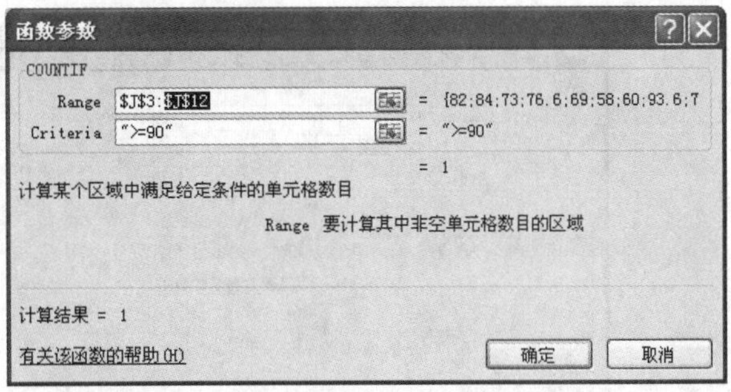

图 5-43 COUNTIF“函数参数”对话框

⑥ 选定 E16:E20 单元格区域，单击“函数库”选项组中的“自动求和”按钮，E21 单元格中将计算出班级的总人数。

（2）统计分段人数的比例

① 在 F16 单元格中输入“=”，然后单击 E16 单元格，选择 90 分以上的人数，接着输入“/”，再单击 E21 单元格，将公式修改为“=E16/E$21”，最后按【Enter】键计算结果。

② 利用控制句柄，自动填充其他分数段的比例数据。

③ 选定 F16:F21 单元格区域，切换到“开始”选项卡，单击“数字”选项组中的“常规”下拉按钮，选择“百分比”选项，设置成两位小数。

W5.3.3 统计分段人数的比例

（3）计算最高分与最低分

① 将鼠标指针移至 E22 单元格中，切换到“公式”选项卡，单击“函数库”选项组中的“自动求和”下拉按钮，从弹出的下拉菜单中选择“最大值”命令，然后拖动鼠标选中平均成绩所在的 J3:J12 单元格区域，按【Enter】键计算出平均成绩的最高分。

② 按上述方法，从弹出的下拉菜单中选择“最小值”命令，即能计算出平均成绩的最低分。

W5.3.4 计算最高分与最低分

3．计算总评成绩、排名及奖学金

在 Sheet2 工作表中进行以下操作。

（1）计算总评成绩

① 单击工作表标签“Sheet2”，在 F3 单元格中输入“=”，接着单击 D3 单元格，输入“*0.6+”，再单击 E3 单元格，输入“*0.4”，按【Enter】键，使用公式“=D3*0.6+E3*0.4”计算出第一位同学的总评成绩。

② 利用控制句柄，填充其他学生的总评成绩。

W5.3.5 计算总评成绩

（2）计算排名

① 选中 G3 单元格，打开“插入函数”对话框，在“选择函数”列表框中选择“RANK”选项，打开“函数参数”对话框。

② 当鼠标指针位于“Number”框时，单击 F3 单元格选中总评成绩，再将鼠标指针移至“Ref”框，选定 F3:F12 工作表区域，并将其修改为“F$3:F$12”，如图 5-44 所示，最后单击“确定”按钮，计算出学生的排名。

③ 利用控制句柄，填充其他学生的排名。

W5.3.6 计算排名

（3）计算奖学金

班级一等、二等、三等奖学金分别为 1 人、2 人和 3 人。

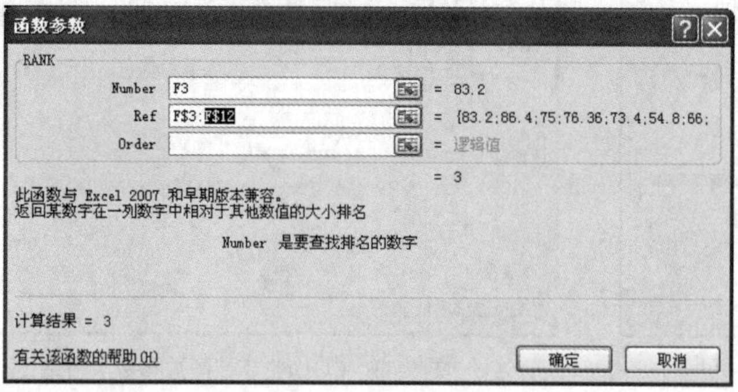

图 5-44 RANK“函数参数”对话框

W5.3.7 计算奖学金

① 在 H3 单元格中输入公式“=IF(G3<2,"一等",IF(G3<4,"二等",IF(G3<7,"三等","")))”，计算出该学生是否获得奖学金。如果不满足条件，则该单元格中不显示任何字符。

② 利用控制句柄，填充其他学生获得奖学金情况。

4．通知书制作

在 Sheet3 工作表中进行以下操作。

在 H2 单元格中输入学号，A7 至 H7 单元格区域中将显示该学生的姓名、文化成绩、德育成绩、总评成绩、排名、奖学金获得情况。

W5.3.8 通知书制作

① 在 A7 单元格中输入公式“=VLOOKUP($H$2,Sheet2!$B$3:$H$12,2)”，拖动填充柄复制公式到 B7 至 F7 单元格中。

② 将 B7 至 F7 单元格中的公式依次修改为“=VLOOKUP($H$2,Sheet2!$B$3:$H$12,3)”“=VLOOKUP($H$2,Sheet2!$B$3:$H$12,4)”“=VLOOKUP($H$2,Sheet2!$B$3:$H$12,5)”“=VLOOKUP($H$2,Sheet2!$B$3:$H$12,6)”“=VLOOKUP($H$2,Sheet2!$B$3:$H$12,7)”，即可查询到学生的姓名、文化成绩、德育成绩、总评成绩、排名、奖学金获得情况。

【拓展训练】

（1）打开“5-3 拓展训练.xlsx”工作簿，计算出应扣小计、实发工资，如图 5-45 所示。

（2）对数据进行分析，按实发工资进行排名，根据排名标识出“高”“中”“低”，如图 5-45 所示。

（3）统计出最高工资、最低工资、人均工资。

（4）统计出实发工资分段人数、所占比例，如图 5-46 所示。

七月份工资表														
序号	职工编号	姓名	所属部门	职称	基本工资	岗位津贴	奖金	应发工资	水电费	房租	应扣小计	实发工资	排名	标志
1	1000000001	刘梅红	机械系	副教授	1400	1400	300	3100	36	23	59	3041	5	低
2	1000000002	李小平	电子系	讲师	1050	1300	200	2550	45	30	75	2475	7	低
3	1000000003	赵娟娟	经贸系	助教	860	1200	500	2560	80	75	155	2405	9	低
4	1000000004	李朝	经贸系	副教授	1600	1400	300	3300	70	35	105	3195	3	中
5	1000000005	麦贡	电子系	讲师	1100	1300	200	2600	90	45	135	2465	8	低
6	1000000006	江海涛	机械系	副教授	1850	1400	300	3550	55	35	90	3460	1	高
7	1000000007	许齐红	电子系	副教授	1750	1400	300	3450	60	25	85	3365	2	高
8	1000000008	张虹江	会计系	讲师	1300	1300	700	3300	70	35	105	3195	3	中
9	1000000009	高山峰	机械系	讲师	1250	1300	200	2750	90	50	140	2610	6	低
10	1000000010	刘晓丽	电子系	助教	970	1200	100	2270	60	35	95	2175	10	低

图 5-45 拓展练习效果图 1

七月份实发工资统计	
最高工资	3460
最低工资	2175
人均工资	2838.6

分部门统计	
部门	实发总和
机械系	9111
电子系	10480
经贸系	5600
会计系	3195
总和	28386

实发工资分段统计人数		
实发工资	人数	比例
3200元以上	2	20.00%
3000-3200元	3	30.00%
2500-2999元	1	10.00%
2200-2499元	3	30.00%
2000-2199元	1	10.00%
2000元以下	0	0.00%
总人数	10	100.00%

图 5-46　拓展训练效果图 2

【知识链接】

Excel 2010 提供了强大的数据计算功能，我们除了能在工作表中输入数据外，还能使用公式对数值进行计算。通过在单元格中输入公式和函数，可以对表中的数据进行统计、求平均值及其他更复杂的运算。

公式是对单元格中的数据进行计算的等式，可以用来对数据执行各种运算，例如加法、减法、乘法、除法或比较运算。

1．公式的使用

（1）公式的输入

公式一般可以直接输入，其操作方法如下。

① 选定要输入公式的单元格。

② 在编辑栏或单元格中输入“=”，再输入公式内容（数值、运算符、函数、单元格引用或名称）。

③ 按【Enter】键或单击编辑栏中的“确认”按钮，计算结果显示在单元格内。

（2）公式中的运算符

公式中的运算符包括算术运算符、比较运算符、文本运算符和引用运算符 4 种。

① 算术运算符：它用于完成基本的数学运算，例如+（加号）、–（减号）、*（乘号）、/（除号）、%（百分号）、^（乘幂符号）。

② 比较运算符：它可以用来比较两个数值的大小，例如 =（等号）、>（大于号）、<（小于号）、> =（大于或等于号）、< =（小于或等于号）、< >（不等号）。

③ 文本连接运算符：文本运算符“&”可以用来将多个文本连接成组合文本，如“湖南财经 & “工业职业” & “技术学院”，结果为“湖南财经工业职业技术学院”。

④ 引用运算符：可以将单元格区域进行合并计算。引用运算符有：（冒号）区域运算符、（逗号）联合运算符、（空格）交叉运算符。例如，B1:E7 表示引用 B1 到 E7 之间的所有单元格（以 B1 单元格和 E7 单元格为顶点的长方形区域）；SUM（A3:B3，A2:B2）表示将 A3:B3 和 A2:B2 两个单元格区域合并为一个；SUM(A3:B3 B3:H3)表示 B3 同时属于 A3:B3、B3:H3 两个单元格区域。

2．单元格的引用

在工作表中，每一个单元格都有自己唯一的行、列坐标，在 Excel 2010 中，将单元格的行、列坐标称为单元格的引用。在公式中可以使用单元格引用来代替单元格中的具体数据。通过引用，可以在公式中使用工作表中不同部分的数据，或者在多个公式中使用同一个单元格中的数据，还可以引用同一个工作簿中不同工作表中的单元格和不同工作簿中的单元格数据。下面讲解 Excel 2010 中的 4 种引用类型：相对引用、绝对引用、混合引用、不同工作簿单元格的引用。

（1）相对引用

相对引用是指公式所在的单元格与公式中引用的单元格之间的相对位置。若公式所在的单元格的位置发生改变，则公式中引用的单元格的位置也随之发生变化。在使用公式时，默认情况下，一般使用相对地址来引用单元格的位置。所谓相对地址，是指当把一个含有单元格地址的公式复制到一个新的位置或者用一个公式填充一个单元格区域时，公式中的单元格地址会随之改变。相对引用直接使用列号和行号，如 I3、B4。

（2）绝对引用

绝对引用是指被引用的单元格与公式所在的单元格的位置关系是绝对的，不管将该公式粘贴到哪个单元格，公式中所引用的还是原来单元格中的数据。默认情况下，复制公式中的单元格地址所采用的是相对地址方式，即相对引用。但是在特殊情况下，不需要复制的公式中的单元格地址发生变化，这时候就必须使用绝对地址引用。所谓绝对地址引用，就是将公式复制或者填充到目标位置，公式中固定单元格地址保持不变。要达到这一目的，可以通过“冻结”单元格地址来实现，也就是在列号和行号之前加上“$”，例如$A$2、$B$5 都是绝对引用。

（3）混合引用

混合引用是一种介于相对引用和绝对引用之间的引用，也就是说，引用单元格的行和列之中，一个是相对的，另一个是绝对的。混合引用有两种：一种是行绝对、列相对，例如 E$20；另一种是行相对、列绝对，例如$E20。有些情况下，在复制公式时只需行或者列不变，这时就需要使用混合引用。所谓混合引用，是指在一个单元格地址引用中，既包含绝对单元格地址引用，又包含相对单元格地址引用。

（4）不同工作簿单元格的引用

在 Excel 中，不仅可以引用当前工作表的单元格，还可以引用工作簿中其他工作表的单元格，或引用其他工作簿中的单元格。引用其他工作簿中的单元格时，其引用格式为

[工作簿名]工作表名!单元格地址

例如，在当前工作簿中引用 Book3 工作簿中的 Sheet1 工作表中的 A1 单元格，可表示为

[Book3]Sheet1! $A$1

3．常用函数

（1）求和函数 SUM

语法：SUM(number1,number2,⋯)

功能：返回单元格区域中所有数值的和。

例如：在 B2:B4 单元区域中分别输入数值 2、3、4，在 C2 单元格中输入函数 SUM(B2:B4,5)，则 C2 单元格的值为 14。

（2）求平均值函数 AVERAGE

语法：AVERAGE(number1,number2,⋯)

功能：AVERAGE 计算参数的算术平均值。

例如，在 B2:B4 单元区域中分别输入数值 2、3、4，在 C2 单元格中输入函数 AVERAGE(B2:B4,7)，则 C2 单元格的值为 4。

（3）求最大值函数 MAX

语法：MAX(number1,number2,⋯)

功能：返回一组数值中的最大值，忽略逻辑值和文本字符。

（4）求最小值函数 MIN

语法：MIN(number1,number2,⋯)

功能：返回一组数值中的最小值，忽略逻辑值和文本字符。

例如，在 B2:B4 单元格区域中分别输入数值 2、3、4，B2 单元格至 B4 单元格中 B4 单元格的值与函数 MAX(B2:B4)的值相同，B2 单元格的值与函数 MIN(B2:B4)的值相同。

（5）计数函数 COUNT

语法：COUNT(value1,value2,⋯)

功能：计算参数表中的数字参数和包含数字的单元格的个数。

（6）取整函数 INT

语法：INT(number)

功能：将任意实数向下取整为最接近的整数。

例如，在 C4 单元格中输入函数 INT(4.7)，则 C4 单元格的值为 4；在 D4 单元格中输入函数 INT(−4.7)，则 D4 单元格的值为−5。

（7）四舍五入函数 ROUND

语法：ROUND(number,num_digits)

功能：当 num_digits 大于 0，对 num_digits+1 位小数进行对四舍五入，若有“入”，则入到第 num_digits 位；当 num_digits 小于 0 时，对小数点左边第 num_digits 位整数进行对四舍五入，若有“入”，则入到小数点左边第 num_digits+1 位上。

例如，在 C6 单元格中输入函数 ROUND(2.86,1)，则 C6 单元格的值为 2.9；在 D6 单元格中输入函数 ROUND(2.841,1)，则 D6 单元格的值为 2.8；在 E6 单元格中输入函数 ROUND(28.6,−1)，则 E6 单元格的值为 30。

（8）取子串函数

① LEFT()

语法：LEFT(text,num_chars)

功能：从一个文本字符串的第一个字符开始，截取指定数目的字符。

例如，在 F6 单元格中输入函数 LEFT("湖南财工院",2)，则 F6 单元格的值为“湖南”。

② RIGHT

语法：RIGHT(text,num_chars)

功能：从一个文本字符串的最后一个字符开始，截取指定数目的字符。

例如，在 G6 单元格中输入函数 RIGHT("湖南财工院",3)，则 G6 单元格的值为“财工院”。

特别提醒：Num_chars 参数必须大于或等于 0，如果忽略，则默认其为 1；如果 num_chars 参数大于文本长度，则函数返回整个文本。

任务 4 管理与分析学生成绩

【任务描述】

辅导员让学生小张将高职计算机应用 1 至 3 班的抽考成绩录入到 Excel 工作表中，他将“抽考成绩”中的数据进行了分析，具体要求如下。

- 按班级及程序设计课程进行升序排序，结果如图 5-47 所示。
- 汇总出 3 个班级的每门课程的最高分和年级最高分，如图 5-48 所示。
- 以 Sheet3 中的数据为基础，汇总出不同班级每门课程的平均分数以及所有班级每门课程的平均分数，结果如图 5-49 所示。

高职计算机应用专业抽考成绩表					
姓名	班级	程序设计	图形图像	组网技术	网页设计
蒋文娟	高职计应1班	65	50	75	85
周凤	高职计应1班	75	65	69	75
谢诗琴	高职计应1班	90	85	95	95
陈亮	高职计应1班	92	95	75	90
刘梅	高职计应2班	65	80	90	80
高海	高职计应2班	78	75	85	60
李朝	高职计应2班	85	80	85	85
许颖	高职计应3班	40	50	65	60
任勇	高职计应3班	80	70	50	55
张玲玲	高职计应3班	85	65	50	70

图 5-47　排序结果

	A	B	C	D	E	F
1	高职计算机应用专业抽考成绩表					
2	姓名	班级	程序设计	图形图像	组网技术	网页设计
3	陈亮	高职计应1班	92	95	75	90
4	蒋文娟	高职计应1班	65	50	75	85
5	谢诗琴	高职计应1班	90	85	95	95
6	周凤	高职计应1班	75	65	69	75
7		高职计应1班 最大	92	95	95	95
8	刘梅	高职计应2班	65	80	90	80
9	高海	高职计应2班	78	75	85	60
10	李朝	高职计应2班	85	80	85	85
11		高职计应2班 最大	85	80	90	85
12	张玲玲	高职计应3班	85	65	50	70
13	任勇	高职计应3班	80	70	50	55
14	许颖	高职计应3班	40	50	65	60
15		高职计应3班 最大	85	70	65	70
16		总计最大值	92	95	95	95

图 5-48　分类汇总结果

行标签	平均值项:程序	平均值项:图形	平均值项:组网	平均值项:网页
高职计应1班	80.5	73.75	78.5	86.25
高职计应2班	76	78.33333333	86.66666667	75
高职计应3班	68.33333333	61.66666667	55	61.66666667
总计	**75.5**	**71.5**	**73.9**	**75.5**

图 5-49　数据透视表结果

学生小张将 3 月份的学生考勤情况制作成 Excel 工作表上交给辅导员，辅导员对考勤情况进行筛选，具体要求如下。

- 对于缺课次数大于 1 次的同学进行提醒，如图 5-50 所示。

高职计算机应用1班考勤表					
学号	姓名	时间	迟到次数	缺课次数	早退次
3011630107	石磊	2016年3月	1	4	2
3011630109	阳明	2016年3月	6	2	3
3011630110	周凤	2016年3月	0	4	3

图 5-50　自动筛选结果

- 对于迟到次数大于 3 次并且早退次数大于 4 次，或者缺课次数大于 2 次并且早退次数大于 2 次的同学进行约谈，如图 5-51 所示。

迟到次数	缺课次数	早退次数
>3		>4
	>2	>2

学号	姓名	时间	迟到次数	缺课次数	早退次数
3011630106	罗康	2016年3月	4	0	5
3011630110	周凤	2016年3月	0	4	3

图 5-51　高级筛选结果

【操作要点】

- 通过“排序”对话框，可以按指定的列对数据区域进行排序。
- 通过“分类汇总”对话框，可以按某一字段对数据进行最大值计算。
- 通过“创建数据透视表”对话框和“数据透视表字段列表”窗格，可以快速汇总大量数据的交互式方法。
- 通过“自动筛选”，可以筛选出简单条件的数据。
- 通过“高级筛选”对话框，可以筛选出复杂条件的数据。

【任务实施】

打开工作簿文件“成绩表 4”，在 Sheet1 工作表中进行以下操作。

1．对数据进行排序

（1）单击数据区域的任意单元格，然后切换到“数据”选项卡，单击“排序和筛选”选项组的“排序”按钮，打开“排序”对话框。

（2）将“主要关键字”下拉列表框设置为“班级”，次序为“升序”；单击“添加条件”按钮，将“次要关键字”下拉列表框设置为“程序设计”，次序为升序，单击“确定”按钮，完成排序，如图 5-47 所示。

W5.4.1　排序

2．对数据进行分类汇总

在工作表 Sheet2 中进行以下操作。

（1）按照班级进行排序

单击“班级”数据区域的任意单元格，切换到“数据”选项卡，单击“排序和筛选”选项组的“升序”按钮，即按班级进行了升序排序。

W5.4.2　分类汇总

（2）分类汇总

① 将鼠标指针置于数据区域中，然后切换到“数据”选项卡，单击“分级显示”选项组中的“分类汇总”按钮，打开“分类汇总”对话框。

② 将“分类字段”下拉列表框设置为“班级”，将“汇总方式”下拉列表框设置为“求最大值”，在“选定汇总项”列表框中选择“程序设计”“图形图像”“组网技术”“网页设计”，单击“确定”按钮，即完成分类汇总，如图 5-48 所示。

3．创建数据透视表

在 Sheet3 工作表中进行以下操作。

（1）单击数据区域的任意单元格，然后切换到“插入”选项卡，单击“表格”选项组的“数据透视表”按钮，打开“创建透视表”对话框。

（2）选择一个表或区域保持默认的选项，选择放置数据透视表的位置，

W5.4.3　创建数据透视表

选中“现有工作表”，单击当前工作表中的 A17 单元格，如图 5-52 所示。

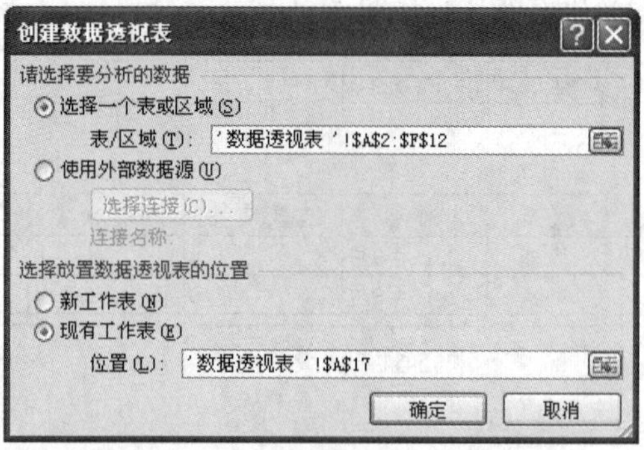

图 5-52　创建数据透视表对话框

（3）在“数据透视表字段列表”任务窗格中，从“选择要添加到报表的字段”列表框中，将“班级”字段拖到“行标签”文本框中，将“程序设计”“图形图像”“组网技术”“网页设计”字段拖到“数值”文本框中，如图 5-53 所示。

（4）在 B17 单元格中双击，打开“值字段设置”对话框，选择“平均值”列表，如图 5-54 所示。按上述方法，将“图形图像”“组网技术”“网页设计”值字段都修改成“平均值”，结果如图 5-49 所示。

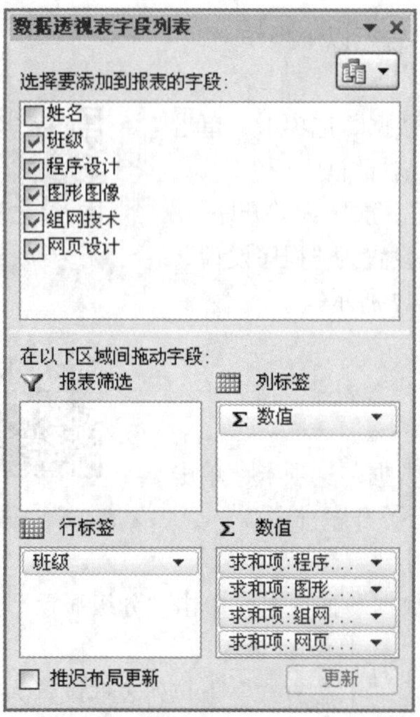

图 5-53　“数据透视表字段列表”对话框

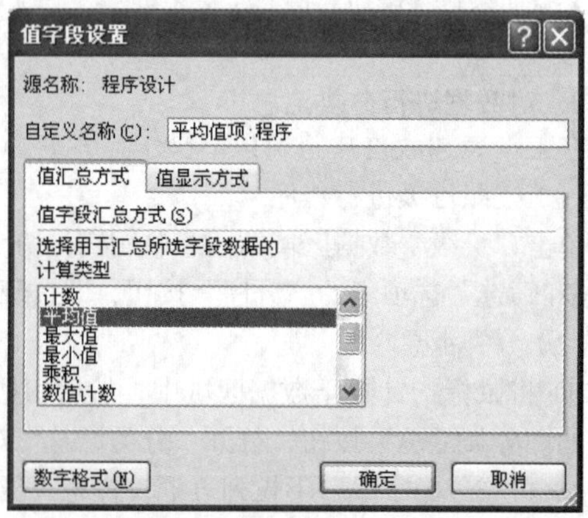

图 5-54　“值字段设置”对话框

打开工作簿文件“考勤表”，在 Sheet1 工作表中进行以下操作。

W5.4.4　自动筛选

4．自动筛选

（1）单击数据区域的任意单元格，然后切换到“数据”选项卡，单击“排序和筛选”选项组的“筛选”按钮，表格中的每个标题右侧将显示自动筛选箭头按钮。

（2）单击“缺课次数”字段右侧的自动筛选箭头按钮，从下拉菜单中选择“数字筛选”选项中的“大于”选项，弹出“自定义自动筛选方式”对话框，进行相关设置，如图 5-55 所示。

（3）单击“确定”按钮，即可显示符合条件的数据，如图 5-50 所示。

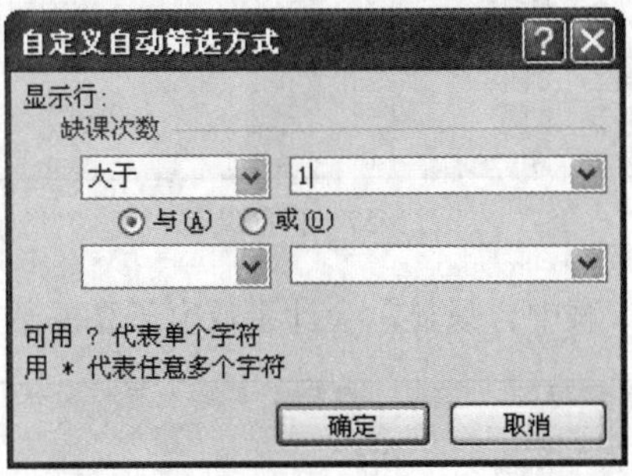

图 5-55 “自定义自动筛选方式”对话框

5. 高级筛选

W5.4.5 高级筛选

在 Sheet2 工作表中进行以下操作。

（1）选择 D2:F2 单元格区域，将其内容复制到 A15:C15 单元格区域。

（2）在 A16 单元格、C16 单元格中分别输入“>3”“>4”，在 B17 单元格、C17 单元格中分别输入“>2”“>2”，完成条件区域设置。

（3）将鼠标指针移至数据区域中，切换到“数据”选项卡，单击“排序和筛选”选项组中的“高级”按钮，打开“高级筛选”对话框。

（4）在“方式”栏中选中“将筛选结果复制到其他位置”单选按钮。

（5）在“列表区域”框中指定要进行高级筛选的数据区域$A$2:$F$12。

（6）将鼠标指针移至“条件区域”框中，然后拖动鼠标指定包括列标题在内的条件区域$A$15:$C$17。

（7）将鼠标指针移至“复制到”框中，然后单击 A19 单元格，将筛选结果复制到起始单元格$A$19，如图 5-56 所示。

（8）单击“确定”按钮，筛选出的结果如图 5-51 所示。

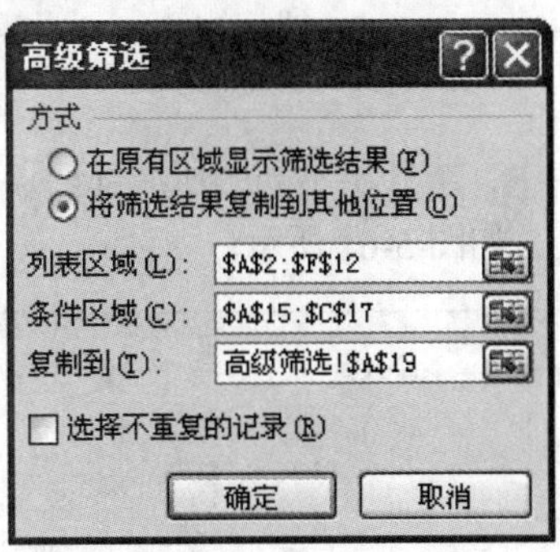

图 5-56 “高级筛选”对话框

【拓展训练】

在任务实施之前，将工作簿 5-4 拓展训练中的工作表“七月份”复制多个，分别命名为“七月份 2”“七月份 3”“七月份 4”“七月份 5”“七月份 6”，为方便下面进行的操作。

（1）在“七月份”工作表中，按所属部门排序，所属部门相同的情况下按实发工资进行排序，如图 5-57 所示。

序号	职工编号	姓名	所属部门	职称	基本工资	岗位津贴	奖金	应发工资	水电费	房租	应扣小计	实发工资
10	1000000010	刘晓丽	电子系	助教	970	1200	100	2270	60	35	95	2175
5	1000000005	麦页	电子系	讲师	1100	1300	200	2600	90	45	135	2465
2	1000000002	李小平	电子系	讲师	1050	1300	200	2550	45	30	75	2475
7	1000000007	许齐红	电子系	副教授	1750	1400	300	3450	60	25	85	3365
8	1000000008	张虹江	会计系	讲师	1300	1300	200	2800	70	35	105	2695
9	1000000009	高山峰	机械系	讲师	1250	1300	200	2750	90	50	140	2610
1	1000000001	刘梅红	机械系	副教授	1400	1400	300	3100	36	23	59	3041
6	1000000006	江海涛	机械系	副教授	1850	1400	300	3550	55	35	90	3460
3	1000000003	赵娟娟	经贸系	助教	860	1200	100	2160	80	75	155	2005
4	1000000004	李朝	经贸系	副教授	1600	1400	300	3300	70	35	105	3195

图 5-57　排序结果

（2）在“七月份 2”工作表中，只显示会计系或电子系的数据，如图 5-58 所示。

序号	职工编号	姓名	所属部门	职称	基本工资	岗位津贴	奖金	应发工资	水电费	房租	应扣小计	实发工资
2	1000000002	李小平	电子系	讲师	1050	1300	200	2550	45	30	75	2475
5	1000000005	麦页	电子系	讲师	1100	1300	200	2600	90	45	135	2465
7	1000000007	许齐红	电子系	副教授	1750	1400	300	3450	60	25	85	3365
8	1000000008	张虹江	会计系	讲师	1300	1300	200	2800	70	35	105	2695
10	1000000010	刘晓丽	电子系	助教	970	1200	100	2270	60	35	95	2175

图 5-58　自动筛选结果

（3）在“七月份 3”工作表中，采用高级筛选，将副教授或是实发工资大于 2 600 元的教师筛选出来，如图 5-59 所示。

31	序号	职工编号	姓名	所属部门	职称	基本工资	岗位津贴	奖金	应发工资	水电费	房租	应扣小计	实发工资
32	1	1000000001	刘梅红	机械系	副教授	1400	1400	300	3100	36	23	59	3041
33	4	1000000004	李朝	经贸系	副教授	1600	1400	300	3300	70	35	105	3195
34	6	1000000006	江海涛	机械系	副教授	1850	1400	300	3550	55	35	90	3460
35	7	1000000007	许齐红	电子系	副教授	1750	1400	300	3450	60	25	85	3365
36	8	1000000008	张虹江	会计系	讲师	1300	1300	200	2800	70	35	105	2695
37	9	1000000009	高山峰	机械系	讲师	1250	1300	200	2750	90	50	140	2610

图 5-59　高级筛选结果

（4）在“七月份 4”工作表中，按照不同的所属部门，统计教师的“奖金”“应发工资”“实发工资”的平均值，如图 5-60 所示。

D	E	F	G	H	I	J	K	L	M
所属部门	职称	基本工资	岗位津贴	奖金	应发工资	水电费	房租	应扣小计	实发工资
电子系 平均值				200	2717.5				2620
会计系 平均值				200	2800				2695
机械系 平均值				266.6667	3133.333				3037
经贸系 平均值				200	2730				2600
总计平均值				220	2853				2748.6

图 5-60　分类汇总结果

（5）在“七月份 5”工作表中，统计出不同的所属部门，不同职称的教师的“奖金”“应发工资”“实发工资”的平均值，如图 5-61 所示。

D	E	F	G	H	I	J	K	L	M
所属部门	职称	基本工资	岗位津贴	奖金	应发工资	水电费	房租	应扣小计	实发工资
	副教授 平均值			300	3450				3365
	讲师 平均值			200	2575				2470
	助教 平均值			100	2270				2175
电子系 平均值				200	2717.5				2620
	讲师 平均值			200	2800				2695
会计系 平均值				200	2800				2695
	副教授 平均值			300	3325				3250.5
	讲师 平均值			200	2750				2610
机械系 平均值				266.6667	3133.333				3037
	副教授 平均值			300	3300				3195
	助教 平均值			100	2160				2005
经贸系 平均值				200	2730				2600
总计平均值				220	2853				2748.6

图 5-61　嵌套分汇总结果

（6）使用“七月份 6”工作表表格中的数据，以“职称”为行标签，以“所属部门”为列标签，分别以“水电费”“房租费”为求和项，从 A19 单元格起建立数据透视表，如图 5-62 所示。

	列标签									
	电子系		会计系		机械系		经贸系		求和项:水电费汇总	求和项:房租汇总
行标签	求和项:水电费	求和项:房租	求和项:水电费	求和项:房租	求和项:水电费	求和项:房租	求和项:水电费	求和项:房租		
副教授	60	25			91	58	70	35	221	118
讲师	135	75	70	35	90	50			295	160
助教	60	35					80	75	140	110
总计	255	135	70	35	181	108	150	110	656	388

图 5-62　数据透视表结果

【知识链接】

1．分类汇总

数据分类汇总就是将数据按类进行汇总分析处理。在 Excel 中使用分类汇总，不需要创建公式，Excel 将自动创建公式、插入分类汇总与总和行，并自动分级显示数据。利用分类汇总可以很方便地对数据清单中的数据进行小计和合计。

（1）简单汇总

① 选择汇总字段，并进行升序或降序排序。如前面拓展训练中就以“工资表”中按“所属部门”进行排序。

② 将鼠标指针置于数据区域中，然后切换到“数据”选项卡，单击“分级显示”选项组中的“分类汇总”按钮，打开“分类汇总”对话框。

③ 设置分类字段、汇总方式、汇总项、汇总结果的显示位置。

在“分类字段”框中选定分类的字段，如前面拓展训练中选择“所属部门”。

在“汇总方式”框中指定汇总函数，如求和、平均值、计数、最大值等，前面拓展训练中选择“求平均值”。

在“选定汇总项”框中选定用汇总函数进行汇总的字段项，前面拓展训练中选择“奖金”“应发工资”“实发工资”字段。

④ 分级显示汇总数据

在分类汇总表的左侧可以看到分级显示的“123”3 个按钮标志。“1”代表总计，“2”代表分类合计，“3”代表明细数据。

单击“1”按钮将显示全部数据的汇总结果，不显示具体数据。

单击“2”按钮将显示总的汇总结果和分类汇总结果，不显示具体数据。

单击“3”按钮将显示全部汇总结果和明细数据。

单击“+”和“－”按钮可以打开或折叠某些数据。

分级显示也可以通过切换到“数据”选项卡，单击“分级显示”选项组中的“显示明细数据”按钮或“隐藏明细数据”按钮。

（2）嵌套汇总

对汇总的数据还要进行不同的汇总，如前面拓展训练中按“所属部门”进行汇总后，又要求按“职称”进行汇总，即要再次进行分类汇总。

① 选择多个汇总字段，并将其进行升序或降序排序。

② 将鼠标指针置于数据区域中，然后切换到“数据”选项卡，单击“分级显示”选项组中的“分类汇总”按钮，打开“分类汇总”对话框，按第一关键字对数据区域进行分

类汇总。

③ 再次打开“分类汇总”对话框，在“分类字段”下拉列表框中选择“次要关键字”，并取消“替换当前分类汇总”复选框。

④ 单击“确定”按钮，即可叠加多种分类汇总。

2．数据透视表（图）的使用

数据透视表可以将数据的排序、筛选和分类汇总 3 个过程结合在一起，可以转换行和列的位置，用来查看源数据的不同汇总结果，可以显示不同页面以筛选数据，还可以根据需要显示所选区域中的明细数据，非常便于用户在一个清单中重新组织和统计数据。

（1）数据透视表组成元素

数据透视表的组成如下。

① 页字段：页字段用于筛选整个数据透视表，是数据透视表中指定为页方向的源数据列表中的字段。

② 行字段：行字段是在数据透视表中指定为行方向的源数据列表中的字段。

③ 列字段：列字段是在数据透视表中指定为列方向的源数据列表中的字段。

④ 数据字段：数据字段提供要汇总的数据值。常用数字字段，可用求和、平均值等函数合并数据。

（2）数据透视表的设置与美化

建立数据透视表之后，在“数据透视表工具→设计”菜单的“布局”选项组中提供了相应的布局选项，可以设置分类汇总项的显示位置、是否显示总计列、调整新的报表布局等。另外，在 Excel 2010 中还提供了可以直接套用的数据透视表样式，方便快速美化编辑完成的数据透视表。

① 设置分类汇总项的显示位置

当行标签或列标签不止一个字段时，则会产生一个分类汇总项，该分类汇总项默认显示在组的顶部，可以通过设置更改其默认显示位置。

② 设置是否显示总计项

选中数据透视表，单击“数据透视表工具”中的“设计”选项卡，在“布局”选项组中单击“总计”按钮，在打开的下拉菜单中可以选择是否显示“总计”项，或在什么位置上显示“总计”。

（3）美化数据透视表

① 选中数据透视表任意单元格，单击“数据透视表工具”中“设计”选项卡，在“数据透视表样式”选项组中可以选择套用的样式，单击右侧的按钮可打开下拉菜单，有多种样式可供选择。

② 选中样式后，单击一次鼠标即可应用到当前数据透视表中。

（4）利用数据透视表创建数据透视图

数据透视图是以图形形式表示的数据透视表，与图表和数据区域之间的关系相同，各数据透视表之间的字段相互对应。下面介绍如何创建数据透视图。

① 单击数据透视表的任意单元格，然后切换到“选项”选项卡，在“工具”选项组中单击“数据透视图”按钮。打开“插入图表”对话框，从列表框中选择图表类型。

② 单击“确定”按钮，即可在工作表中插入数据透视图。

通过“数据透视图工具”可以对数据透视图进行所需的设置。

任务5 制作学生成绩分析图表

【任务描述】

辅导员对学生专业抽考成绩进行分析后，发现用图表要更直观、立体，为此他让学生小张将专业抽考成绩做成了图表，具体要求如下。

- 选择适当的数据制作簇状柱形图，添加图表标题并调整图表大小及位置。
- 添加两个同学的成绩，并在图表中体现出来。
- 对图表进行适当的格式化处理，如图 5-63 所示。
- 将图表类型修改折线图，如图 5-64 所示。

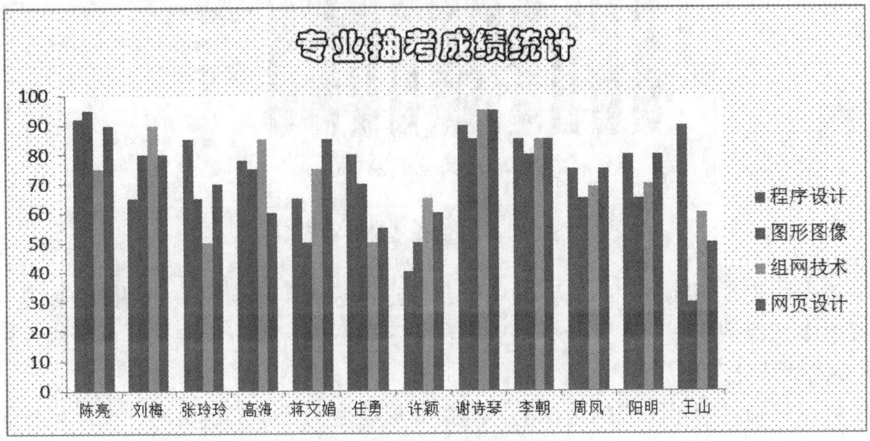

图 5-63 美化的柱状图

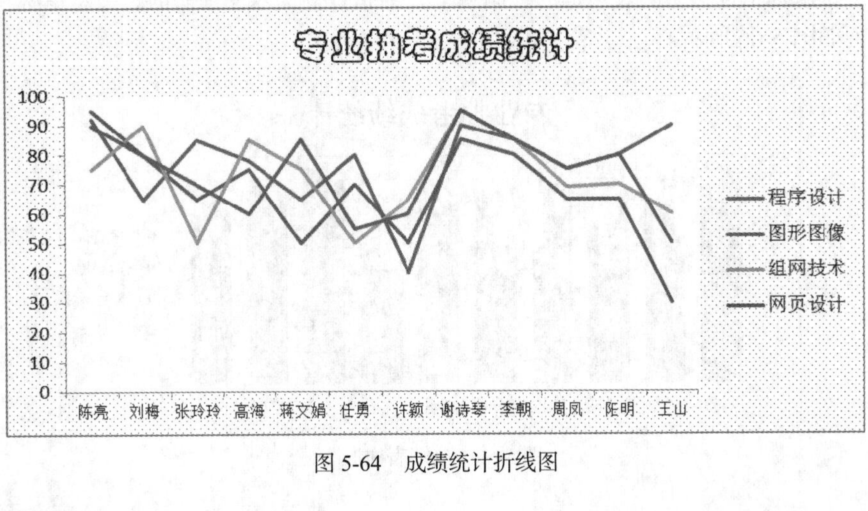

图 5-64 成绩统计折线图

【操作要点】

- 通过选中所需的数据区域，单击“图表”选项组中的“图表类型”按钮，可以快速地创建所需图表。
- 通过“编辑数据系列”对话框，可以向已经创建好的图表中添加相关的数据。
- 通过“设计”选项卡中的相关命令，可以重新选择图表的数据、更换图表布局等。
- 通过“布局”选项卡中的相关命令，可以对图表进行美化处理。

【任务实施】

打开工作簿文件“成绩表 5”，在 Sheet1 工作表进行以下操作。

W5.5.1 创建成绩表柱形图

1. 创建成绩表柱形图

（1）选中 A2:A12、C2:F12 单元格区域，切换到“插入”选项卡，单击“图表”选项组中的“柱形图”按钮，从下拉菜单中选择“簇状柱形图”选项，图表在工作表中创建完成，如图 5-65 所示。

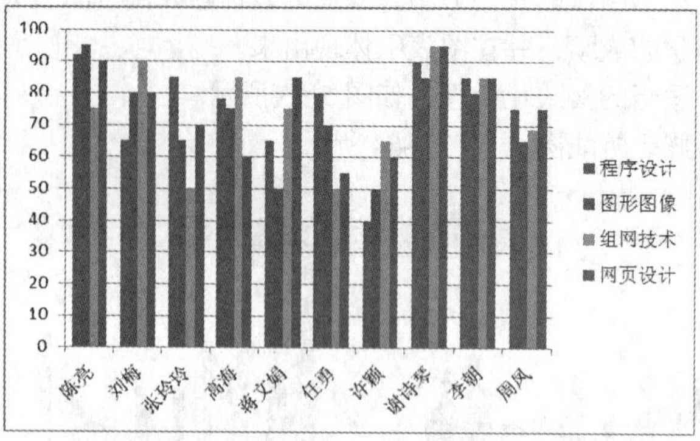

图 5-65 初步制作成绩表柱形图

（2）单击图表，切换到“布局”选项卡，单击“标签”选项组中的“图表标题”按钮，从下拉菜单中选择“图表上方”命令，然后在文字“图表标题”上单击，重新输入标题文本“专业抽考成绩统计”。

（3）将鼠标指针移至图表的边框上，当指针形状变为十字形箭头时，拖动鼠标到合适的位置。

（4）将鼠标指针移至图表边框的控制点上，当指针变为双向箭头时，拖动鼠标调整图表的大小，如图 5-66 所示。

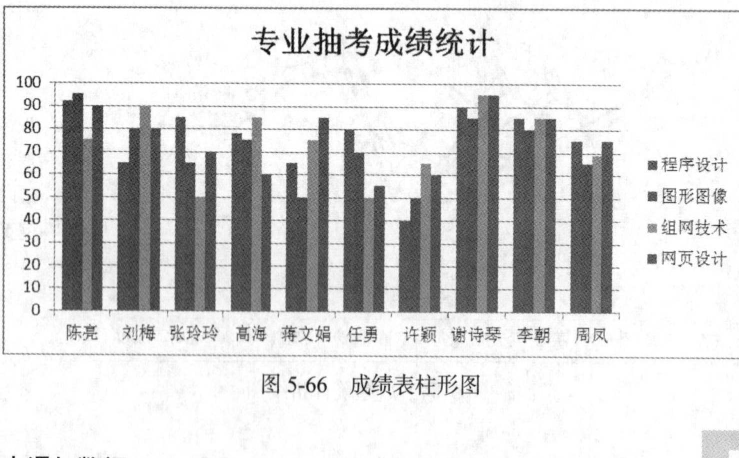

图 5-66 成绩表柱形图

2. 图表中添加数据

W5.5.2 图表中添加数据

小张在制作图表时，发现有两位同学的成绩没有录入，需添加。

（1）小张重新编辑工作表，将新增同学的成绩追加进去。

（2）用鼠标右键单击图表的图表区，从弹出的快捷菜单中选择“选择数据”命令，打开“选择数据源”对话框，如图 5-67 所示。

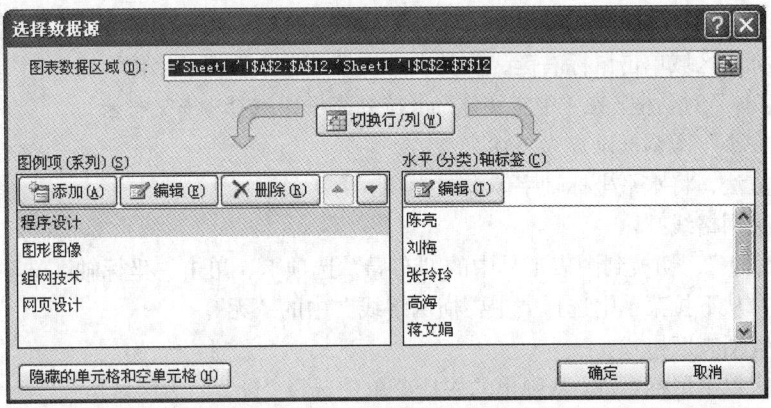

图 5-67 “选择数据源”对话框

（3）在下拉列表框中选择“程序设计”，单击“编辑”按钮，打开“编辑数据系列”对话框。然后单击“系列值”折叠按钮，选择 C3:C14 单元格区域，如图 5-68 所示，单击“确定”按钮。

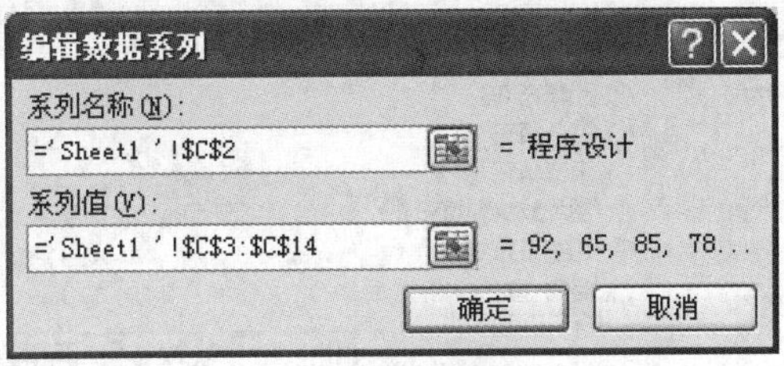

图 5-68 “编辑数据系列”对话框

（4）按上述方法，依次单击“图形图像”“组网技术”“网页设计”，将其“编辑数据系列”的系列值范围分别设置为 D3:D14、E3:E14、F3:F14。

（5）在“水平（分类）轴标签”文本框中单击“编辑”按钮，打开“轴标签”对话框。然后单击“轴标签区域”折叠按钮，选择 A3:A14 单元格区域，单击“确定”按钮。

（6）在图表中出现了添加的数据区域，结果如图 5-69 所示。

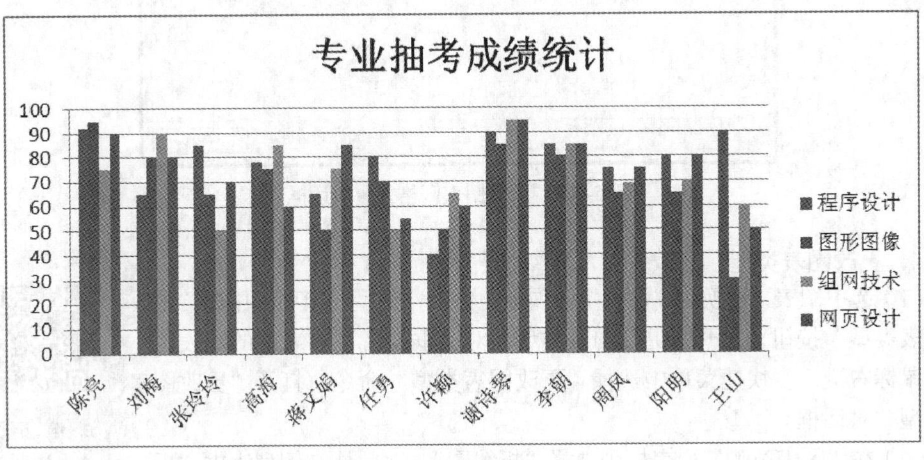

图 5-69 添加数据图表

3．对图表进行美化

（1）图表标题字体、字号设置

在图表标题区域单击鼠标右键，从弹出的快捷菜单中选择“字体”命令，打开“字体”对话框。在“中文字体”下拉列表框中选择“华文彩云”，将字号的“大小”微调框设置为“18”。

W5.5.3　图表进行美化

按上述方法，将水平坐标轴字体设置为“8”　。

（2）删除网格线

选中“图表”，切换到图表工具中的“布局”选项卡，单击“坐标轴”选项组中的“网格线”按钮，从下拉菜单中选择“主要横网络线”中的“无”。

（3）设置图表区格式

在图表区单击鼠标右键，从弹出的快捷菜单中选择“设置图表区域格式”命令，打开“设置图表区格式”对话框，在“填充”选项卡中选中右侧的“图案填充”单选按钮，然后在下方的列表框中选择“5%”选项，前景色设置为标准色紫色，如图 5-70 所示，单击“关闭”按钮，效果如图 5-63 所示。

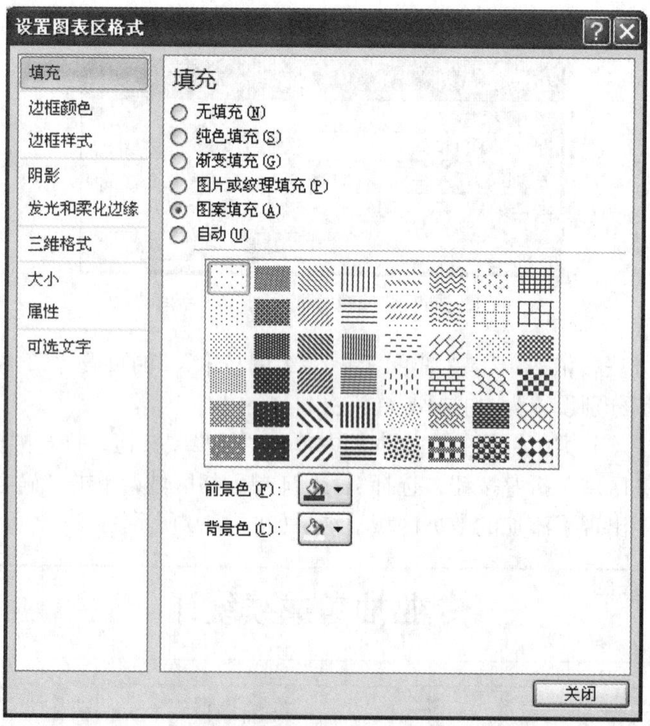

图 5-70　“设置图表区格式”对话框

4．更改图表类型

（1）选中图表，切换到“设计”选项卡，单击“类型”选项组中的“更改图表类型”按钮，打开“更改图表类型”对话框或者在图表中的图表区单击鼠标右键，在快捷菜单中选择“更改图表类型”命令，打开“更改图表类型”对话框。

W5.5.4　更改图表类型

（2）在“图表类型”列表框中选择“折线图”，然后从右侧列表框“折线图”栏中选择“折线图”选项，如图 5-71 所示。

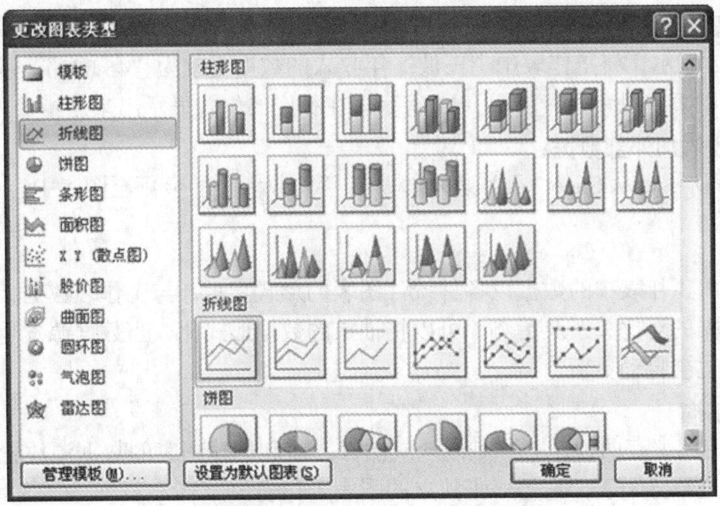

图 5-71 “更改图表类型”对话框

【拓展训练】

在电子表格软件中打开“5-5 拓展训练.xlsx”，并按下列要求进行操作。

1．创建图表

如图 5-72 所示，选取 Sheet1 工作表中适当的数据，在该工作表中创建一个簇状圆锥图。

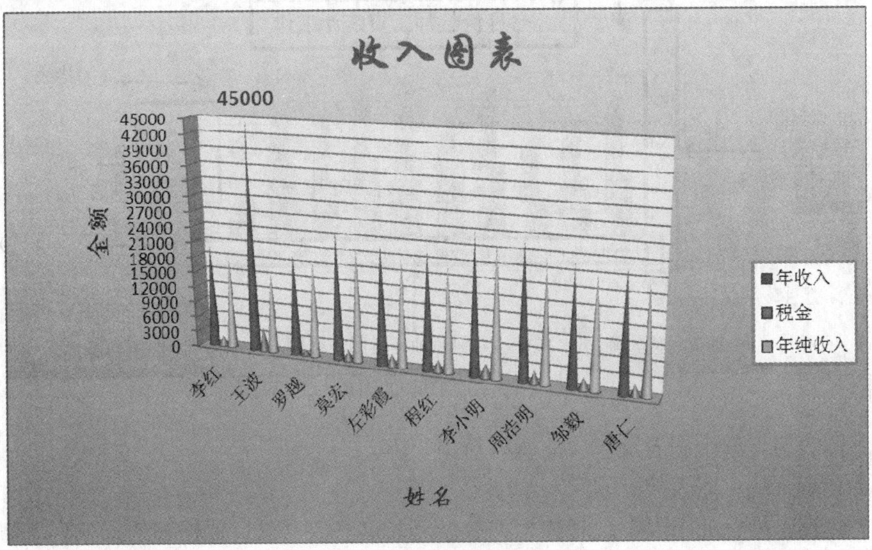

图 5-72 拓展训练效果图

2．设定图表的格式

按图 5-72 所示，将图表区的布局设置为“布局 9”，图表样式设置为“样式 39”，调整图表的大小为锁定纵横比、高 10cm，并为图表区套用“左透视”的形状效果。

如图 5-72 所示，将图表标题的字体设置为华文行楷、24 磅、绿色；坐标轴的字体设置为楷体-GB2312、14 磅、深红色；将图例区应用“彩色轮廓-橙色，强调颜色 6”的形状样式；为图表添加紫色渐变、线性向上的浅色变体。

如图 5-72 所示，将坐标轴主要刻度单位设置为固定值 3 000。

3．修改图表中的数据：

如图 5-72 所示，将工作表中“王波”年收入的数据更改为“45 000”，从而改变图表中的数据，并在图表中以紫色、加粗、12 磅字体在相应的位置显示出来。

4．为图表添加外部数据：

如图 5-72 所示，从 Sheet2 工作表中添加“年纯收入”的金额至图表中。

【知识链接】

图表就是将工作表中的数据以各种统计图表的形式显示，与工作表数据相比，图表能形象地反映出数据的对比关系及趋势，可以将抽象的数据形式化，当数据源发生变化时，图表中对应的数据也会自动更新。

1．图表结构

Excel 中的图表有两种，一种是嵌入式图表，它和创建图表的数据源放置在同一张工作表中；另一种是独立图表，它是一张独立的图表工作表。

Excel 为用户建立直观的图表提供了大量的预定义模型，每一种图表类型又有若干种子类型。此外，用户还可以自己定制格式。

图表由以下元素构成，如图 5-73 所示。

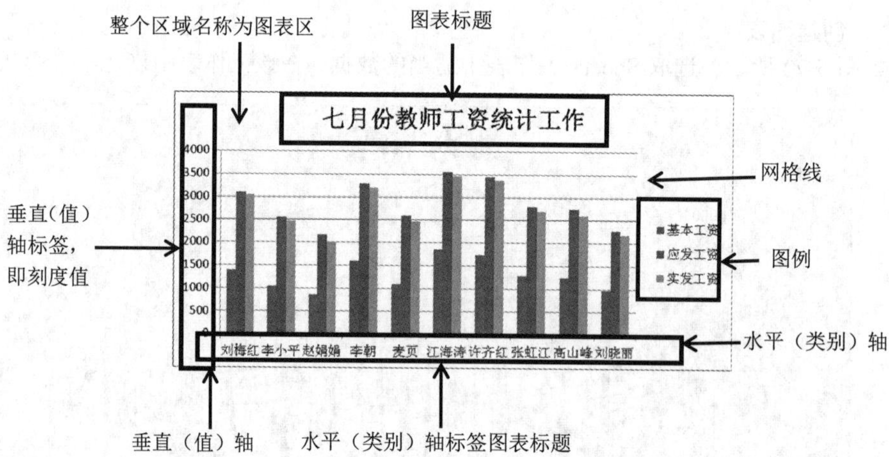

图 5-73　图表的组成

（1）图表区：整个图表及包含的所有对象。

（2）图表标题：图表的标题。

（3）数据系列：在图表中绘制的相关数据点，这些数据源自数据表的行或列。每个数据系列具有唯一的颜色或图案并且在图表的图例中表示。可以在图表中绘制一个或多个数据系列。饼图只有一个数据系列。

（4）坐标轴：绘图区边缘的直线，为图表提供计量和比较的参考模型。分类轴（*X* 轴）和数值轴（*Y* 轴）组成了图表的边界并包含相对于绘制数据的比例尺，*Z* 轴是三维图表的第三坐标轴。而饼图没有坐标轴。

（5）网格线：从坐标轴刻度线延伸开来并贯穿整个绘图区的可选线条系列。网格线使用户查看和比较图表的数据更为方便。

（6）图例：用于标记不同数据系列的符号、图案和颜色，每一个数据系列的名字作为图例的标题，可以把图例移到图表中的任何位置。

2．添加趋势线

趋势线用于对图表数据的分布与规律进行标识，从而使用户能够直观地了解数据的变化趋势，或对数据进行预测分析。

在图表中单击需要设置趋势线的数据系列，在“布局”选项卡中的“分析”组中单击“趋势线”按钮，在打开的下拉列表中选择所需趋势线，所选数据系列即可添加相应的趋势线。

3．插入迷你图

迷你图不但简洁美观，而且可以清晰展现数据的变化趋势，并且占用空间也很小，因此为数据分析工作提供了极大的便利，插入迷你图的具体操作如下。

（1）选择单元格，在“插入”选项卡中的“迷你图”组中单击所选“图型类型”按钮，打开“创建迷你图”对话框，在“选择所需数据”栏的“数据范围”文本框中输入数据区域，单击“确定”按钮即可看到插入的迷你图。

（2）在“迷你图工具-设计”选项卡中可对其样式、显示、类型等进行修改。

课外训练

1．单选题

（1）在 Excel 中，函数 COUNT(2,"4","b")的值为______。

（A）1　（B）2　（C）3　（D）4

（2）当工作表中未对小数位数进行特殊设置时，函数 INT(202.35)的值为______。

（A）202　（B）202.3　（C）202.35　（D）200

（3）在 Excel 中，利用鼠标“拖动”在某一列或某一行中“自动填充”数据的正确方法是______。

（A）选中待复制数据的单元格→将鼠标指针移到“填充柄”上→当鼠标指针变成空心“十”形时，向下或向右拖动鼠标即可复制

（B）选中待复制数据的单元格→将鼠标指针移到“填充柄”上→当鼠标指针变成实心“十”形时，向下或向右拖动鼠标即可复制

（C）选中待复制数据的单元格→直接向下或向右拖动鼠标即可复制

（D）选中待复制数据的单元格→再一手按住【Ctrl】键不放，拖动鼠标即可

（4）一个 Excel 的工作簿中所包含的工作表的个数是______。

（A）只能是 1 个　（B）只能是 2 个　（C）只能是 3　（D）可能超过 3 个

（5）现要将某工作表的 D2 单元格的内容复制到 J5 单元格，下列操作中错误的是______。

（A）单击 D2 单元格→按【Ctrl+V】组合键→单击 J5 单元格→按【Ctrl+C】组合键

（B）单击 D2 单元格→单击工具栏“复制”按钮→单击 J5 单元格→按【Ctrl+V】组合键

（C）单击 D2 单元格→按【Ctrl+C】组合键→单击 J5 单元格→单击工具栏中“粘贴”按钮

（D）单击 D2 单元格→单击工具栏“复制”按钮→单击 J5 单元格→单击工具栏“粘贴”按钮

（6）在 Excel 的默认设置下，下列操作中，______可以增加一张新的工作表。

（A）用鼠标右键单击工作表标签条，从弹出菜单中选“插入”

（B）单击工具栏中的“新建”按钮

（C）从“文件”菜单中选择“新建”命令

（D）用鼠标右键单击任意单元格，从弹出的菜单中选择“插入”命令

（7）在如下工作表的E6单元格中填写总成绩的最低分，应使用下述哪个计算公式？______

	A	B	C	D	E
1	学号	姓名	笔试成绩	操作成绩	总成绩
2	1	方玉琴	70	60	130
3	2	王宇昂	80	36	116
4	3	王美金	80	86	166
5	4	文尔斯	75	74	149
6					

（A）=SUM(E2:E5)　　（B）=AVERAGE(E2:E5)

（C）=MAX(E2:E5)　　（D）=MIN(E2:E5)

（8）在下列工作表中，A1单元格至F1单元格中哪个单元格的值与函数MAX(A1:F1)的值相同？______

	A	B	C	D	E	F
1	1	2	3	4	5	0
2	3					
3						

（A）F1　　（B）D1　　（C）C1　　（D）E1

（9）已在某工作表的F1、G1单元格中分别填入了3.5和4.5，并将这两个单元格选定，然后向左拖动填充柄，在E1、D1、C1单元格中分别填入的数据是______。

（A）0.5、1.5、2.5　（B）2.5、1.5、0.5　（C）3.5、3.5、3.5　（D）4.5、4.5、4.5

（10）工作表中，在未对小数位数进行特殊设置的情况下，函数ROUND(B1,0)的值为______。

	A	B	C	D
1	89.45	59.5	76.2	
2				

（A）59.0　　（B）59　　（C）59.　　（D）60

（11）给Excel工作表改名的正确操作是______。

（A）用鼠标右键单击工作表标签中的某个工作表名，从弹出的快捷菜单中选择“重命名”命令

（B）单击工作表标签中的某个工作表名，从弹出的快捷菜单中选择“插入”命令

（C）用鼠标右键单击工作表标签中的某个工作表名，从弹出的快捷菜单中选择“插入”命令

（D）单击工作表标签中的某个工作表名，从弹出的快捷菜单中选择“重命名”命令

（12）在单元格中输入字符串3300929时，应输入______。

（A）3300929B　　（B）“3300929”　　（C）’3300929　　（D）3300929’

（13）在Excel单元格引用中，B5:E7包含______。

（A）2个单元格　　（B）3个单元格　　（C）4个单元格　　（D）12个单元格

（14）以下单元格地址中，______是相对地址。

（A）$A$1　　（B）$A1　　（C）A$1　　（D）A1

（15）在Excel工作表中，已创建好的图表中的图例______。

（A）按【Delete】键可将其删除　　（B）不可改变其位置

（C）只能在图表向导中修改　　（D）不能修改

（16）当向 Excel 工作表单元格输入公式时，使用单元格地址 D$2 引用 D 列 2 行单元格，该单元格的引用称为______。

（A）绝对地址引用 （B）交叉地址引用 （C）混合地址引用 （D）相对地址引用

（17）关于删除工作表的叙述，错误的是______。

（A）工作表的删除是永久性删除，不可恢复

（B）用鼠标右键单击当前工作表标签，再从快捷菜单中选择“删除”命令可删除当前工作表

（C）执行“编辑”→“删除工作表”菜单命令可删除当前工作表

（D）误删了工作表可单击工具栏的“撤销”按钮撤销删除操作

（18）关于图表的叙述错误的是______。

（A）当工作表区域中的数据发生变化时，由这些数据产生的图表的形状会自动更新

（B）图表可以放在一个新的工作表中，也可嵌入在一个现有的工作表中

（C）只能以表格列作为数据系列

（D）选定数据区域时最好选定带表头的一个数据区域

（19）可用______表示 Sheet2 工作表的 B9 单元格。

（A）=Sheet2!B9 （B）=Sheet2:B9

（C）=Sheet2.B9 （D）=Sheet2$B9

（20）设 A1 单元格中的公式为=AVERAGE(C1:E5)，将 C 列删除后，A1 单元格中的公式将调整为______。

（A）=AVERAGE(C1:D5) （B）出错

（C）=AVERAGE(D1:E5) （D）=AVERAGE(C1:E5)

（21）为了区别“数字”与“数字字符串”数据，Excel 要求在输入项前添加______符号来区别。

（A）' （B）@ （C）# （D）"

（22）下列操作中，不能在 Excel 工作表的选定单元格中输入公式的是______。

（A）单击“编辑”菜单中的“对象...”命令

（B）单击工具栏中的“粘贴函数”按钮

（C）单击“插入”菜单中的“函数”命令

（D）单击“编辑公式”按钮，在从左端的函数列表中选择所需函数

（23）下面关于工作表与工作簿的表述正确的是______。

（A）一个工作簿保存在一个文件中

（B）一个工作簿的多张工作表类型相同，或同是数据表，或同是图表

（C）一张工作表保存在一个文件中

（D）一个工作簿中一定有 3 张工作表

（24）在 Excel 中，下列______是输入正确的公式形式。

（A）==sum(d1:d2) （B）='c7+c1 （C）=8^2 （D）>=b2*d3+1

（25）在 Excel 中，下面操作序列将选取______区域：单击 A2 单元格，按【F8】键，单击 E8 单元格，单击 D9 单元格，再按【F8】键。

（A）E8:D9 （B）A2:E8 （C）A2:E9 （D）A2:D9

（26）在 Excel 中，选取整个工作表的方法是______。

（A）按【Ctrl+A】组合键

（B）单击“编辑”菜单的“全选”命令

（C）单击 A1 单元格，然后按住【Shift】键单击当前屏幕的右下角单元格

（D）单击 A1 单元格，然后按住【Ctrl】键单击工作表的右下角单元格

（27）在 Excel 中，有时需要对不同的文字进行标示，使其满足同一标准。为此，Excel 提供了两个特殊的符号来执行这一工作。“?”是两个特殊的符号之一。该符号表示______。

（A）一个或任意个字符

（B）任一字符

（C）只有该符号后面的文字符合准则

（D）除了该符号后面的文字外，其他都符合准则

（28）在 Excel 中，在选择了内嵌图表后，改变它的大小的方法是______。

（A）按“+”号或“-”号　　（B）用鼠标拖曳图表边框上的控制点

（C）按“↑”键或“↓”键　　（D）用鼠标拖曳它的边框

（29）在向 Excel 工作表的单元格里输入公式，运算符有优先顺序，下列______说法是错误的。

（A）百分比优先于乘方　　（B）字符串连接优先于关系运算

（C）乘方优先于负号　　（D）乘和除优先于加和减

（30）作为数据的一种表示形式，图表是动态的，当改变了其中______之后，Excel 会自动更新图表。

（A）*X* 轴上的数据　（B）标题的内容　（C）所依赖的数据　（D）*Y* 轴上的数据

2．操作题

（1）打开“xt5-1.xlsx”文件。①将 Sheetl 工作表的 Al:El 单元格区域合并为一个单元格，内容水平居中；计算“成绩”列的内容，按成绩的降序次序计算“成绩排名”列的内容（利用 RANK.EQ 函数，降序）；将 A2:El7 单元格区域设置为套用表格格式“表样式中等深浅 9”。②选取“学号”列(A2:Al7)和“成绩排名”列(E2:El7)数据区域的内容，建立“簇状圆柱图”，图表标题为“成绩统计图”，清除图例；将图表移动到工作表的 A20:E36 单元格区域内，将工作表命名为“成绩统计表”，保存“xt5-1.xlsx”文件。

（2）打开工作簿文件“xt5-2.xlsx”。对工作表“图书销售情况表”内数据清单的内容进行筛选，条件为第 3 季度社科类和少儿类图书；对筛选后的数据清单按主要关键字“销售量排名”的升序次序和次要关键字“图书类别”的升序次序进行排序，工作表名不变，保存“xt5-2.xlsx”工作簿。

（3）打开“xt5-3.xlsx”文件。①将 Sheet1 工作表的 A1:E1 单元格区域合并为一个单元格，水平对齐方式设置为居中；计算各单位 3 种奖项的合计，将工作表命名为“各单位获奖情况表”。②选取“各单位获奖情况表”的 A2:D8 单元格区域的内容，建立“簇状柱形图”，*X* 轴为单位名，图表标题为“获奖情况图”，不显示图例，显示数据表和图例项标示，将图插入工作表的 A10:E25 单元格区域，保存“xt5-3.xlsx”文件。

项目六

PowerPoint 2010 演示文稿

教学目标

- 掌握文本的输入与编辑、幻灯片的基本操作，能创建和编辑简单的演示文稿。
- 掌握各种对象的插入方法，并能对各种对象进行适当的处理。
- 能对演示文稿的外观（静态）进行修饰，包括背景、图片处理及母版的设计。
- 掌握演示文稿的动态制作，能对演示文稿的放映过程进行控制。
- 逐步培养学生利用演示文稿传递自己的思想和情感、完成作品创作的能力。
- 培养学生自主学习、合作学习的能力，鼓励学生相互协作，培养团队合作精神。

教学内容

- 演示文稿的含义及功能。
- PowerPoint 2010 的基本操作。
- 文本的处理与段落格式的设置。
- 幻灯片对象的插入与编辑。
- 超级链接的使用、设置对象动画效果、幻灯片切换。
- 排练计时和录制旁白、幻灯片放映控制、演示文稿文件类型的修改。

PowerPoint 作为 Office 的三大核心组件之一，主要用于幻灯片的制作与播放，该软件在各种需要演讲、演示的场合都可见到其踪迹。它帮助用户以简单的操作，快速制作出图文并茂、富有感染力的演示文稿，并且还可通过图示、视频和动画等多媒体形式表现复杂的内容，从而使听众更容易理解。本项目将通过 4 个典型任务，介绍制作 PowerPoint 演示文稿的基本操作，包括文件操作、文本输入与美化，以及插入图片、图示、艺术字、表格和视频等演示文稿必备要素的方法。

任务 1　制作“学生会竞选”演示文稿

【任务描述】

姜雪霞在大学学习和生活一年了，她是院学生会女生部副部长。一转眼到年底了，学生会正在进行改选，她想结合自己的学习情况写一份学生会竞选报告，并且在年度学生会改选大会上进行演说。姜雪霞使用 Office 软件已经有些时间了，她知道用 PowerPoint 来完成这个任务是再合适不过了。作为 PowerPoint 的新手，姜雪霞希望在简单操作的情况下实现演示文稿的效果。图 6-1 所示为制作完成后的“学生会竞选”演示文稿效果，具体要求如下。

- 启动 PowerPoint 2010，新建一个以“角度”为主题的演示文稿，然后以“学生会竞选.pptx”为名保存在桌面上。
- 在第 1 张标题幻灯片中输入演示文稿标题和副标题。
- 新建一张“仅标题”版式的幻灯片，作为演示文稿的目录，添加 4 个文本框，再在文本框中输入文本，作为第 2 张幻灯片。
- 新建一张“两栏内容”版式的幻灯片，在占位符中输入文本，作为第 3 张幻灯片。
- 新建一张“标题和内容”版式幻灯片，然后在其中输入需要的内容，作为第 4 张幻灯片。
- 在第 5 张幻灯片中，改为“垂直排列标题与文本”版式，调整文字方向。
- 在第 6 张幻灯片中复制文本，再对复制后的文本进行修改，调整文字方向和移动文本的位置。
- 新建一张“标题和内容”版式幻灯片，然后在其中输入需要的内容，作为第 7 张幻灯片。
- 在第 8 张幻灯片中输入标题文本，删除副标题文本。

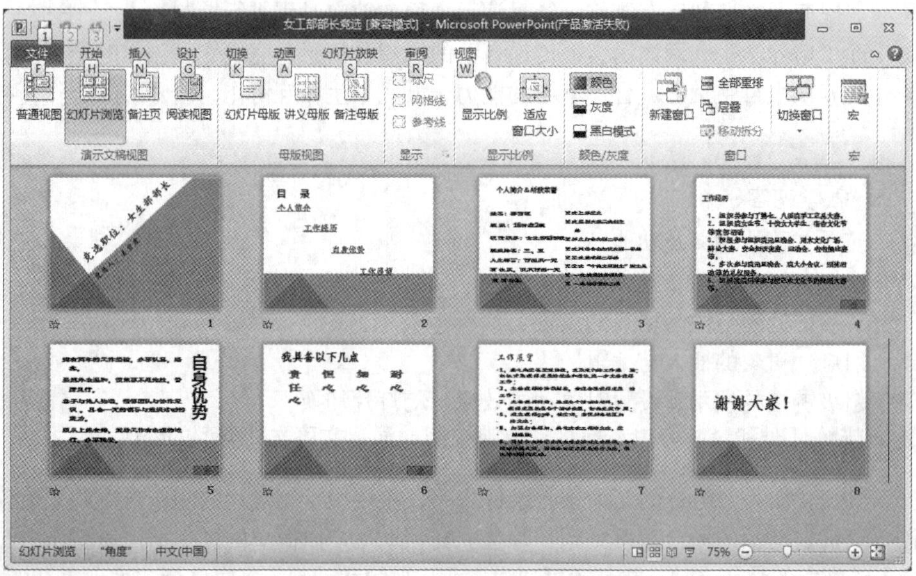

图 6-1 “学生会竞选”演示文稿

【操作要点】

- 熟悉 PowerPoint 2010 的工作界面。
- 认识演示文稿与幻灯片。
- 认识 PowerPoint 视图。
- 演示文稿的基本操作：新建、打开、保存和关闭演示文稿。
- 幻灯片的基本操作：新建、选择、移动、复制和删除幻灯片。

【任务实施】

1．新建并保存演示文稿

下面将新建一个主题为“角度”的演示文稿，然后以“学生会竞选.pptx”为名保存在计算机桌面上，具体操作如下。

（1）选择“开始”→“所有程序”→“Microsoft Office”→“Microsoft PowerPoint 2010”命令，启动 PowerPoint 2010。

（2）选择“文件”→“新建”命令，在“可用的模板和主题”栏中选择“主题”中的“角度”选项，单击右侧的“创建”按钮，如图 6-2 所示。

W6.1.1 新建并保存演示文稿

（3）在快速访问工具栏中单击“保存”按钮，打开“另存为”对话框，在“地址栏”下拉列表中选择“桌面”选项，在“文件名”文本框中输入“学生会竞选”，在“保存类型”下拉列表框中选择“PowerPoint 演示文稿”选项，单击保存(S)按钮，如图 6-3 所示。

图 6-2 选择主题

图 6-3 设置保存参数

2．新建幻灯片并输入文本

下面将制作前两张幻灯片，首先在标题幻灯片中输入主标题和副标题文本，然后新建第 2 张幻灯片，其版式为“内容与标题”，再在各占位符中输入演示文稿的目录内容，具体操作如下。

W6.1.2 输入文本

（1）新建的演示文稿有一张标题幻灯片，在“单击此处添加标题”占位符中单击，其中的文字将自动消失，切换到中文输入法输入“竞选职位：女生部部长”，字体为楷体，49 磅，加粗。

（2）在副标题占位符中单击，然后输入“竞选人：姜雪霞”，如图 6-4 所示，字体为楷体，32 磅，加粗。

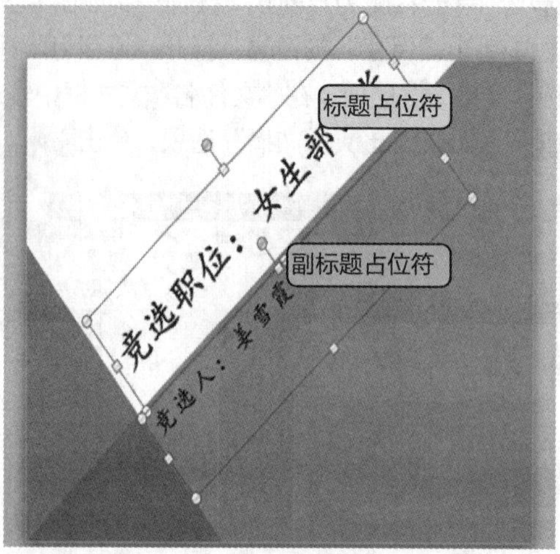

图 6-4 制作标题幻灯片

3．文本框的使用

下面将制作第 2 张幻灯片，首先新建一张版式为“仅标题”的幻灯片，然后在占位符中输入内容，并删除文本占位符前的项目符号，再在幻灯片右上角插入一个横排文本框，在其中输入文本内容，具体操作如下。

W6.1.3 文本框的使用

（1）在“幻灯片”浏览窗格中将鼠标指针定位到第 2 张幻灯片后，选择“开始”→“幻灯片”组，单击“新建幻灯片”按钮下方的下拉按钮，如图 6-5 所示，在打开的下拉列表中选择“仅标题”选项，新建一张幻灯片。

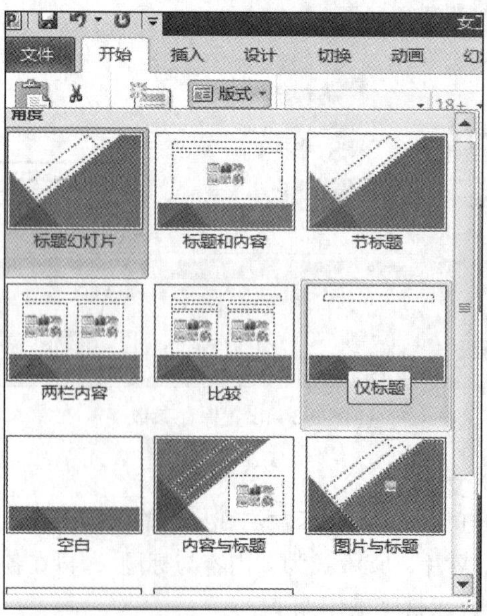

图 6-5 新建幻灯片

（2）在标题占位符中输入文本“目录”，将鼠标指针定位到文本占位符中，按【Backspace】键，删除文本插入点前的项目符号。

（3）输入目录下的所有文本。

（4）选择“插入”→“文本”组，单击“文本框”按钮下方的下拉按钮，在打开的下拉列表中选择“横排文本框”选项，效果如图6-6所示。

（5）此时鼠标指针呈↓形状，移动鼠标指针到幻灯片右上角，单击定位文本插入点，输入文本“个人简介”“工作经历”“自身优势”“工作展望”，效果如图6-7所示。

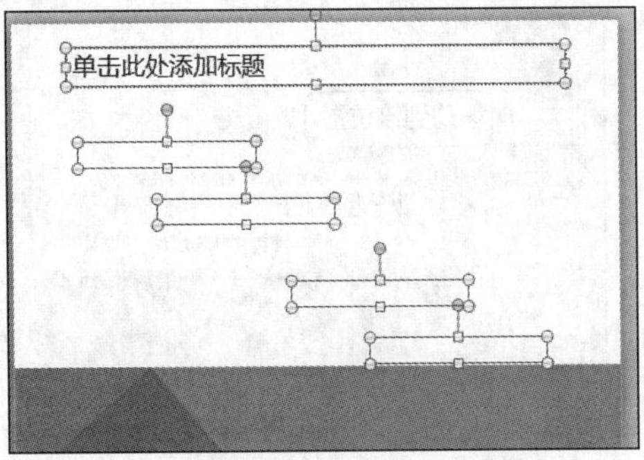

图6-6 新建的幻灯片版式

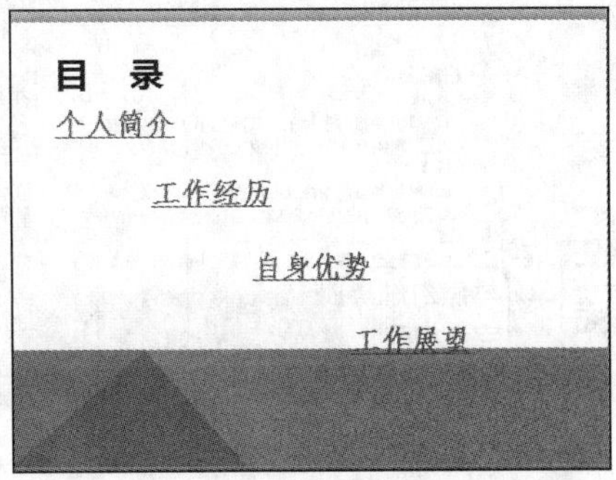

图6-7 输入文本

4．复制、移动与删除幻灯片

W6.1.4 复制并移动幻灯片

在标题幻灯片后新建一张“内容与标题”版式的幻灯片，然后在各占位符中输入图6-8所示的文本，在上方的内容占位符中输入文本时，系统默认在文本前添加项目符号※，用户无须手动完成，按【Enter】键对文本进行分段，完成第3张幻灯片的制作。

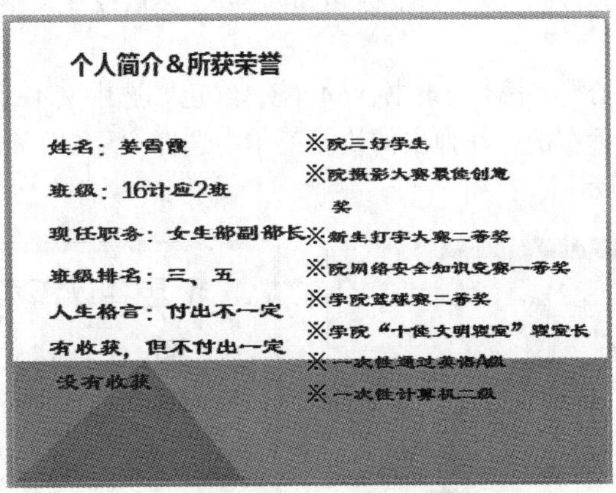

图6-8 第3张幻灯片效果

下面将制作第4张幻灯片，首先复制第3张幻灯片粘贴到最后，编辑第4张幻灯片的内容，具体操作如下。

（1）在“幻灯片”浏览窗格中选择第3张幻灯片，按【Ctrl+D】组合键，生成幻灯片副本。

（2）分别在第4张幻灯片的标题占位符和文本占位符中输入需要的内容，选中右侧多余的文本框按【Delete】键删除。

（3）选择第 4 张幻灯片，按【Ctrl+C】组合键，然后在第 4 张幻灯片后按【Ctrl+V】组合键，在第 4 张幻灯片后新增加一张幻灯片，其内容与第 4 张幻灯片完全相同，如图 6-9 所示。

（4）选择第 5 张幻灯片，按住鼠标不放，拖动到第 1 张幻灯片后释放鼠标，此时第 5 张幻灯片将移动到第 1 张幻灯片后，如图 6-10 所示。按【Delete】键，删除重复的幻灯片。

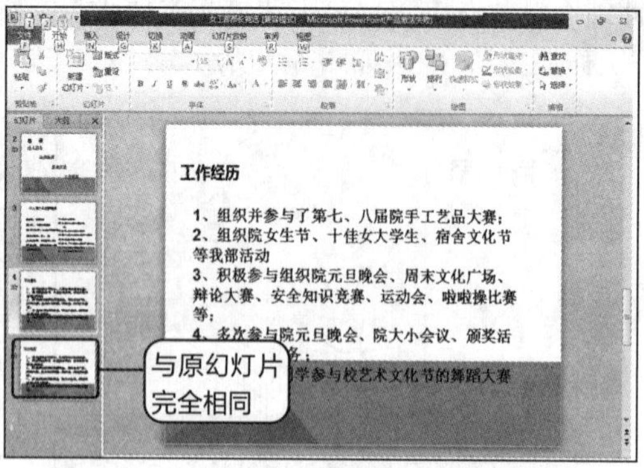

图 6-9　复制幻灯片

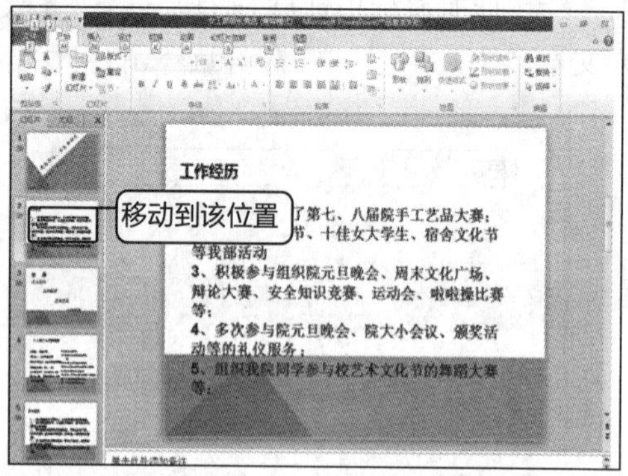

图 6-10　移动幻灯片

5. 编辑文本

下面将编辑真正的第 5 张幻灯片到第 8 张幻灯片，首先新建第 5 张幻灯片，版式为“垂直排列标题和文本”，然后改变文本方向并对其内容进行编辑；在第 6 张幻灯片中将对文本进行修改，新建第 7 张幻灯片，版式为“标题和内容”，具体操作如下。

W6.1.5　编辑文本

（1）首先新建第 5 张幻灯片，版式为“垂直排列标题和文本”，然后改变文本方向，如图 6-11 所示，将文本方向改为横排。

（2）新建第 6 张幻灯片，版式为“标题和内容”，然后改变文本方向，将文本方向改为竖排。

（3）输入文本“耐心”，字体为隶书，54 磅，红色。选中文本，按【Ctrl+C】组合键或在选择的文本上单击鼠标右键，在弹出的快捷菜单中选择“复制”命令，将选择的文本复制粘贴 3 次，如图 6-12 所示。

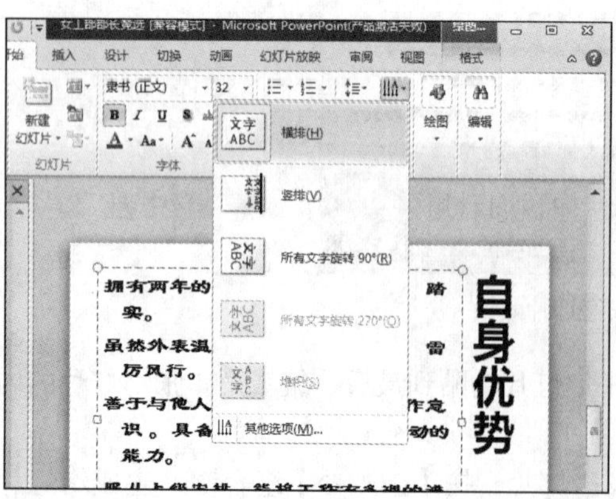

图 6-11　横排文字

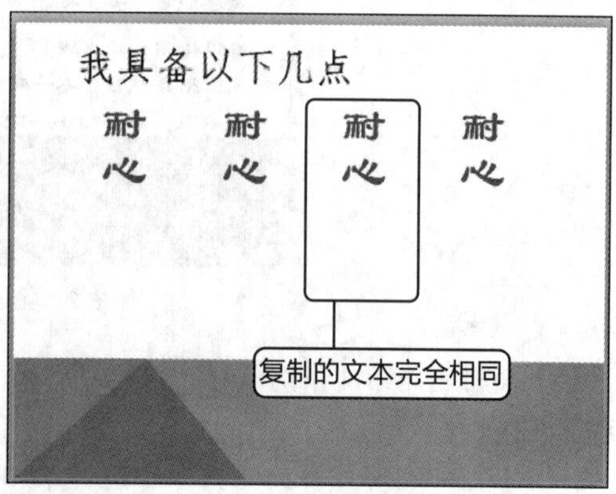

图 6-12　复制文本

（4）将鼠标指针定位到复制后的文本的“耐心”字后，按【Delete】键，删除复制的文字，重新输入“细心”“恒心”和“责任心”，最终效果如图 6-13 所示。

（5）新建第 7 张幻灯片，在幻灯片版式中选择“标题与内容”，然后输入正确的文本内容，如图 6-14 所示。

（6）新建第 8 张幻灯片，在幻灯片版式中选择“仅标题”，输入文本“谢谢大家”，修改文字大小和位置。按【Ctrl+S】组合键或单击“保存”按钮，保存演示文稿，完成演示文稿的制作。

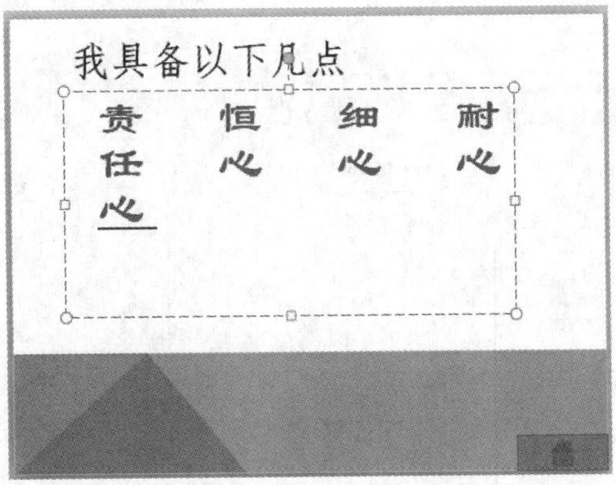

图 6-13　删除和增加文本

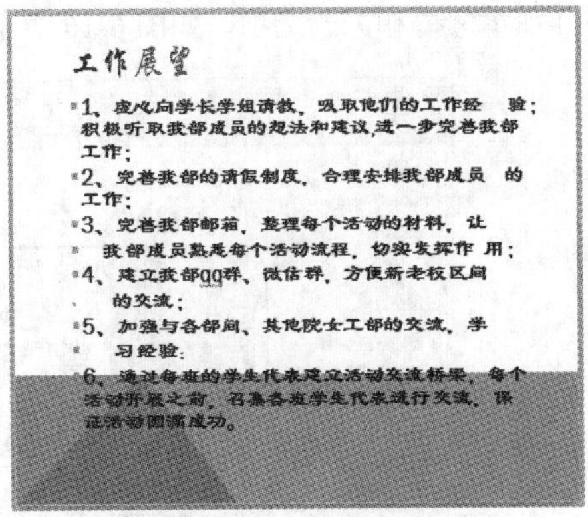

图 6-14　输入和编辑文本

【拓展训练】

在 PowerPoint 软件中打开“6-1 拓展训练.pptx”文件，并按下列要求进行操作。

（1）使用“凤舞九天”主题修饰全文。

（2）在第 1 张幻灯片上添加标题“计算机功能”。

（3）将第 2 张幻灯片移到第 1 张幻灯片之前，幻灯片版式改为“标题幻灯片”，主标题为“计算机系统”，字体为“黑体”，字号为 52 磅。副标题为“计算机功能与硬件系统组成”，字体为“宋体”，字号为 30 磅。背景设置为渐变填充，预设颜色为“金乌坠地”，类型为“矩形”。

（4）将第 3 张幻灯片版式改为“标题和内容”，标题为“计算机硬件系统”，将图片文件 ppt1.jpg 插入内容区域。并插入备注“硬件系统只是计算机系统的一部分”。

（5）将第 4 张幻灯片版式改为“两栏内容”，将图片文件 ppt2.jpg 插入第 4 张幻灯片右侧区域。将第 4 张幻灯片移动成为第 2 张幻灯片。

（6）以原文件名保存文件，最终效果如图 6-15 所示。

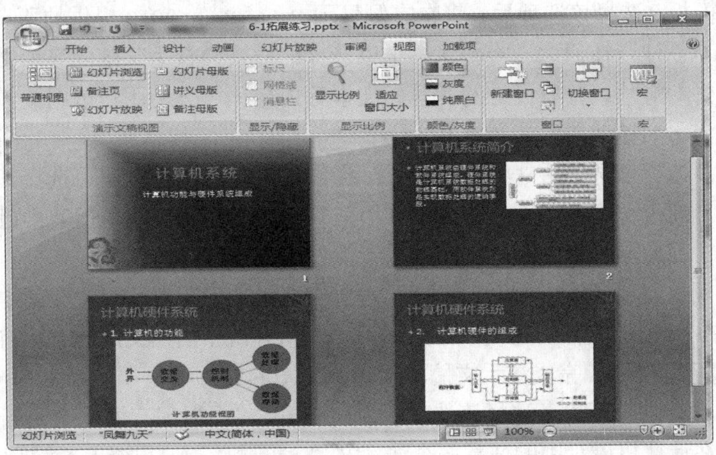

图 6-15　拓展训练最终效果

【知识链接】

启动 PowerPoint 2010 后，就可以对 PowerPoint 文件（即演示文稿）进行操作了，由于 Office 软件的共通性，因此演示文稿的操作与 Word 文档的操作也有一定的相似之处。

1. 新建演示文稿

启动 PowerPoint 2010 后，选择“文件”→“新建”命令，将在工作界面右侧显示所有与新建演示文稿相关的选项，如图 6-16 所示。

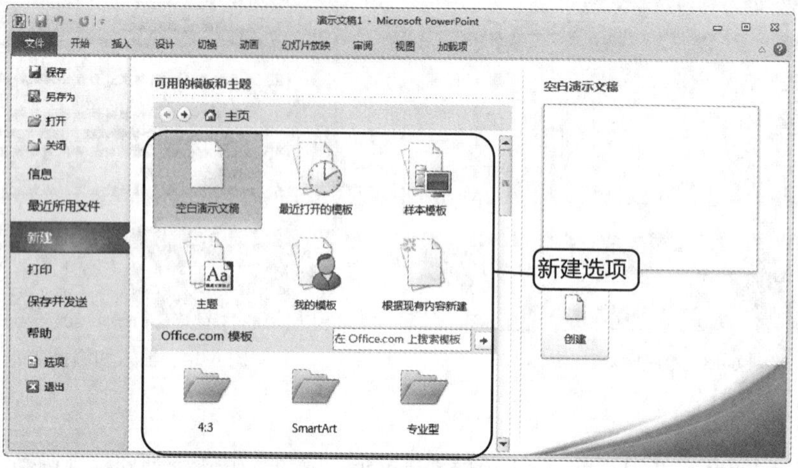

图 6-16　新建相关的选项

在工作界面右侧的“可用的模板和主题”栏和“Office.com 模板”栏中可选择不同的演示文稿的新建模式，选择一种需要新建的演示文稿类型后，单击右侧的“创建”按钮，可新建该演示文稿。

下面分别介绍工作界面右侧各选项的作用。

（1）空白演示文稿。选择该选项后，将新建一个没有内容、只有一张标题幻灯片的演示文稿。此外，启动 PowerPoint 2010 后，系统会自动新建一个空白演示文稿，或在 PowerPoint 2010 界面按【Ctrl+N】组合键快速新建一个空白演示文稿。

（2）最近打开的模板。选择该选项后，将在打开的窗格中显示用户最近使用过的演示文稿模板，选择其中的一个，将以该模板为基础新建一个演示文稿。

（3）样本模板。选择该选项后，将在右侧显示 PowerPoint 2010 提供的所有样本模板，选择一个后单击“创建”按钮，将新建一个以选择的样式模板为基础的演示文稿。此时演示文稿中已有多张幻灯片，并有设计的背景、文本等内容，可方便用户依据该样本模板，快速制作出类似的演示文稿效果，如图 6-17 所示。

（4）主题。选择该选项后，将在右侧显示提供的主题选项，用户可选择其中的一个选项新建演示文稿。通过“主题”新建的演示文稿只有一张标题幻灯片，但其中已有设置好的背景及文本效果，因此同样可以简化用户的设置操作。

（5）我的模板。选择该选项后，将打开“新建演示文稿”对话框，在其中选择用户以前保存为 PowerPoint 模板文件的选项（关于保存为 PowerPoint 模板文件的方法将在后面详细讲解），单击 确定 按钮，完成演示文稿的新建，如图 6-18 所示。

（6）根据现有内容新建。选择该选项后，将打开 “根据现有演示文稿新建”对话框，选择以前保存在计算机磁盘中的任意一个演示文稿，单击 新建(C) 按钮，将打开该演示文稿，用户可在此基础上修改，制作成自己的演示文稿效果。

（7）“Office.com 模板”栏。该栏下列出了多个文件夹，每个文件夹是一类模板，选择一个文件夹，将显示该文件夹下的 Office 网站上提供的所有该类演示文稿模板，选择一个需要的模板类型后，单击“下载”按钮，将自动下载该模板，然后以该模板为基础新建一个演示文稿。需要注意的是，要使用“Office.com 模板”栏中的功能，需要计算机连接网络，否则无法下载模板并新建演示文稿。

图 6-17　样本模板

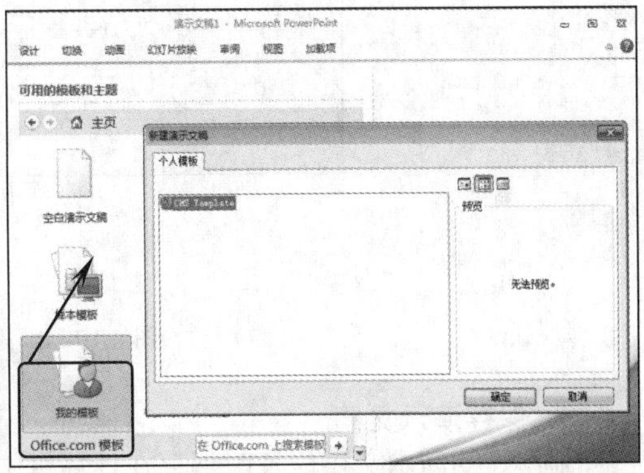

图 6-18　我的模板

2. 打开演示文稿

当需要对已有的演示文稿进行编辑、查看或放映时，需将其打开。打开演示文稿的方式有多种，如果未启动 PowerPoint 2010，可直接双击需打开的演示文稿的图标。在启动 PowerPoint 2010 后，可分为以下 4 种情况来打开演示文稿。

（1）打开演示文稿的一般方法。启动 PowerPoint 2010 后，选择“文件”→“打开”命令或按【Ctrl+O】组合键，打开“打开”对话框，在其中选择需要打开的演示文稿，单击 打开(O) 按钮，即可打开选择的演示文稿。

（2）打开最近使用的演示文稿。PowerPoint 2010 提供了记录最近打开演示文稿保存路径的功能，如果想打开刚关闭的演示文稿，可选择“文件”→“最近所用文件”命令，在打开的页面中将显示最近使用的演示文稿的名称和保存路径，然后选择需打开的演示文稿即可将其打开。

（3）以只读方式打开演示文稿。以只读方式打开的演示文稿只能浏览，不能更改演示文稿中的内容。打开方法是：选择“文件”→“打开”命令，打开“打开”对话框，在其中选择需要打开的演示文稿，单击 打开(O) 按钮右侧的下拉按钮，在打开的下拉列表中选择“以只读方式打开”选项，如图 6-19 所示。此时，打开的演示文稿“标题”栏中将显示“只读”字样。

（4）以副本方式打开演示文稿。以副本方式打开演示文稿是指将演示文稿作为副本打开，对演示文稿进行编辑时不会影响源文件的效果。它的打开方法和以只读方式打开演示文稿方法类似，在打开的“打开”对话框中选择需打开的演示文稿后，单击 打开(O) 按钮右侧的下拉按钮，在打开的下拉列表中选择“以副本方式打开”选项，在打开的演示文稿“标题”栏中将显示“副本”字样。

（5）在“打开”对话框中按住【Ctrl】键选择多个演示文稿选项，单击 打开(O) 按钮，可一次性打开多个演示文稿。

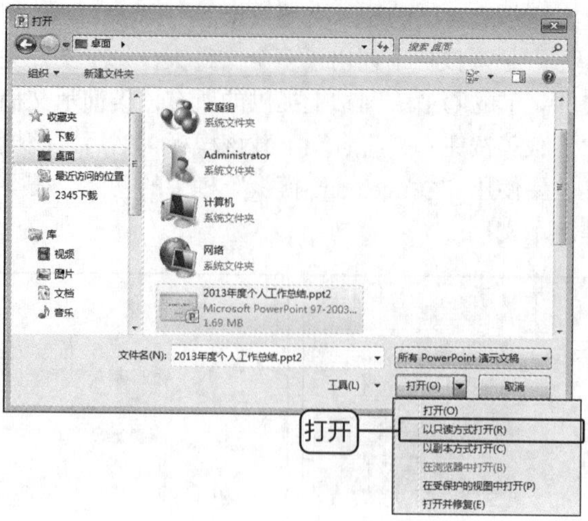

图 6-19　以只读的方式打开

3．保存演示文稿

制作好的演示文稿应及时保存在计算机中，同时用户应根据需要选择不同的保存方式，以满足实际的需求。保存演示文稿的方法有很多，下面将分别进行介绍。

（1）直接保存演示文稿。直接保存演示文稿是最常用的保存方法，其方法是：选择“文件”→“保存”命令或单击快速访问工具栏中的“保存”按钮，打开“另存为”对话框，选择保存位置并输入文件名后，单击保存(S)按钮。当执行过一次保存操作后，再次选择“文件”→“保存”命令或单击 “保存”按钮，可将两次保存操作之间所编辑的内容再次进行保存，而不会打开“打开”对话框。

（2）另存为演示文稿。若不想改变原有演示文稿中的内容，可通过“另存为”命令将演示文稿保存在其他位置或更改其名称。选择“文件”→“另存为”命令，打开“另存为”对话框，重新设置保存的位置或文件名，单击保存(S)按钮，如图 6-20 所示。

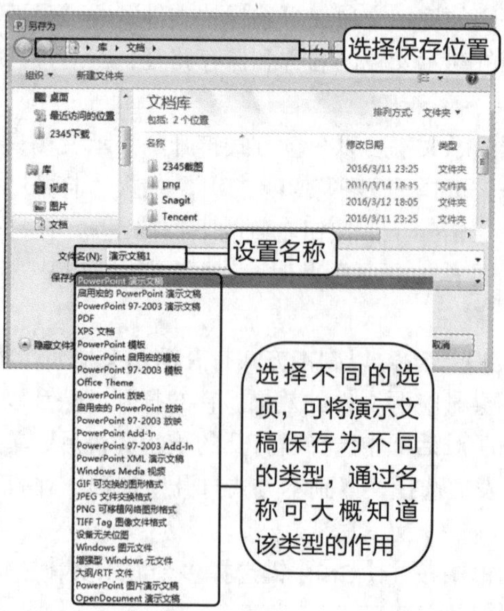

图 6-20　“另存为”对话框

（3）将演示文稿保存为模板。将制作好的演示文稿保存为模板，可提高制作同类演示文稿的速度。选择“文件”→“保存”命令，打开“另存为”对话框，在“保存类型”下拉列表框中选择“PowerPoint 模板”选项，单击 保存(S) 按钮。

（4）保存为低版本演示文稿。如果希望保存的演示文稿可以在 PowerPoint 97 或 PowerPoint 2003 软件中打开或编辑，应将其保存为低版本。在“另存为”对话框的“保存类型”下拉列表中选择“PowerPoint 97-2003 演示文稿”选项，其余操作与直接保存演示文稿操作相同。

（5）自动保存演示文稿。在制作演示文稿的过程中，为了减少不必要的损失，可设置演示文稿定时保存，即到达指定时间后，无须用户执行保存操作，系统将自动对其进行保存。选择“文件”→“选项”命令，打开“PowerPoint 选项”对话框，单击“保存”选项卡，在“保存演示文稿”栏中单击选中两个复选框，然后在“保存自动恢复信息时间间隔”复选框后面的数值框中输入自动保存的时间间隔，在“自动恢复文件位置”文本框中输入文件未保存就关闭时的临时保存位置，单击 确定 按钮，如图 6-21 所示。

图 6-21　自动保存演示文稿

4. 关闭演示文稿

完成演示文稿的编辑或结束放映操作后，若不再需要对演示文稿进行其他操作，可将其关闭。关闭演示文稿的常用方法有以下 3 种。

（1）通过单击按钮关闭。单击 PowerPoint 2010 工作界面标题栏右上角的 x 按钮，关闭演示文稿并退出 PowerPoint 程序。

（2）通过快捷菜单关闭。在 PowerPoint 2010 工作界面标题栏上单击鼠标右键，在弹出的快捷菜单中选择“关闭”命令。

（3）通过命令关闭。选择“文件”→“关闭”命令，关闭当前演示文稿。

任务 2　编辑产品上市策划演示文稿

【任务描述】

王林所在的公司最近开发了一个新的果汁饮品，产品不管是从原材料、加工工艺、产品包装都无可挑剔，现在产品已准备上市。整个公司的目光都集中到了企划部，企划部为这次的产品上市进行立体包装，希望产品“一炮走红”。现在方案已基本“出炉”，需要在公司内部审查通过。王林作为企划部的一员，担任了将方案制作为演示文稿的任务，王林前两天在公司已完成了演示文稿的部分内容，回到家中，王林决定加班将这个演示文稿编辑完成。图 6-22 所示为编辑完成后的“产品上市策划”演示文稿效果。

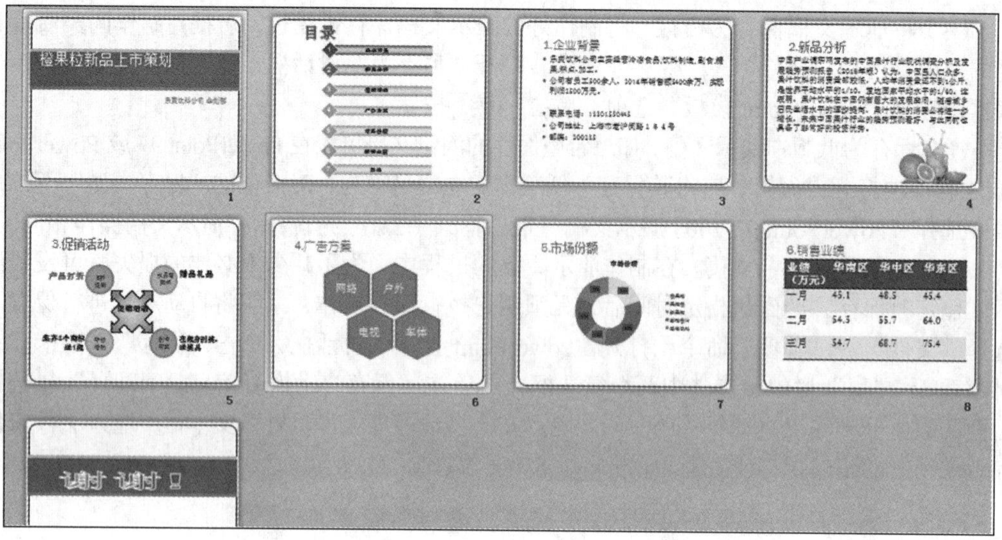

图 6-22 “产品上市策划”演示文稿

具体要求如下。

- 在第 1 张幻灯片中输入文本，插入声音文件。选择跨幻灯片循环播放的音乐文件，并设置声音图标在播放时不显示。
- 在第 2 张幻灯片中插入艺术字“目录”。移动艺术字到幻灯片顶部，再设置其字体为“华文琥珀”，复制粘贴下方目录选项。
- 在第 4 张幻灯片中插入“橙汁”图片，缩小后放在幻灯片右边，图片向左旋转一点角度，再删除其白色背景，并设置阴影效果为“左上对角透视”。
- 在第 6 张幻灯片中新建一个 SmartArt 图形，并复制 3 个，分别为“六边形”，输入文字。
- 第 7 张幻灯片中的插入一个环形图表，并输入文字。
- 在第 8 张幻灯片中制作 4 行 4 列的表格，输入内容后增加表格的行距。
- 在最后 1 张幻灯片中插入一个艺术字。

【操作要点】

- 了解幻灯片文本的设计原则、幻灯片对象的布局原则。
- 掌握设置幻灯片中的文本格式。
- 掌握插入艺术字、图片、SmartArt 图形、形状、表格、图表和媒体文件。

【任务实施】

1. 设置幻灯片中的文本格式

下面将打开“产品上市策划.pptx”演示文稿，在第 2 张幻灯片中插入艺术字“目录”。移动艺术字到幻灯片顶部，再设置其字体为“华文琥珀”，复制粘贴下方目录选项。具体操作如下。

W6.2.1 设置文本

（1）选择“文件”→“打开”命令，打开“打开”对话框，选择“产品上市策划.pptx”演示文稿，单击 打开(O) 按钮将其打开。

（2）在第 1 张幻灯片输入标题“橙果粒新品上市策划”。

（3）在第 1 张幻灯片输入副标题“乐爽饮料公司 企划部”，如图 6-23 所示。

（4）选择“4 号广告文案”，选择“开始”→“剪贴板”组，单击“复制”按钮，或者按【Ctrl+C】组合键复制。

（5）使用“开始”→“剪贴板”组，单击“粘贴”按钮，或者按【Ctrl+V】组合键粘贴。生成第 5、6、7 号广告文案，如图 6-24 所示。

图 6-23　设置字体、字号

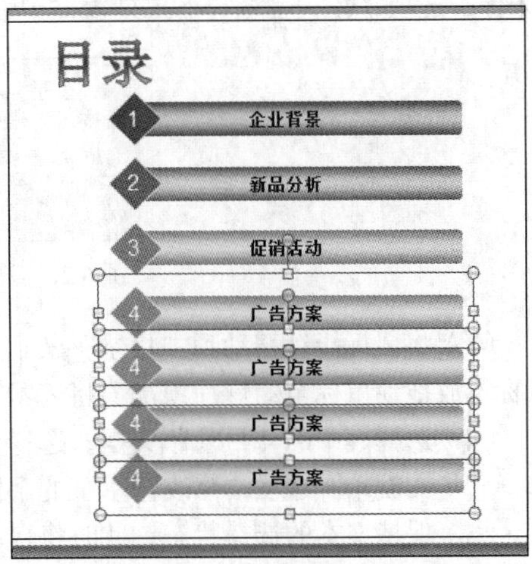

图 6-24　复制粘贴图形

（6）选择未修改的文本，单击“广告文案”所在的文本框，在文本框内修改文字内容，效果如图 6-25 所示。

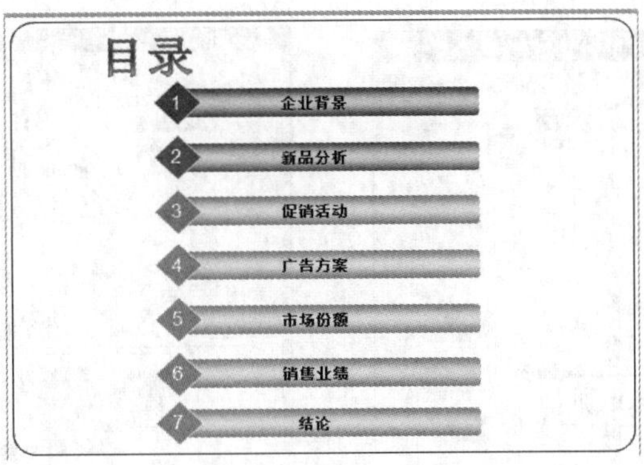

图 6-25　设置文本后的效果

提示	要想更详细地设置字体格式，可以通过“字体”对话框来进行设置。方法是：选择“开始”→字体”组，单击右下角的按钮，打开“字体”对话框，在“字体”选项卡中不仅可设置字体格式，在“字符间距”选项卡中还可设置字与字之间的距离。

2．插入艺术字

艺术字拥有比普通文本拥有更多的美化和设置功能，如渐变的颜色、不同的形状效果、立体效果等。艺术字在演示文稿中使用十分频繁。下面将在第 2 张幻灯片中输入艺术字“目录”。要求样式为第 2 列的最后一排的效果，移动艺术字到幻灯片顶部，再设置其字体为“华文琥珀”，然后设置艺术字的填充为图片“橙汁”，设置艺术字映像效果为第一列最后一

W6.2.2　插入艺术字

项，其具体操作如下。

（1）在“幻灯片”浏览窗格中选择第 2 张幻灯片，选择“插入”→“艺术字”，选择“渐变填充-橙色 强调文字颜色 1”，输入“目录”。

（2）保持文本的选择状态，选择“开始”→“字体”组，在“字体”下拉列表框中选择“宋体”选项，在“字号”下拉列表框中输入“54”，如图 6-26 所示。

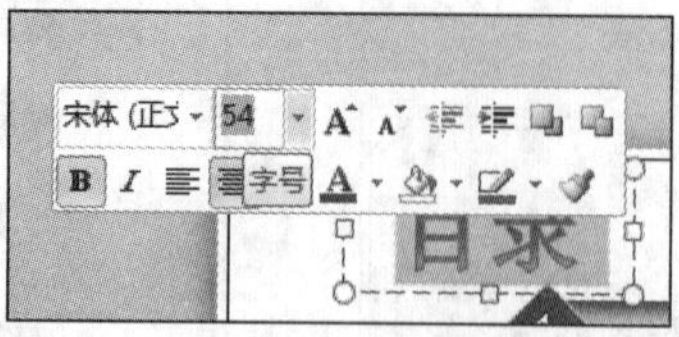

图 6-26　移动艺术字并修改字体

（3）将鼠标指针移动到“目录”文本框四周的非控制点上，鼠标指针变为形状，按住鼠标不放拖动鼠标至幻灯片顶部，将艺术字“目录”移动到该位置。

（4）选择其中的“目录”文本，选择“开始”→“字体”组，在“字体”下拉列表框中选择“华文琥珀”选项，修改艺术字的字体，如图 6-26 所示。

（5）保持文本的选择状态，此时将自动激活“绘图工具”的“格式”选项卡，选择“格式”→“艺术字样式”组，单击文本填充按钮，在打开的下拉列表中选择“图片”选项，打开“插入图片”对话框，选择需要填充到艺术字的图片“橙汁”，单击插入(S)按钮。

（6）选择“格式”→“艺术字样式”组，单击文本效果按钮，在打开的下拉列表中选择“映像”→“紧密映像，8#pt 偏移量”选项，如图 6-27 所示，最终效果如图 6-28 所示。

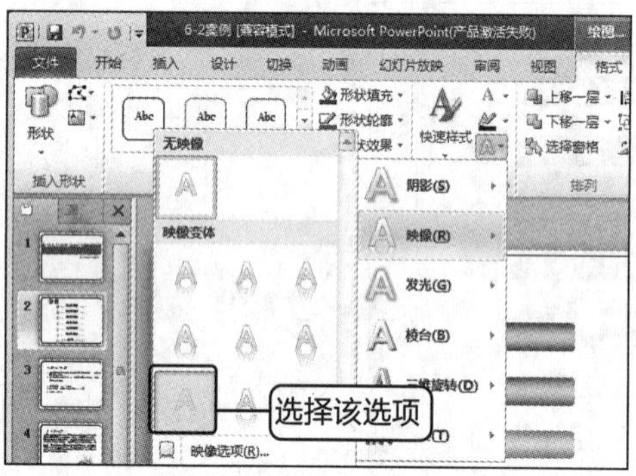

图 6-27　选择文本映像

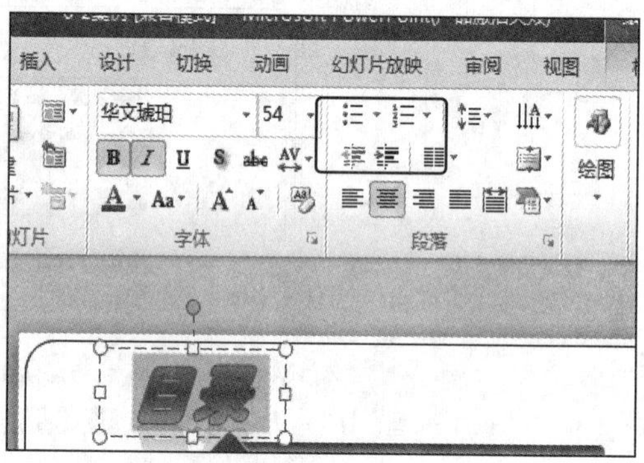

图 6-28　查看艺术字效果

提示　选择输入的艺术字，在激活的“格式”选项卡中还可设置艺术字的多种效果，其设置方法基本类似，如选择“格式”→“艺术字样式”组，单击文本效果按钮，在打开的下拉列表中选择“转换”选项，在打开的子列表中将列出所有变形的艺术字效果，选择任意一个，即可为艺术字设置该变形效果。

3．插入图片

图片是演示文稿中非常重要的一部分，在幻灯片中可以插入计算机中保存的图片，也可以插入 PowerPoint 自带的剪贴画。下面将在第 4 张幻灯片中插入“果汁 1”图片，只需选择图片，在其缩小后放在幻灯片右边，图片向左旋转一点角度，再删除其白色背景，并设置阴影效果为“左上对

W6.2.3　插入图片

角透视”；在第 5 张幻灯片中插入剪贴画“”，具体操作如下。

（1）在“幻灯片”浏览窗格中选择第 4 张幻灯片，选择“插入”→“图像”组，单击“图片”按钮。

（2）打开“插入图片”对话框，选择需插入图片的保存位置，这里的位置为“桌面”，在中间选择图片“饮料瓶”，单击插入(S)按钮，如图 6-29 所示。

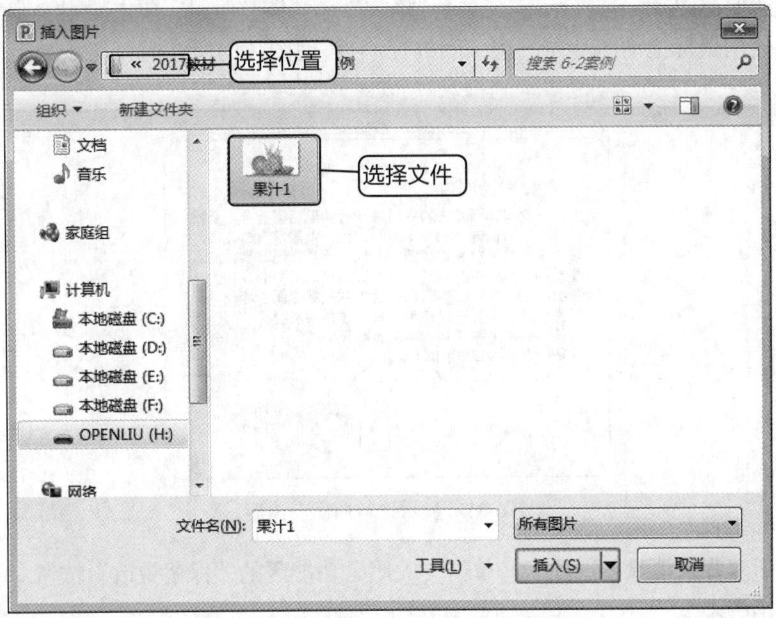

图 6-29　插入图片

（3）返回 PowerPoint 工作界面即可看到插入图片后的效果。将鼠标指针移动到图片四角的圆形控制点上，拖动鼠标调整图片大小。

（4）选择图片，将鼠标指针移到图片任意位置，当鼠标指针变为形状时，拖动鼠标到幻灯片右侧的空白位置，释放鼠标将图片移到该位置，如图 6-30 所示。

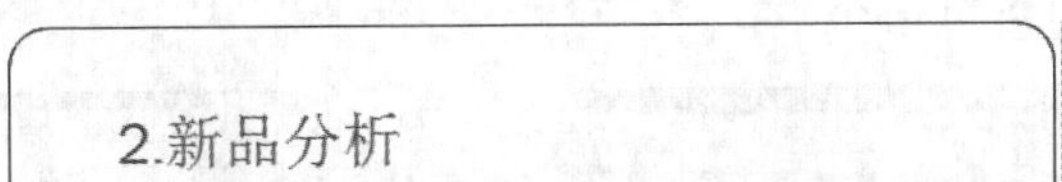

图 6-30　缩放并移动图片

（5）将鼠标指针移动到图片上方的绿色控制点上，当鼠标指针变为形状时，向左拖动鼠标，使图片向左旋转一定角度。

! 提示	除了图片之外，前面讲解的占位符和艺术字，以及后面即将讲到的形状等，选择后在对象的四周、中间，以及上面都会出现控制点，拖动对象四角的控制点可同时放大或缩小对象；拖动四边中间的控制点，可向一个方向缩放对象；拖动上方的绿色控制点，可旋转对象。

（6）继续保持图片的选择状态，选择“格式”→“调整”组，单击“删除背景”按钮，在幻灯片中使用鼠标拖动图片每一边中间的控制点，使图片的所有内容均显示出来，如图 6-31 所示。

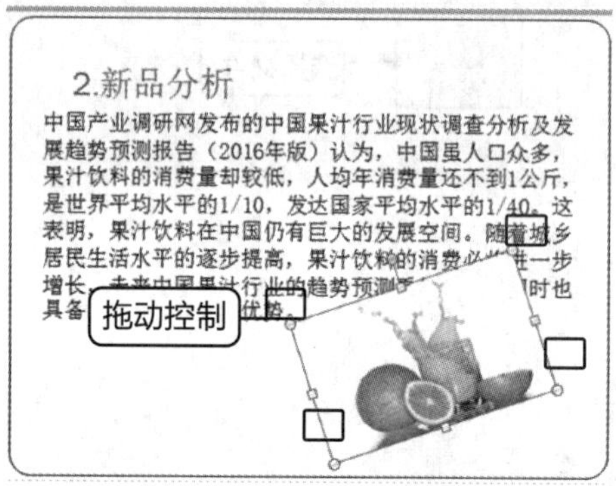

图 6-31　显示饮料瓶所有内容

（7）激活“背景消除”选项卡，单击“关闭”功能区的“保留更改”按钮，饮料瓶的白色背景将消失。

（8）选择“格式”→“图片样式”组，单击 图片效果 按钮，在打开的下拉列表中选择“阴影”→“左上对角透视”选项，为图片设置阴影后的效果如图 6-32 所示。

（9）选择第 11 张幻灯片，单击占位符中的“剪贴画”按钮，打开“剪贴画”窗格，在“搜索文字”文本框中不输入任意内容（表示搜索所有剪贴画），单击选中“包括 Office.com 内容”复选框，单击 搜索 按钮，在下方的列表框中选择需插入的剪贴画，该剪贴画将插入幻灯片的占位符中，如图 6-33 所示。

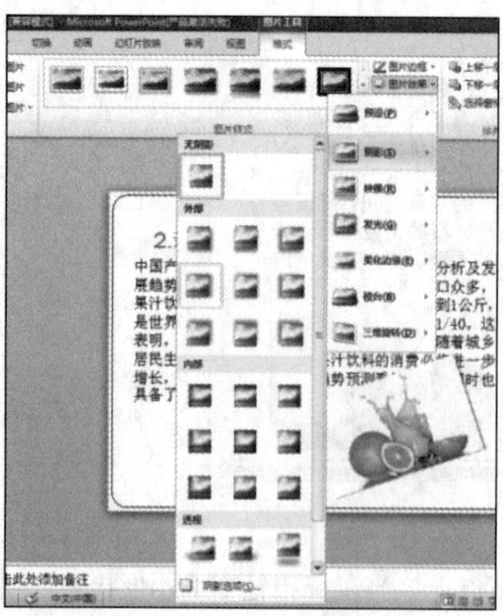

图 6-32　设置阴影

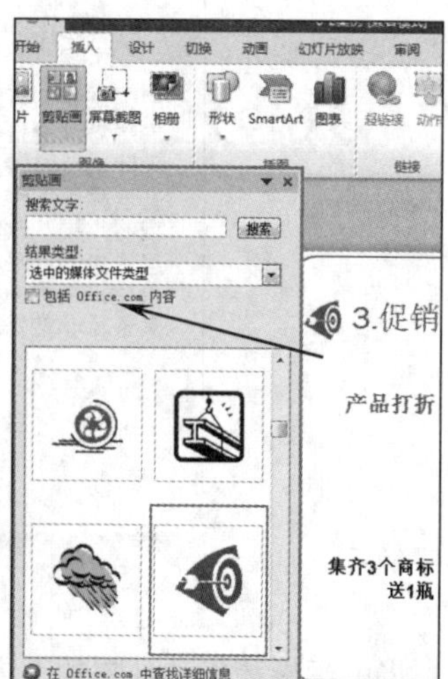

图 6-33　插入剪贴画

注意	图片、剪贴画、SmartArt 图片、表格等都可以通过选项卡或占位符插入，即这两种方法是插入幻灯片中各对象的通用方式。

4．插入 SmartArt 图形

W6.2.4 插入 SmartArt 图形

SmartArt 图形用于表明各种事物之间的关系，它在演示文稿中使用非常广泛，SmartArt 图形是从 PowerPoint 2007 开始新增的功能。下面将在第 6、7 张幻灯片中新建一个 SmartArt 图形，分别为“分段循环”和“棱锥型列表”，然后输入文字，其中第 7 张幻灯片中的 SmartArt 图形需要添加一个形状，并输入文字“神秘、饥饿促销”。接着编辑第 8 张幻灯片已有的 SmartArt 图形，包括更改布局为“圆箭头流程”，设置 SmartArt 样式为“金属场景”，设置艺术字样式为最后一排第 3 个，具体操作如下。

（1）在“幻灯片”浏览窗格中选择第 6 张幻灯片，在右侧单击占位符中的“插入 SmartArt 图形”按钮。

（2）打开“选择 SmartArt 图形”对话框，在左侧选择“列表”选项，在右侧选择“交替六边形”选项，单击确定按钮，如图 6-34 所示。

（3）此时在占位符处插入一个“交替六边形”样式的 SmartArt 图形，该图形主要由 4 部分组成，多余图形可以删除，如图 6-35 所示。

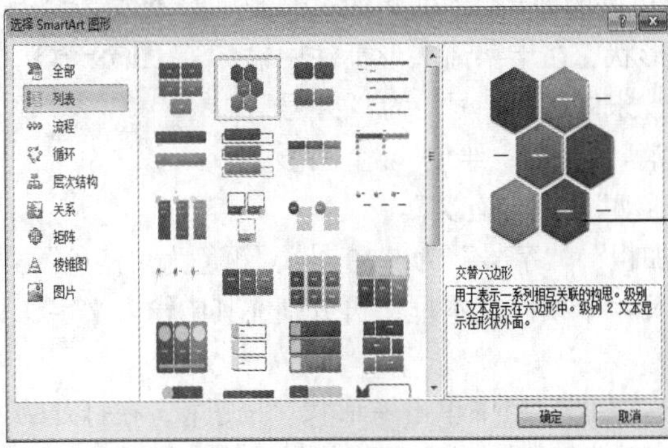

图 6-34 选择 SmartArt 图形

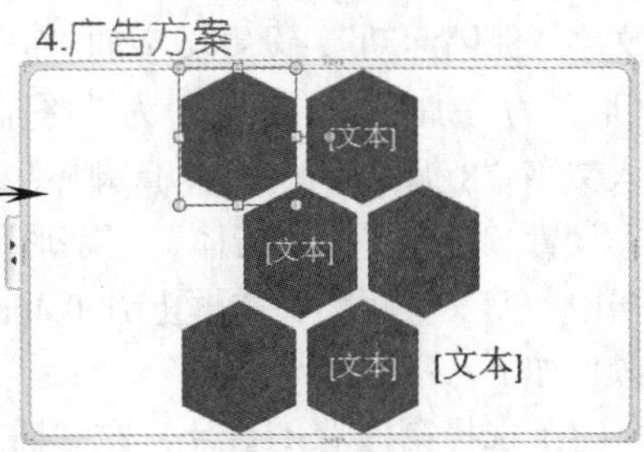

图 6-35 选择和删除多余文本和图形

（4）选择第 6 张幻灯片，在右侧选择占位符，按【Delete】键将其删除，选择“插入”→“插图”组，单击“SmartArt”按钮，在该形状上单击鼠标右键，在弹出的快捷菜单中选择“编辑文字”命令。在每一部分的“文本”提示中分别输入“网络”“户外”“电视”和“车体”，如图 6-36 所示。

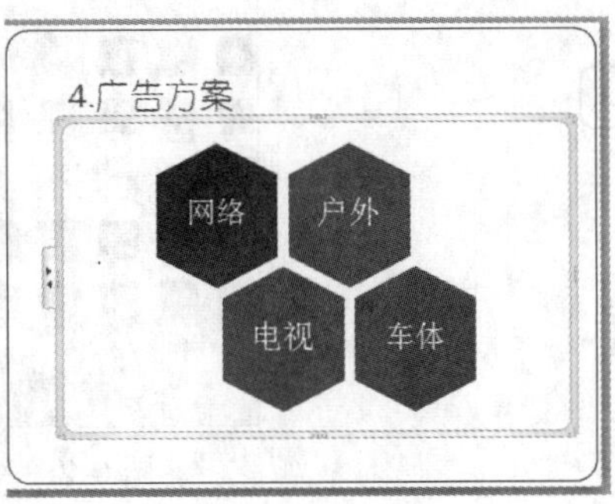

图 6-36 输入文本

（5）将鼠标指针定位到形状上，选择“格式”→“形状填充”，填充颜色改为“蓝色”，线条颜色改为“黑色”，如图 6-37 所示。

（6）调整 SmartArt 图形的位置，最终效果如图 6-38 所示。

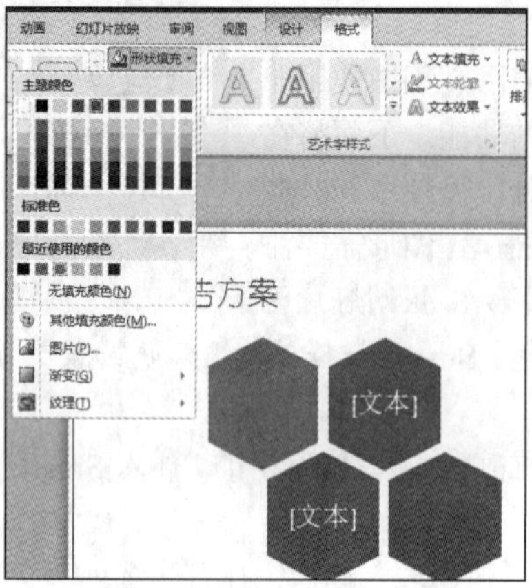

图 6-37　修改填充颜色和线条颜色

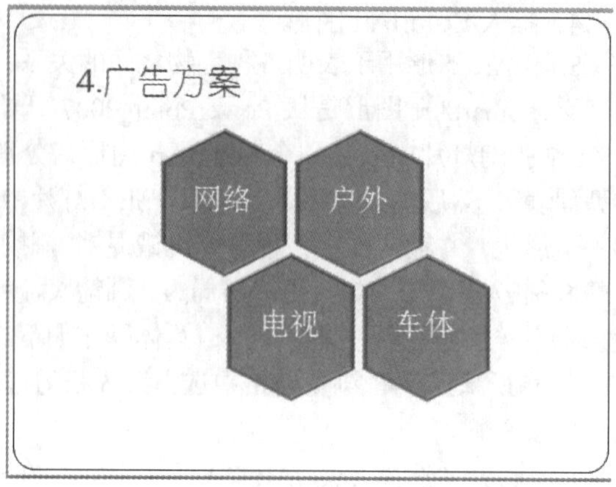

图 6-38　最终效果

5．插入形状

W6.2.5　插入形状

形状是 PowerPoint 提供的基础图形，通过基础图形的绘制、组合，有时可达到比图片和系统预设的 SmartArt 图形更好的效果。下面将通过绘制圆形和十字箭头形标注，组合成交叉箭头的形状，在十字箭头形标注中输入文字“促销活动”，设置文字的“字体”为“宋体”，“字号”为“24 号”，“字形”为“加粗”，“颜色”为“深蓝”，取消“倾斜”；绘制 4 个圆形；输入文字“8 折促销”“水晶高脚杯”“夺标活动”“刮卡有奖”。

设置“字体”为“楷体”，“字形”为“加粗”，“字号”为“20 号”，颜色为“蓝色”，段落居中，使文字距离文本框上方 0.4cm；插入 4 个横向文本框，再分别在其中输入文字，具体操作如下。

（1）选择第 5 张幻灯片，在“插入”→“插图”组中单击“形状”按钮，在打开的列表中选择“箭头总汇”栏中的“十字箭头形标注”选项，此时鼠标指针变为十形状，在幻灯片右上方拖动鼠标绘制一个十字箭头形，作为中心图片，旋转 45°，如图 6-39 所示。

（2）选择图形后，在“格式”→“形状样式”组中，单击“细微效果-黑色 深色 1”按钮，改变图形的颜色和效果，如图 6-40 所示。

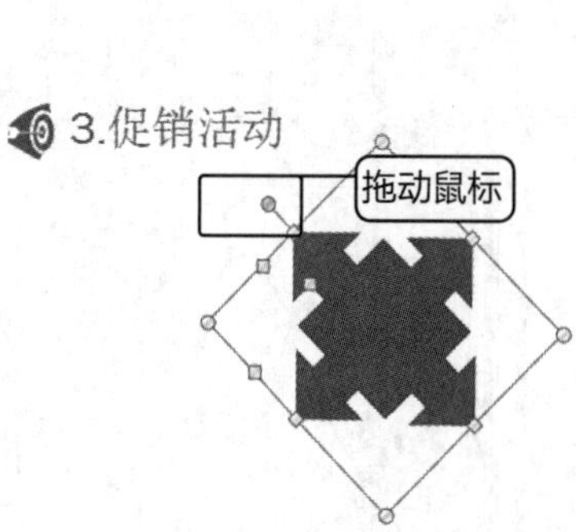

图 6-39　绘制图形

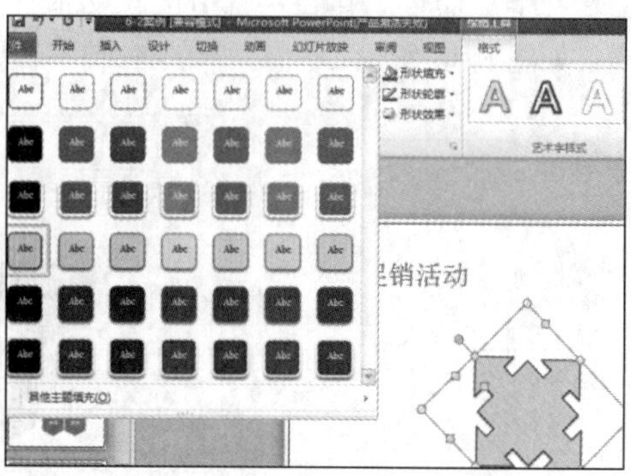

图 6-40　细微效果 - 黑色 深色 1

（3）选择第 5 张幻灯片，在“插入”→“插图”组中单击“形状”按钮，在打开的列表中选择“基本形状”栏中的“圆形”选项，此时鼠标指针变为+形状，按住【Shift】键，在幻灯片右上方拖动鼠标绘制一个正圆形，在绘制的圆形上单击鼠标右键，在弹出的快捷菜单中选择“编辑文字”命令，文本插入点将自动定位到圆形中，此时输入文本“8 折优惠”。

（4）使用前面相同的方法，复制已绘制好的圆形，粘贴 3 个到幻灯片，并在圆形中输入文字“水晶高脚杯”“夺标活动”“刮卡有奖”。注意文字要分两行显示，如图 6-41 所示。

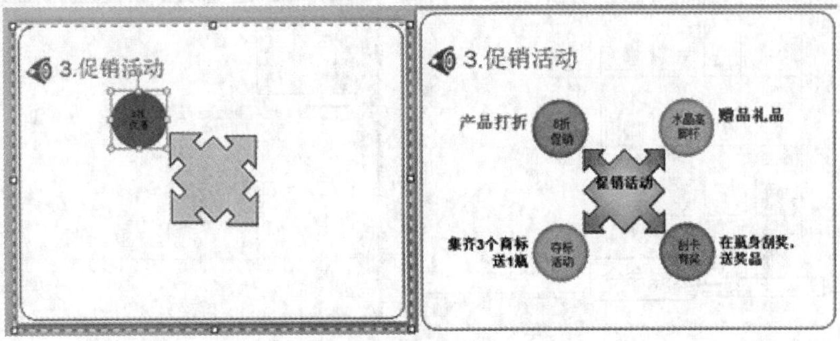

图 6-41　设置形状和文字

（5）选择 4 个圆形中的文本，选择“开始”→“字体”组，在“字体”下拉列表框中选择“宋体”选项，在“字号”下拉列表框中选择“20”，在“颜色”下拉列表框中选择“深蓝”选项。

（6）使用相同方法，设置十字交叉图形中的文字，“字体”为“楷体”，“字形”为“加粗”，“字号”为“20 号”，“颜色”为“黑色”。选择“开始”→“段落”组，单击“居中”按钮，将文字在五边形中水平居中对齐。

（7）保持五边形中文字的选择状态，单击鼠标右键，在弹出的快捷菜单中选择“设置形状格式”命令，在打开的“设置形状格式”对话框左侧选择“文本框”选项，在对话框右侧的“上”数值框中输入“0.4 厘米”，单击 关闭 按钮，使文字在十字交叉图形中垂直居中，插入 4 个文本框，输入文字，如图 6-42 所示。

注意　在打开的“设置形状格式”对话框中可对形状进行各种不同的设置，甚至可以说关于形状的所有设置都可以通过该对话框完成。除了形状之外，在图形、艺术字和占位符等形状上单击鼠标右键，在弹出的快捷菜单中选择“设置形状格式”命令，也会打开对应的设置对话框，在其中也可进行样式的设置。

6．插入图表

（1）选择第 9 张幻灯片，在“插入”→“图表”组选择“圆环图”，如图 6-42 所示。

（2）选择图形，单击鼠标右键，在弹出的快捷菜单中选择“设置数据系列格式”→“设置数据标签格式”命令，数据标识显示在图表上，将图表数据系列颜色修改成黄色、红色、绿色和棕色。

（3）双击选择的图形，进入关联的数据表。

（4）对数据表中的文本进行修改，修改后的文本如图 6-43 所示，图表修改完成。

W6.2.6　插入表格

7．插入表格

表格可直观形象地表达数据情况，在 PowerPoint 中既可在幻灯片中插入表格，也可以对插入的表格进行编辑和美化。下面将在第 10 张幻灯片中制作一个表格，首先插入一个 5 行 4 列的表格，输入表格内容后向下移动鼠标，并增加表格的行距，然后在最后一列和最后一行后各增加一列和一行，并在其中输入文本，合并新增加的一行中除最后一个单元格外的所有单元格，设置该行的底纹颜色为“浅蓝”；为第一个单元格绘制一条白色的斜线，最后设置表格的“单元格凹凸效果”为“圆”。

图 6-42　选择圆环图

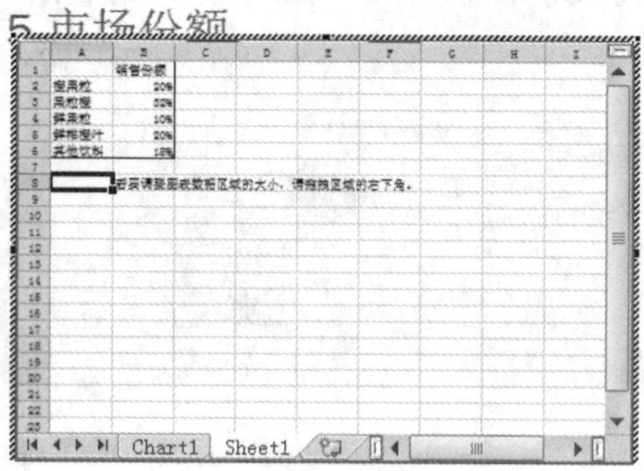

图 6-43　编辑数据表

（1）选择第 10 张幻灯片，单击占位符中的“插入表格”按钮，打开“插入表格”对话框，在“列数”数值框中输入“4”，在“行数”数值框中输入“4”，单击确定按钮。

（2）在幻灯片中插入一个表格，分别在各单元格中输入表格内容，如图 6-44 所示。

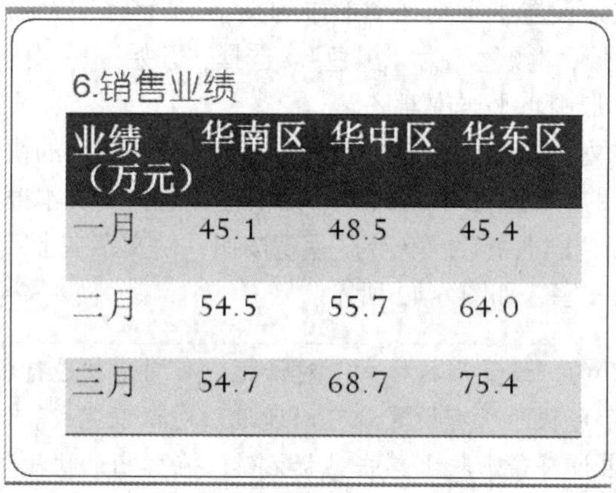

图 6-44　插入表格并输入文本

（3）将鼠标指针移动到表格中的任意位置处单击，此时表格四周将出现一个操作框，将鼠标指针移动到操作框上，当鼠标指针变为形状时，按住【Shift】键向下拖动鼠标，使表格向下移动。

（4）将鼠标指针移动到表格操作框下方中间的控制点处，当鼠标指针变为形状时，向下拖动鼠标，增加表格各行的行距。

（5）将鼠标指针移动到“三月”所在行下方，当鼠标指针变为⬇形状时单击，选择该行，在选择的区域单击鼠标右键，在弹出的快捷菜单中选择”“插入”→“在下方插入行”命令。

（6）在“三月”行下方插入行列，并输入“季度合计”的内容。

（7）计算季度合计，输入结果如图 6-45 所示。

（8）选择华南区文本所在的单元格，单击“开始”→“格式刷”按钮，复制格式如图 6-46 所示。

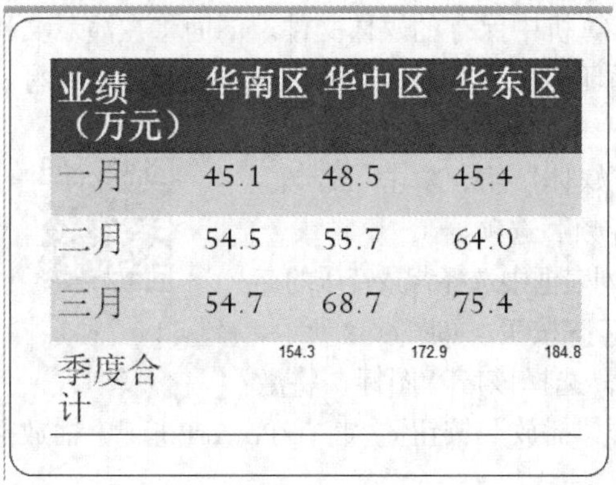

业绩（万元）	华南区	华中区	华东区
一月	45.1	48.5	45.4
二月	54.5	55.7	64.0
三月	54.7	68.7	75.4
季度合计	154.3	172.9	184.8

图 6-45　插入行

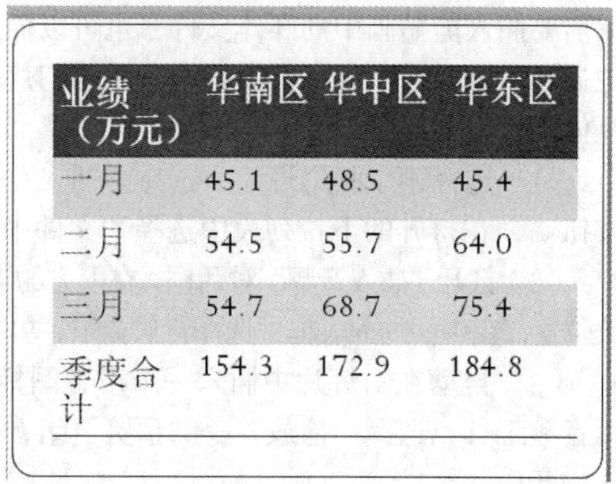

业绩（万元）	华南区	华中区	华东区
一月	45.1	48.5	45.4
二月	54.5	55.7	64.0
三月	54.7	68.7	75.4
季度合计	154.3	172.9	184.8

图 6-46　合并单元格

（9）选择“季度合计”所在的行，选择“设计”→“表格样式”组，单击底纹按钮，在打开的下拉列表中选择“浅蓝”选项。

（10）选择“设计”→“绘图边框”组，单击笔颜色按钮，在打开的下拉列表中选择“白色”选项，自动激活该组的“绘制表格”按钮。

（11）此时鼠标指针变为形状，移动鼠标指针到第一个单元格，从左上角到右下角按住鼠标左键不放，绘制斜线表头。

（12）选择整个表格，选择“设计”→“表格样式”组，单击效果按钮，在打开的下拉列表中选择“单元格凹凸效果”→“圆”选项，为表格中的所有单元格都应用该样式，最终效果如图 6-47 所示。

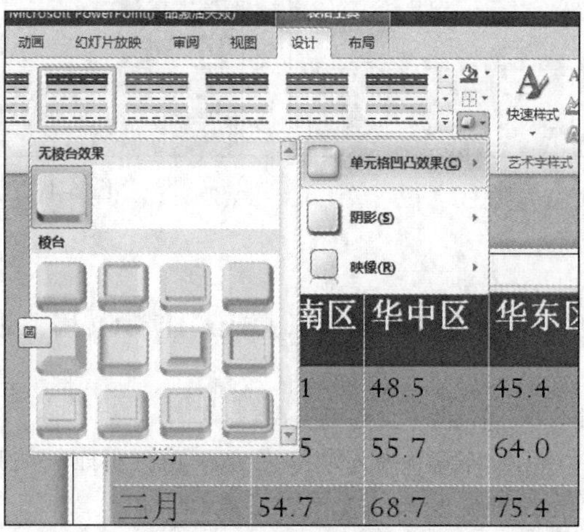

图 6-47　设置单元格凹凸效果

提示　以上操作将表格的常用操作串在一起进行了简单讲解，用户在实际操作过程中，制作表格的方法相对简单，只是其编辑的内容较多，此时可选择需要操作的单元格或表格，然后自动激活“设计”选项卡和“布局”选项卡，其中“设计”选项卡与美化表格相关，“布局”选项卡与表格的内容相关，在这两个选项卡中通过其中的选项、按钮即可设置不同的表格效果。

8. 插入媒体文件

媒体文件即指音频和视频文件，PowerPoint 支持插入媒体文件，和图片一样，用户可根据需要插入剪贴画中的媒体文件，也可以插入计算机中保存的媒体文件。下面将在演示文稿中插入一个音乐文件，并设置该音乐跨幻灯片循环播放，在放映幻灯片时不显示声音图标，具体操作如下。

W6.2.7 插入媒体文件

（1）选择第1张幻灯片，选择“插入”→“媒体”组，单击“音频”按钮，在打开的下拉列表中选择“文件中的音频”选项。

（2）打开“插入音频”对话框，在上方的下拉列表框中选择背景音乐的存放位置，在中间的列表框中选择背景音乐，单击插入(S)按钮，如图6-48所示。

（3）自动在幻灯片中插入一个声音图标，选择该声音图标，将激活音频工具，选择“播放”→“预览”组，单击“播放”按钮，将在PowerPoint中播放插入的音乐。

（4）选择“播放”→“音频选项”组，单击选中“放映时隐藏”复选框和“循环播放，直到停止”复选框，在“开始”下拉列表框中选择“跨幻灯片播放”选项，如图6-49所示。

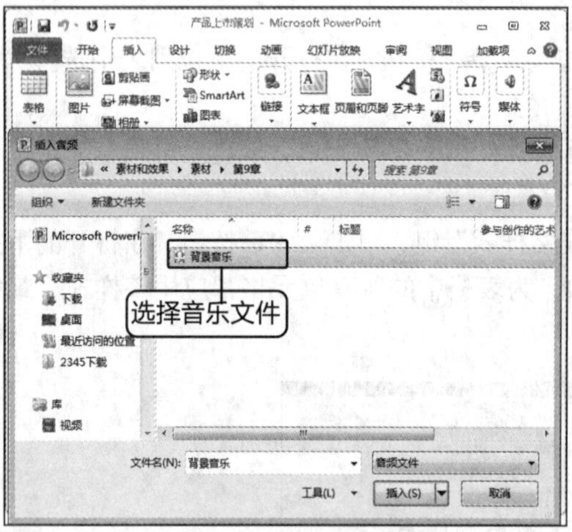

图6-48　插入声音

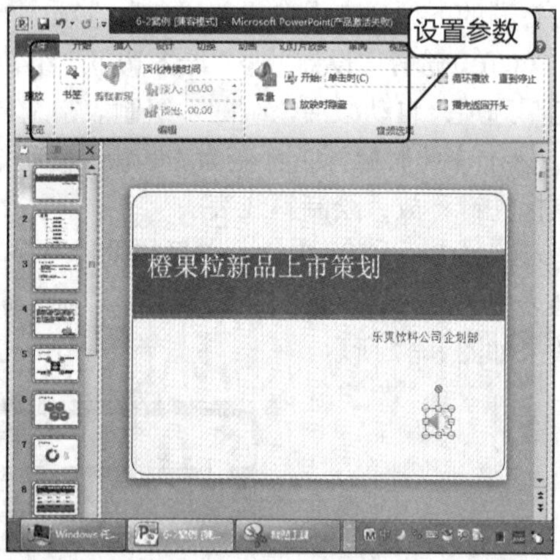

图6-49　设置声音选项

【拓展训练】

W6.2.8 拓展训练

1. 按照下列要求制作一个“6-2 拓展训练1.pptx”演示文稿，并保存在桌面上。

（1）使用主题“奥斯汀”新建演示文稿。

（2）在标题幻灯片中的主标题中输入“交通安全知识讲座”，设置字体格式为“楷体、加粗”，在副标题中输入“安全驾驶常识”。

（3）新建一张版式为“两栏内容”的幻灯片，删除标题占位符，插入一个样式为最后一种样式的艺术字，输入“第一要求”，并移动到幻灯片的标题位置。

（4）在左侧文本占位符中输入两段文字，分别是“喝酒不开车”“开车不喝酒”。

（5）在右侧插入位于考生文件夹中的图片“酒后驾驶”。

2. 打开“6-2 拓展训练2.pptx”演示文稿，按照下列要求对演示文稿进行编辑并保存。

（1）在标题幻灯片左上方插入一个横排文本框，输入“领导力培训”，设置“字体”为“黑体”，“字号”为“40号”。

（2）在标题幻灯片右上方插入一个上箭头，设置形状样式为“强烈效果-蓝色，强调颜色1”。

（3）调整第7张幻灯片和第8张幻灯片的位置。

（4）在调整后的第 8 张幻灯片中插入一张剪贴画。

【知识链接】

在演示文稿中，并不需要太多的文字，幻灯片中的文字应该精炼而且醒目、具有吸引力，需要对文字进行格式化处理。对幻灯片中的文字进行编辑和格式设置，与 Word 2010 相似，在实际操作时可以借鉴 Word 2010 的操作技巧，如复制、剪切、查找与替换、设置字体、段落、项目符号和编号等。

实际上，字体设计也有一定的原则可循，下面介绍 5 种常见的字体设计原则。

（1）幻灯片标题字体最好选用更容易阅读的较粗的字体，正文使用比标题更细的字体，以区分主次。

（2）在搭配字体时，标题和正文尽量选用常用字体，而且还要考虑标题字体和正文字体的搭配效果。

（3）在演示文稿中如果要使用英文字体，可选择 Arial 与 Times New Roman 两种英文字体。

（4）PowerPoint 不同于 Word，其正文内容不宜过多，正文中只列出较重点的标题即可，其余扩展内容可留给演示者临场发挥。

（5）在商业、培训等较正式的场合，其字体可使用较正规的字体，如标题使用方正粗宋简体、黑体和方正综艺简体等，正文可使用微软雅黑、方正细黑简体和宋体等；在一些相对较轻松的场合，其字体可更随意一些，如方正粗倩简体、楷体（加粗）和方正卡通简体等。

幻灯片中的对象包含很多内容，如图片、图示、剪贴画、表格、图表、自选图形、声音、影片等，可以通过“插入”功能选项卡中相应的命令来完成操作。此外，其中的绝大部分对象都有相应的版式对应。我们只需要选择相应的版式，然后按提示操作就可以了。

转换“SmartArt 图形”是 PowerPoint 2010 中特有的功能。将文本转换为 Smart 图形可以使文字内容更加直观，同时可以插入相应的图片以产生不同的视觉效果。但不是任何文字都有必要进行转换，因此在转换前应根据整体文稿的需求而定。

任务 3 设置市场分析演示文稿

【任务描述】

聂铭在一家商贸城工作，主要从事市场推广方面的工作。随着公司的壮大以及响应批发市场搬离中心主城区的号召，公司准备在政策新规划的地块上新建一座商贸城。任务来了，新建的商贸城应该如何定位？是高端、中端还是低端呢？如何与周围的商家互动？是否可以形成产业链呢？新建商贸城是公司近 10 年来最重要的变化，公司上上下下都非常重视，在实体经济不大景气的情况下，商贸城的定位，以及后期的运营对于公司的发展至关重要。聂铭作为一个在公司工作了多年的“老人”，接手了该事。他决定好好调查周边的商家和人员情况，为商贸城的正确定位出力。通过一段时间的努力后，聂铭完成了这个任务，设置、调整后完成的演示文稿效果如图 6-50 所示，具体要求如下。

- 打开演示文稿，应用“气流”主题，设置“效果”为“主管人员”，“颜色”为“凤舞九天”。
- 为演示文稿的标题页设置背景图片“首页背景.jpg”。
- 在幻灯片母版视图中设置正文占位符的“字号”为“26 号”，向下移动标题占位符，调整正文占位符的高度。插入名为“标志”的图片并去除标志图片的白色背景；插入艺术字，设置“字体”为“隶书”，“字号”为“28 号”；设置幻灯片的页眉页脚效果；退出幻灯片母版视图。

- 对幻灯片中各个对象进行适当的位置调整，使其符合应用主题和设置幻灯片母版后的效果。
- 为所有幻灯片设置“旋转”切换效果，设置切换声音为“照相机”。
- 为第 1 张幻灯片中的标题设置“浮入”动画，为副标题设置“基本缩放”动画，并设置效果为“从屏幕底部缩小”。
- 为第 1 张幻灯片中的副标题添加一个名为“对象颜色”的强调动画，修改效果为红色，动画开始方式为“上一动画之后”，“持续时间”为“01:00”，“延迟”为“00:50”。最后将标题动画的顺序调整到最后，并设置播放该动画时的声音为“电压”。

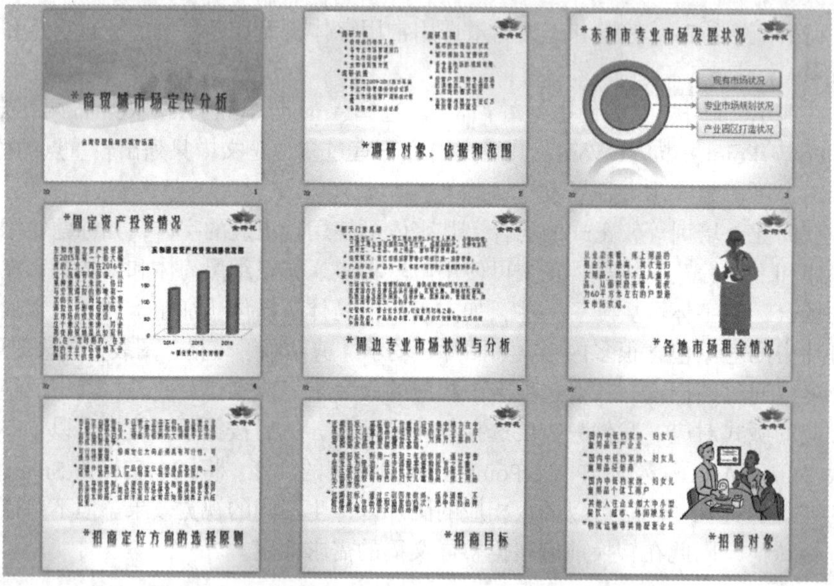

图 6-50 “市场分析”演示文稿

【操作要点】

- 认识母版，设置幻灯片背景、页眉和页脚、插入页码、日期等。
- 掌握设置幻灯片的切换动画。
- 掌握设置幻灯片的动画效果。

【任务实施】

1. 应用幻灯片主题

主题是一组预设的背景、字体格式的组合，在新建演示文稿时可以使用主题，对于已经创建好的演示文稿，也可对其应用主题。应用主题后还可以修改搭配好的颜色、效果及字体等。下面将打开“市场分析.pptx”演示文稿，应用“气流”主题，设置效果为“主管人员”，颜色为“凤舞九天”，具体操作如下。

W6.3.1 应用幻灯片主题

（1）打开“市场分析.pptx”演示文稿，选择“设计”→“主题”组，在中间的列表框中选择“气流”选项，为该演示文稿应用“气流”主题。

（2）选择“设计”→“主题”组，单击效果按钮，在打开的下拉列表中选择“主管人员”选项，如图 6-51 所示。

（3）选择“设计”→“主题”组，单击颜色按钮，在打开的下拉列表中选择“凤舞九天”选项，如图 6-52 所示。

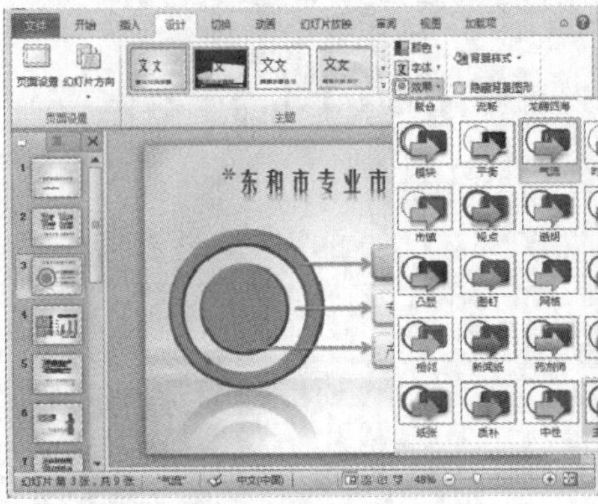

图 6-51　选择主题效果

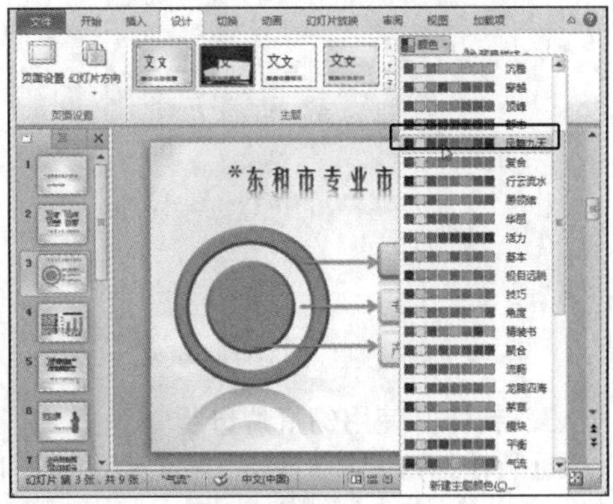

图 6-52　选择主题颜色

2．设置幻灯片背景

W6.3.2　设置幻灯片背景

幻灯片的背景可以是一种颜色，也可以是多种颜色，还可以是图片。设置幻灯片背景是快速改变幻灯片效果的方法之一。下面将“首页背景”图片设置成标题页幻灯片的背景，具体操作如下。

（1）选择标题幻灯片，在幻灯片的空白处单击鼠标右键，在弹出的快捷菜单中选择“设置背景格式”命令。

（2）打开“设置背景格式”对话框，单击“填充”选项卡，单击选中“图片或纹理填充”单选项，在“插入自”栏中单击文件(F)...按钮，如图 6-53 所示。

（3）打开“插入图片”对话框，选择图片的保存位置后，选择“首页背景”选项，单击插入(S)按钮，如图 6-54 所示。

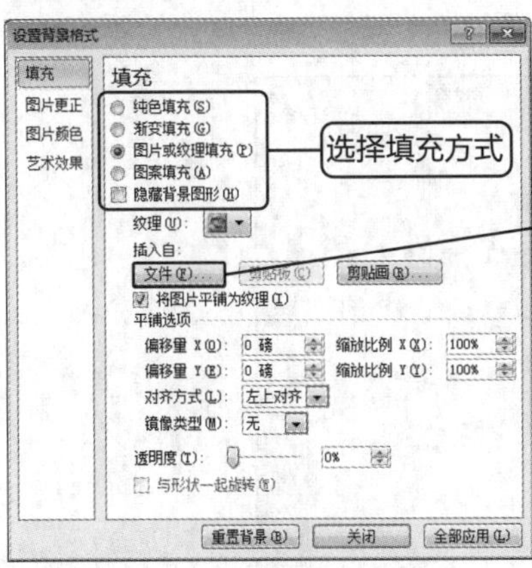

图 6-53　选择填充方式

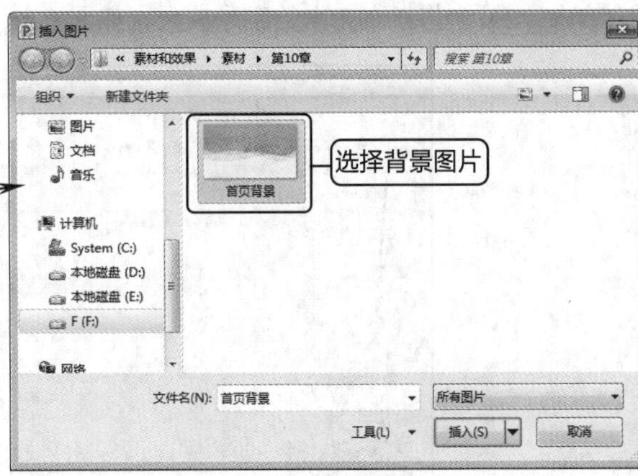

图 6-54　选择背景图片

（4）返回“设置背景格式”对话框，单击选中“隐藏背景图形”复选框，单击关闭按钮，即可看到标题幻灯片已应用图片背景，如图 6-55 所示。

> **提示**　设置幻灯片背景后，在“设置背景格式”对话框中单击全部应用(L)按钮，可将该背景应用到演示文稿的所有幻灯片中，否则将只应用到选择的幻灯片中。

图 6-55　设置标题幻灯片背景

3．制作并使用幻灯片母版

W6.3.3　制作幻灯片母版

母版在幻灯片编辑过程中的使用频率非常高，在母版中编辑的每一项操作，都可能影响使用该版式的所有幻灯片。下面将进入幻灯片母版视图，设置正文占位符的“字号”为“26 号”，向下移动标题占位符，调整正文占位符的高度；插入标志图片和艺术字，并编辑标志图片，删除白色背景，设置艺术字的“字体”为“隶书”，“字号”为“28 号”；然后设置幻灯片的页眉页脚效果。最后退出幻灯片母版视图，查看应用母版后的效果，并调整幻灯片中各对象的位置，使其符合应用主题、幻灯片母版后的效果，具体操作如下。

（1）选择“视图”→“母版视图”组，单击“幻灯片母版”按钮，进入幻灯片母版编辑状态。

（2）选择第 1 张幻灯片母版，表示在该幻灯片下的编辑将应用于整个演示文稿，将鼠标指针移动到标题占位符左侧中间的控制点处，按住鼠标左键再向左拖动，使占位符中所有的文本内容都显示出来。

（3）选择正文占位符的第一项文本，选择“开始”→“字体”组，在“字号”下拉列表框中输入“26”，将正文文本的字号放大，如图 6-56 所示。

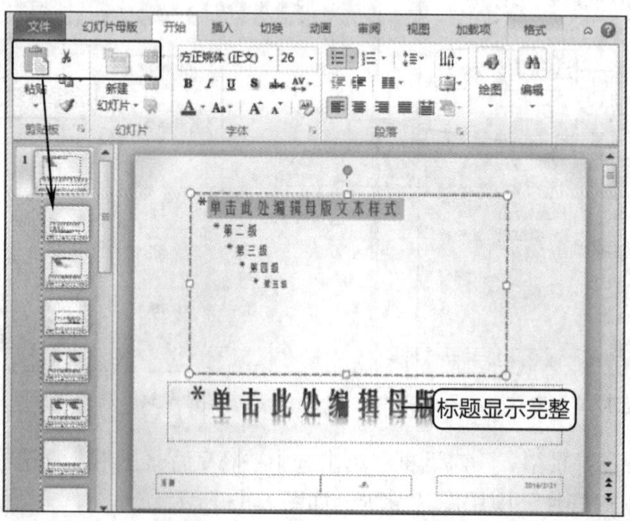

图 6-56　设置正文占位符字号

（4）选择标题占位符，使用鼠标向下拖动至正文占位符的下方；将鼠标指针移动到正文占位符下方中间的控制点，向下拖动增加占位符的高度，如图 6-57 所示。

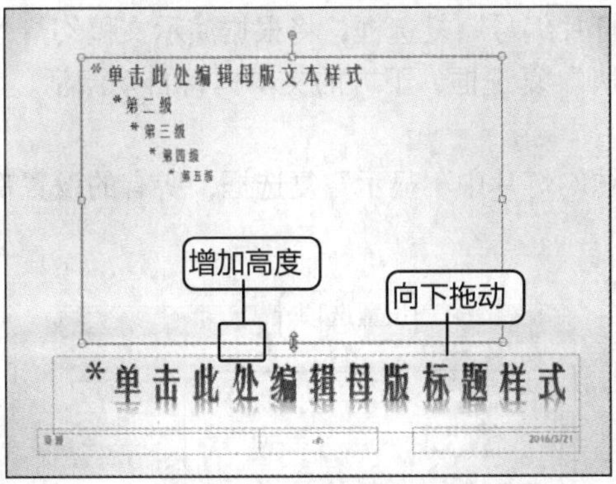

图 6-57　调整占位符

（5）选择“插入”→“图像”组，单击“图片”按钮，打开“插入图片”对话框，在地址栏中选择图片位置，在中间选择“标志”图片，单击 插入(S) 按钮。

（6）将“标志”图片插入幻灯片中，适当缩小后移动到幻灯片右上角。

（7）选择“格式”→“调整”组，单击“删除背景”按钮，在幻灯片中使用鼠标拖动图片每一边中间的控制点，使“标志”的所有内容均显示出来。

（8）激活“背景消除”选项卡，单击“关闭”功能区的“保留更改”按钮✓，“标志”的白色背景将消失，如图 6-58 所示。

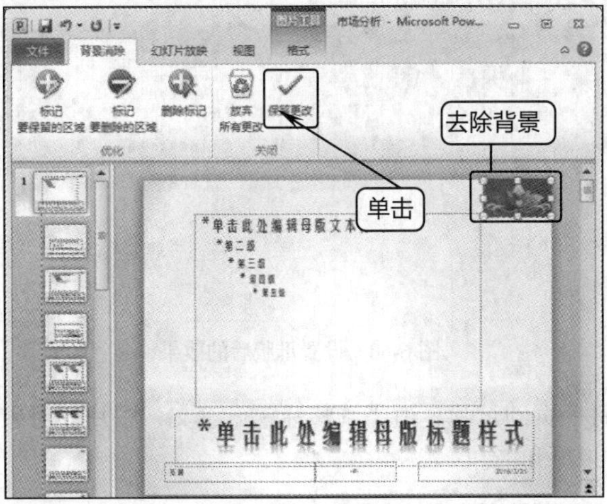

图 6-58　插入并调整标志

（9）选择“插入”→“文本”组，单击“艺术字”按钮下方的下拉按钮，在打开的下拉列表中选择第 2 列的第 4 个艺术字效果。

（10）在艺术字占位符中输入“金荷花”，选择“开始”→“字体”组，在“字体”下拉列表框中选择“隶书”选项，在“字号”下拉列表框中选择“28”选项，移动艺术字到“标志”图片下方。

（11）选择“插入”→“文本”组，单击“页眉和页脚”按钮，打开“页眉和页脚”对话框。

（12）单击“幻灯片”选项卡，单击选中“日期和时间”复选框，其中的单选项将自动激活，再单击选中“自动更新”单选项，即可在每张幻灯片下方显示日期和时间，并且每次根据打开的日期不同而自动更新日期。

（13）单击选中“幻灯片编号”复选框，将根据演示文稿幻灯片的顺序显示编号。

（14）单击选中“页脚”复选框，下方的文本框将自动激活，在其中输入文本“市场定位分析”。

（15）单击选中“标题幻灯片中不显示”复选框，所有的设置都不在标题幻灯片中生效，如图 6-59 所示。

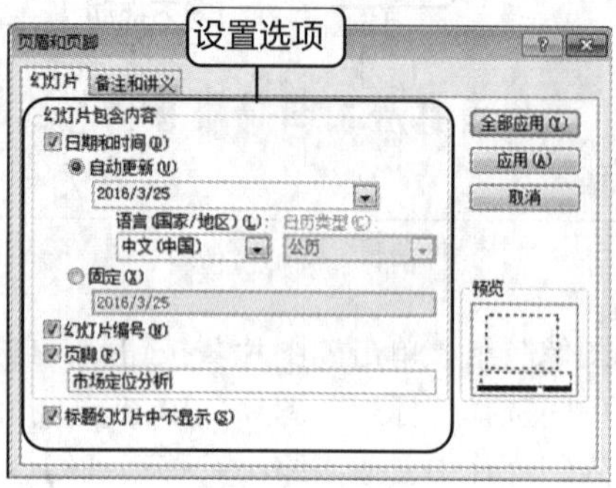

图 6-59 “页眉和页脚”对话框

（16）在“幻灯片母版”→“关闭”组中单击“退出幻灯片母版视图”按钮，退出该视图，此时可发现设置已应用于各张幻灯片，图 6-60 所示为前两页修改后的效果。

图 6-60 设置母版后的效果

（17）依次查看每一页幻灯片，适当调整标题、正文、图片等对象之间的位置，使幻灯片中各对象的显示效果更和谐。

提示	选择“视图”→“母版视图”组，单击“讲义母版”按钮或“备注母版”按钮，将进入讲义母版视图或备注母版视图，然后在其中设置讲义页面和备注页面的版式。

4．设置幻灯片的切换动画

W6.3.4 幻灯片切换动画

PowerPoint 2010 中提供了多种预设的幻灯片切换动画效果，在默认情况下，上一张幻灯片和下一张幻灯片之间没有设置切换动画效果，但在制作演示文稿的过程中，用户可根据需要为幻灯片添加切换动画。下面将为所有幻灯片设置“旋转”切换效果，然后设置其切换声音为“照相机”，具体操作如下。

（1）在“幻灯片”浏览窗格中按【Ctrl+A】组合键，选择演示文稿中的所有幻灯片，选择“切换”→“切换到此张幻灯片”组，在中间的列表框中选择“旋转”选项，如图 6-61

所示。

（2）选择“切换”→“计时”组，在“声音”下拉列表框中选择“照相机”选项，将设置应用到所有幻灯片中。

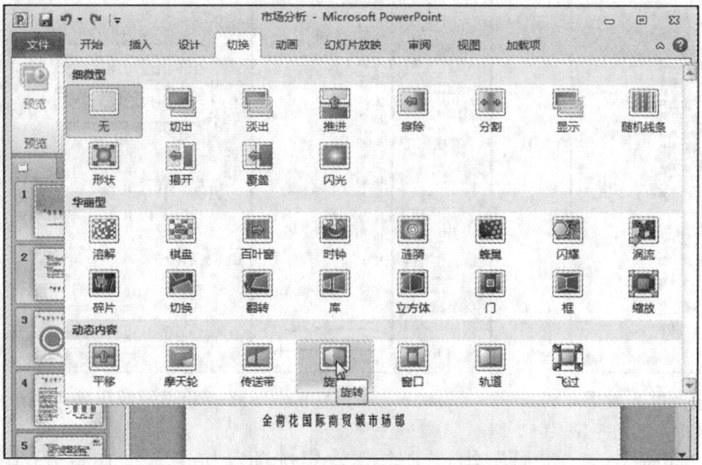

图 6-61　选择切换动画

（3）选择“切换”→“计时”组，在“换片方式”栏下单击选中“单击鼠标时”复选框，表示在放映幻灯片时，单击鼠标将进行切换操作。

提示　选择“切换”→“计时”组，单击“全部应用”按钮，可将设置的切换效果应用到当前演示文稿的所有幻灯片中，其效果与选择所有幻灯片再设置切换效果的效果相同。设置幻灯片的切换动画后，选择“切换”→“预览”组，单击“预览”按钮，可查看设置的切换动画。

5. 设置幻灯片的动画效果

W6.3.5　幻灯片动画效果

设置幻灯片的动画效果即为幻灯片中的各对象设置动画效果，为幻灯片中的各对象设置动画能够很大程度地提升演示文稿的效果。下面将为第 1 张幻灯片中的各对象设置动画，首先为标题设置“进入”动画，为副标题设置“基本缩放”动画，并设置效果为“从屏幕底部缩小”，然后为副标题再次添加一个“对象颜色”强调动画，修改其效果选项为“红色”，接着修改新增加的动画的开始方式、持续时间和延迟时间，最后将标题动画的顺序调整到最后，并设置播放该动画时有“电压”声音，具体操作如下。

（1）选择第 1 张幻灯片的标题，选择“动画”→“动画”组，在其列表框中选择“进入”动画效果。

（2）选择副标题，选择“动画”→“高级动画”组，单击“添加动画”按钮，在打开的下拉列表中选择“更多进入效果”选项。

（3）打开“添加进入效果”对话框，选择“温和型”栏的“基本缩放”选项，单击“确定”按钮，如图 6-62 所示。

（4）选择“动画”→“动画”组，单击“效果选项”按钮，在打开的下拉列表中选择“从屏幕底部缩小”选项，修改动画效果，如图 6-63 所示。

（5）继续选择副标题，选择“动画”→“高级动画”组，单击“添加动画”按钮，在打开的下拉列表中选择“强调”栏的“对象颜色”选项。

图 6-62　选择进入效果

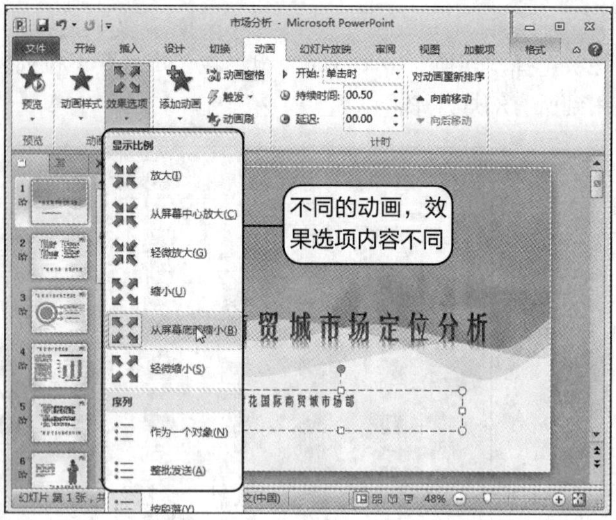

图 6-63　修改动画的效果选项

（6）选择“动画”→“动画”组，单击“效果选项”按钮，在打开的下拉列表中选择“红色”选项。

提示　通过第 5 步和第 6 步操作，即为副标题再增加一个“对象颜色”动画，用户可根据需要为一个对象设置多个动画。设置动画后，在对象前方将显示一个数字，它表示动画的播放顺序。

（7）选择“动画”→“高级动画”组，单击动画窗格按钮，在工作界面右侧增加一个窗格，其中显示了当前幻灯片中所有对象已设置的动画。

（8）选择第 3 个选项，选择“动画”→“计时”组，在“开始”下拉列表框中选择“上一动画之后”选项，在“持续时间”数值框中输入“01:00”，在“延迟”数值框中输入“00:50”，如图 6-64 所示。

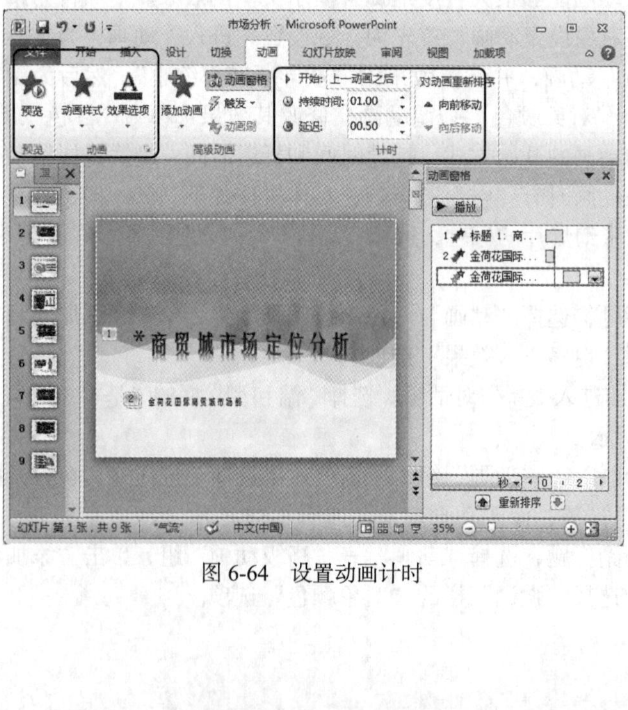

图 6-64　设置动画计时

提示

选择【动画】/【计时】组，在“开始”下拉列表框中，各选项的含义如下：“单击时”表示单击鼠标时开始播放动画；“与上一动画同时”表示播放前一动画的同时播放该动画；“上一动画之后”表示前一动画播放完之后，在约定的时间自动播放该动画。

（9）选择动画窗格中的第一个选项，按住鼠标不放，将其拖动到最后，调整动画的播放顺序。

（10）在调整后的最后一个动画选项上单击鼠标右键，在弹出的快捷菜单中选择“效果选项”命令。

（11）打开“上浮”对话框，在“声音”下拉列表框中选择“电压”选项，单击其后的按钮，在打开的列表中拖动滑块，调整音量大小，单击确定按钮，如图 6-65 所示。

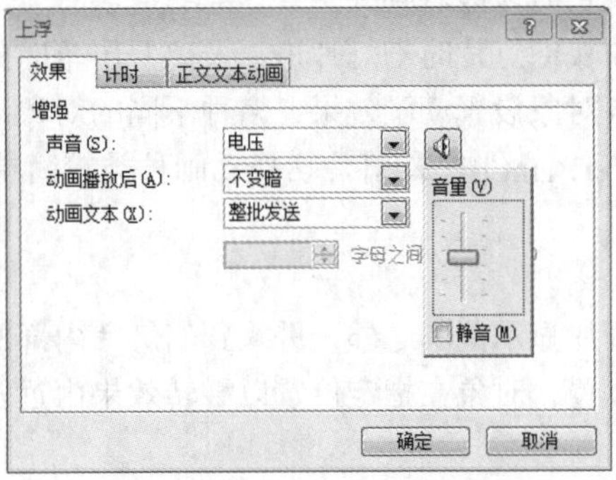

图 6-65　设置动画效果选项

【拓展训练】

打开“6-3 拓展训练.pptx”演示文稿，按照下列要求对演示文稿进行操作。

W6.3.6　详细步骤

（1）为所有幻灯片应用“聚合”主题。

（2）在第 1 张幻灯片前添加一个版式为“标题幻灯片”的幻灯片，主标题内容为“销售计划”，副标题内容为“百佳电器产品有限公司”。

（3）进入幻灯片母版，在第 1 张幻灯片的左下角插入一个链接到第 1 张幻灯片的动作按钮。

（4）设置所有幻灯片页的切换方式为“揭开”，换片方式为“单击鼠标时”。

（5）设置标题幻灯片的主标题的进入动画为“飞入”，副标题的进入动画为“缩放”。

（6）从第 1 张幻灯片开始放映幻灯片。

【知识链接】

1．认识母版

母版是演示文稿中特有的概念，通过设计、制作母版，可以快速将设置内容在多张幻灯片、讲义或备注中生效。在 PowerPoint 中存在 3 种母版，一是幻灯片母版，二是讲义母版，三是备注母版，其作用分别如下。

（1）幻灯片母版

幻灯片母版用于存储关于模板信息的设计模板，这些模板信息包括字形、占位符大小和位置、背景设计和配色方案等，只要在母版中更改了样式，则对应的幻灯片中相应样式也会随之改变。

（2）讲义母版

讲义母版是指为方便演讲者在演示演示文稿时使用的纸稿，纸稿中显示了每张幻灯片的大致内容、要点等。讲义母版就是设置该内容在纸稿中的显示方式，制作讲义母版主要包括设置每页纸张上显示的幻灯片数量、排列方式以及页面和页脚的信息等。

（3）备注母版

备注母版是指演讲者在幻灯片下方输入的内容，根据需要可将这些内容打印出来。要想使这些备注信息显示在打印的纸张上，就需要对备注母版进行设置。

2．认识幻灯片动画

演示文稿之所以在演示、演讲领域成为主流软件，动画在其中占了非常重要的作用。在PowerPoint 中，幻灯片动画有两种类型，一种是幻灯片切换动画，另一种是幻灯片对象动画。这两种动画都是在幻灯片放映时才能看到并生效。

幻灯片切换动画是指放映幻灯片时幻灯片进入及离开屏幕时的动画效果；幻灯片对象动画是指为幻灯片中添加的各对象设置动画效果，多种不同的对象动画组合在一起可形成复杂而自然的动画效果。在 PowerPoint 中，幻灯片切换动画种类较简单，而对象动画相对较复杂，其类别主要有 4 种。

（1）进入动画

进入动画指对象从幻灯片显示范围之外，进入到幻灯片内部的动画效果，例如对象从左上角飞入幻灯片中指定的位置，对象在指定位置以翻转效果由远及近地显示出来等。

（2）强调动画

强调动画指对象本身已显示在幻灯片之中，然后对其进行突出显示，从而起到强调作用，例如将已存的图片放大显示或旋转等。

（3）退出动画

退出动画指对象本身已显示在幻灯片之中，然后以指定的动画效果离开幻灯片，例如对象从显示位置左侧飞出幻灯片，对象从显示位置以弹跳方式离开幻灯片等。

（4）路径动画

路径动画指对象按用户自己绘制的或系统预设的路径进行移动的动画，例如对象按圆形路径进行移动等。

任务 4　放映并输出课件演示文稿

【任务描述】

彭丽是一名计算机专业的授课老师，作为新时代的老师，她深知课堂学习不能死搬硬套，填鸭式的教学起不到应有的作用。在学校学习和实习的过程中，彭丽喜欢在课堂上借助PowerPoint 制作课件，将需要讲解的内容以多媒体文件的形式演示出来，这样不仅使学生感到新鲜，也更容易接受。这次彭丽老师准备对选区工具的应用进行教学，课件内容已经制作完毕，彭丽准备在计算机上放映预演一下，以免在课堂上出现意外。图 6-66 所示为上课的课件以及准备放映的演示文稿效果，具体要求如下。

- 根据第 2 张幻灯片的各项文本的内容创建超链接，并链接到对应的幻灯片中。
- 在第 3 张幻灯片右下角插入一个动作按钮，并链接到下一张幻灯片，复制这个按钮到第 3～14 张幻灯片右下角。

- 在第 6 张幻灯片左下角插入一个自定义图形作为动作按钮，并链接返回到第 2 张幻灯片，在第 8 张幻灯片左下角插入一个自定义图形作为动作按钮，并链接返回到第 2 张幻灯片。
- 在最后 1 张幻灯片中插入艺术字“谢谢”。
- 放映制作好的演示文稿，并使用排练计时依次查看各幻灯片的动画效果，最后退出幻灯片放映视图。
- 隐藏最后一张幻灯片，然后再次进入幻灯片放映视图，查看隐藏幻灯片后的效果。
- 将课件打印出来，要求一页纸上显示两张幻灯片，两张幻灯片四周加框，并且幻灯片的大小需根据纸张的大小进行调整。
- 将设置好的课件打包到文件夹中，并命名为“PS 课件”。

图 6-66 “课件”演示文稿

【操作要点】

- 掌握创建超链接与动作按钮。
- 掌握幻灯片放映控制。
- 掌握设置排练计时。
- 了解打印演示文稿。
- 掌握打包演示文稿。

【任务实施】

1. 创建超链接与动作按钮

在浏览网页的过程中，单击某段文本或某张图片时，就会自动弹出另一个相关的网页，通常这些被单击的对象称为超链接，在 PowerPoint 2010 中也可为幻灯片中的图片和文本创建超链接。下面将为第 4 张幻灯片的各项文本创建超链接，然后插入一个动作按钮，并链接到第 2 张幻灯片；最后在动作按钮下方插入艺术字“作者简介”，具体操作如下。

（1）打开“PS 课件.pptx”演示文稿，选择第 2 张幻灯片，选中“自学巩固”，选择“插入”→“链接”组，单击“超链接”按钮。

（2）打开“插入超链接”对话框，单击“链接到”列表框中的“本文档中的位置”按钮，在“请选择文档中的位置”列表框中选择第 3 张幻灯片，单击确定按钮，如图 6-67 所示。

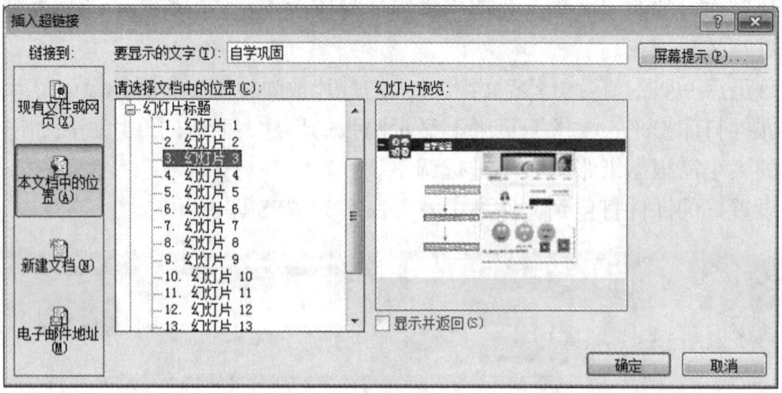

图 6-67　选择链接的目标位置

（3）返回幻灯片编辑区即可看到设置超链接的文本颜色已发生变化，并且文本下方有一条蓝色的线，使用相同方法，依次为第 2 张幻灯片上的“新知引入”设置超链接到第 6 张幻灯片上，为“技能提升”设置超链接到第 8 张幻灯片上。

（4）选择第 3 张幻灯片，选择“插入”→“形状”组，单击“动作按钮”按钮，在打开的下拉列表中选择“动作按钮”栏的第 2 个选项，如图 6-68 所示。

（5）此时鼠标指针变为“+”形状，在幻灯片右下角空白位置按住鼠标左键不放拖动鼠标，绘制一个动作按钮，调整动作按钮的填充颜色，如图 6-69 所示。

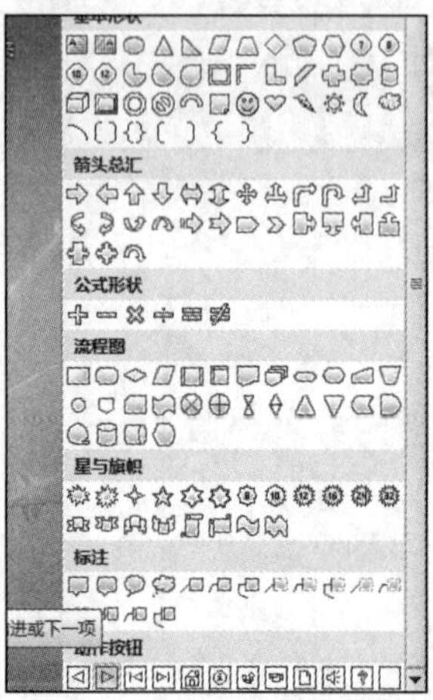

图 6-68　选择动作按钮类型

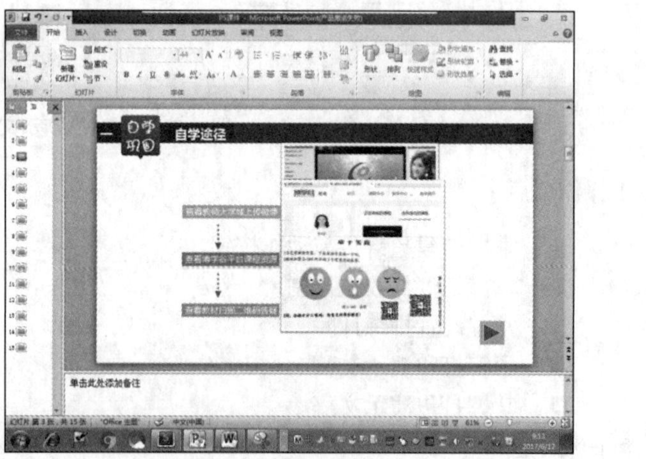

图 6-69　绘制动作按钮

（6）在第 6 张幻灯片，在左下角绘制“下弧形箭头”形状。选中形状修改填充颜色，选择“格式”→“形状样式”组，在中间的列表框中选择第 2 排的第 5 个样式。

（7）选中“下弧形箭头”形状，单击“插入”→“超链接”项，在下方的下拉列表框中选择“幻灯片”选项，打开“超链接到幻灯片”对话框，选择第 2 张幻灯片，依次单击确定按钮，使超链接生效，如图 6-70 所示。

（8）返回 PowerPoint 编辑界面，在第 8 张幻灯片，选择绘制“下弧形箭头”形状，创建超链接返回第 2 张幻灯片。

（9）选择第 15 张幻灯片，选择“插入”→艺术字”命令，在打开的下拉列表中选择第 5 排的第 3 个样式。

（10）在艺术字占位符中输入文字“谢谢”，设置其“字体”为“华文琥珀”，“字号”为“96 号”，然后将设置好的艺术字移动至幻灯片右上部，如图 6-71 所示。

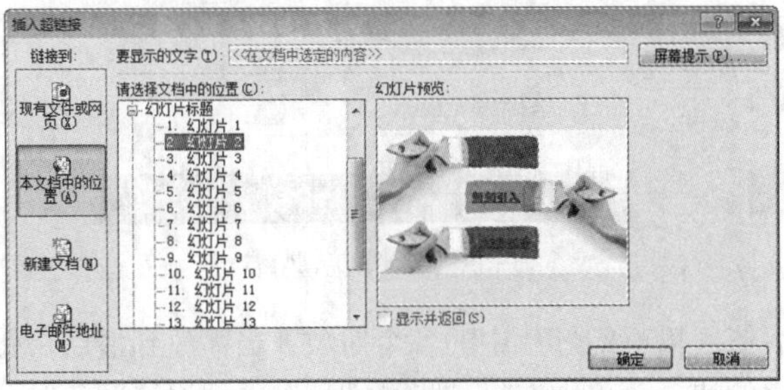

图 6-70　选择超链接到的目标

图 6-71　插入艺术字

> **提示**　如果进入幻灯片母版，在其中绘制动作按钮，并创建好超链接，则该动作按钮将应用到该幻灯片版式对应的所有幻灯片中。如第 3～14 张幻灯片右下角的动作按钮。

2．放映幻灯片

制作演示文稿的最终目的就是要将制作的演示文稿展示给观众欣赏，即放映演示文稿。下面将放映前面制作好的演示文稿，并使用超链接快速定位到“一剪梅”所在的幻灯片，然后返回上次查看的幻灯片，依次查看各幻灯片和对象，在最后一页标记重要内容，最后退出幻灯片放映视图，具体操作如下。

（1）选择“幻灯片放映”→“开始放映幻灯片”组，单击“从头开始”按钮，进入幻灯片放映视图。

（2）将从演示文稿的第 1 张幻灯片开始放映，如图 6-72 所示，单击鼠标左键依次放映下一个动画或下一张幻灯片，如图 6-73 所示。

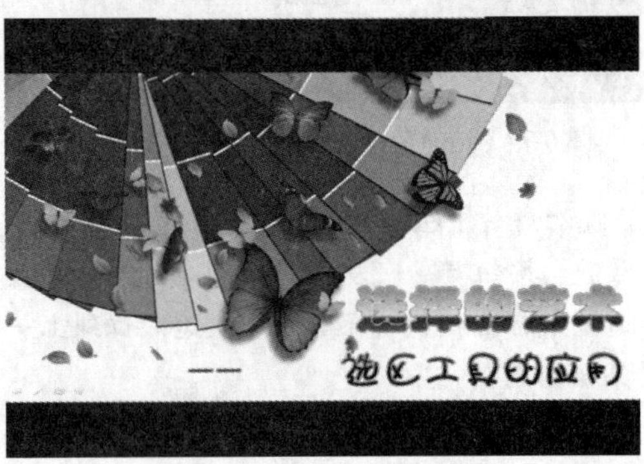

图 6-72　进入幻灯片放映视图

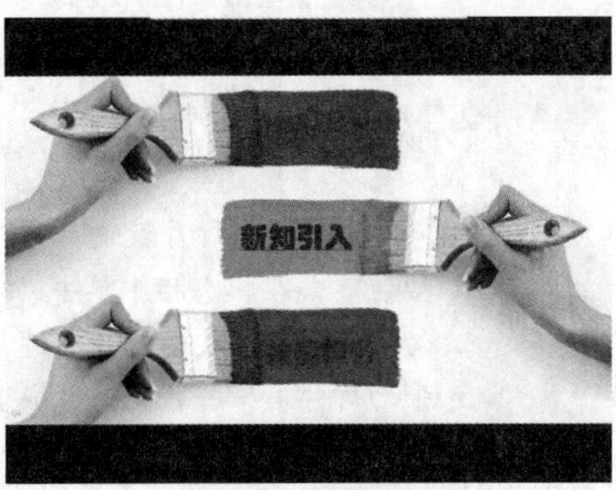

图 6-73　放映动画

（3）当播放到第 2 张幻灯片时，将鼠标指针移动到“自学巩固”文本上，此时鼠标指针变为形状，单击鼠标，如图 6-74 所示。

（4）切换到超链接的目标幻灯片，此时可使用前面的方法单击鼠标进行幻灯片的放映。在幻灯片上单击鼠标右键，在弹出的快捷菜单中选择"上次查看过的"命令，如图 6-75 所示。

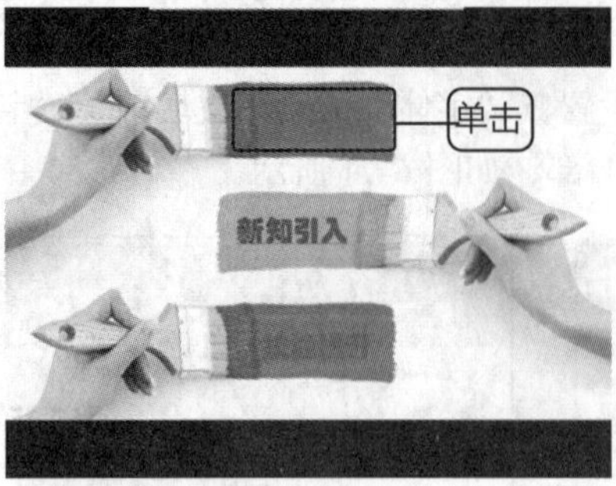

图 6-74　单击超链接

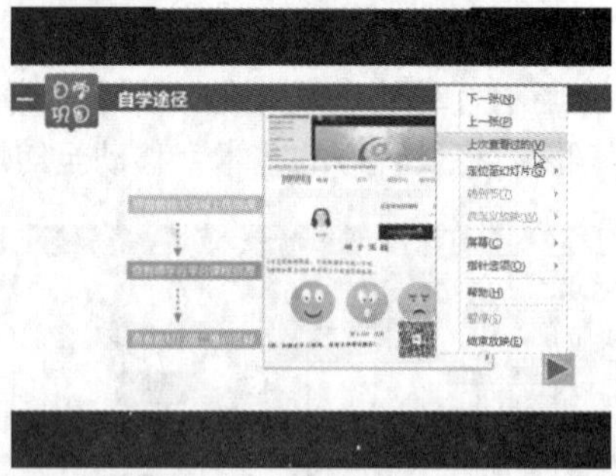

图 6-75　定位幻灯片

（5）返回上一次查看的幻灯片，然后依次播放幻灯片中的各个对象，当播放到最后一张幻灯片的内容时，单击鼠标右键，在弹出的快捷菜单中选择"指针选项"→"墨迹颜色"→"红色"命令，然后再次单击鼠标右键，在弹出的快捷菜单中选择"指针选项"→"荧光笔"命令，如图 6-76 所示。

（6）此时鼠标指针变为形状，按住鼠标左键不放并拖动鼠标，标记重要的内容，播完最后一张幻灯片后，单击鼠标，打开一个黑色页面，提示"放映结束，单击鼠标退出。"，单击鼠标退出。

（7）由于前面标记了内容，将打开是否保留墨迹注释的提示对话框，单击 放弃(D) 按钮，删除绘制的标注，如图 6-77 所示。

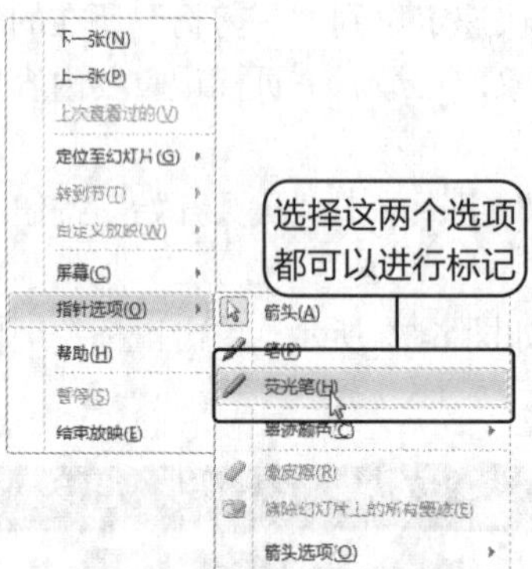

图 6-76　选择标记使用的笔

图 6-77　选择是否保留墨迹注释

提示　选择"幻灯片放映"→"开始放映幻灯片"组，单击"从当前幻灯片开始"按钮或在状态栏中单击"幻灯片放映"按钮，可从选择的幻灯片开始播放幻灯片。在播放幻灯片的过程中，通过鼠标右键快捷菜单，可快速定位到上一张幻灯片、下一张幻灯片或具体的某张幻灯片。

3. 隐藏幻灯片

放映幻灯片时，系统将自动按设置的放映方式依次放映每张幻灯片，但在实际放映过程中，可以将暂时不需要的幻灯片隐藏起来，等到需要时再将其显示。下面将隐藏最后一张幻灯片，然后放映查看隐藏幻灯片后的效果，具体操作如下。

（1）在“幻灯片”浏览窗格中选择第 9 张幻灯片，选择“幻灯片放映”→“设置”组，单击“隐藏幻灯片”按钮，隐藏幻灯片。

（2）在“幻灯片”浏览窗格中选择的幻灯片上将出现标志，选择“幻灯片放映”→“开始放映幻灯片”组，单击“从头开始”按钮，开始放映幻灯片，此时隐藏的幻灯片将不再放映出来。

> **提示**　若要显示隐藏的幻灯片，在放映幻灯片时，单击鼠标右键，在弹出的快捷菜单中选择“定位至幻灯片”命令，再在弹出的子菜单中选择隐藏的幻灯片名称。如要取消隐藏幻灯片，可再次执行隐藏操作，即选择“幻灯片放映”→“设置”组，单击“隐藏幻灯片”按钮。

4. 排练计时

W6.4.1　排练计时

对于某些需要自动放映的演示文稿，设置动画效果后，可以设置排练计时，从而在放映时可根据排练的时间和顺序进行放映。下面将在演示文稿中对各动画进行排练计时，具体操作如下。

（1）选择“幻灯片放映”→“设置”组，单击“排练计时”按钮。进入放映排练状态，同时打开“录制”工具栏自动为该幻灯片计时，如图 6-78 所示。

图 6-78　“录制”工具栏

（2）通过单击鼠标或按【Enter】键控制幻灯片中下一个动画出现的时间，如果用户确认该幻灯片的播放时间，可直接在“录制”工具栏的时间框中输入时间值。

（3）一张幻灯片播放完成后，单击鼠标切换到下一张幻灯片，“录制”工具栏中的时间将从头开始为该张幻灯片的放映进行计时。

（4）放映结束后，打开提示对话框，提示排练计时时间，并询问是否保留幻灯片的排练时间，单击 是(Y) 按钮进行保存，如图 6-79 所示。

图 6-79　是否保留排练时间

（5）打开“幻灯片浏览”视图样式，在每张幻灯片的左下角将显示幻灯片的播放时间，图 6-80 所示为前两张幻灯片在“幻灯片浏览”视图中显示的播放时间。

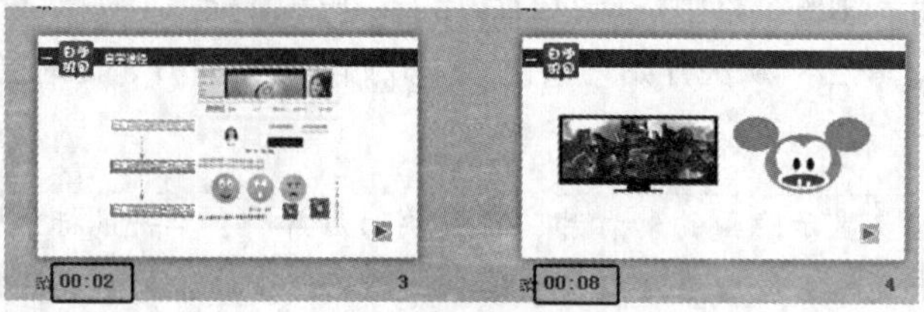

图 6-80 显示播放时间

> **提示** 如果不想使用排练好的时间自动放映该幻灯片，可选择“幻灯片放映”→“设置”组，撤销选中“使用计时”复选框，这样在放映幻灯片时就能手动进行切换。

5. 打印演示文稿

演示文稿不仅可以进行现场演示，还可以将其打印在纸张上，手执演讲或分发给观众作为演讲提示等。下面将前面制作并设置好的课件打印出来，要求一页纸上显示两张幻灯片，具体操作如下。

W6.4.2 打印演示文稿

（1）选择“文件”→“打印”命令，在窗口右侧的“份数”数值框中输入“2”，即打印两份，如图 6-81 所示。

（2）在“打印机”下拉列表框中选择与计算机相连的打印机。

（3）在幻灯片的布局下拉列表框中选择“2 张幻灯片”选项，单击选中“幻灯片加框”“根据纸张调整大小”复选框，如图 6-82 所示。

图 6-81 设置打印份数

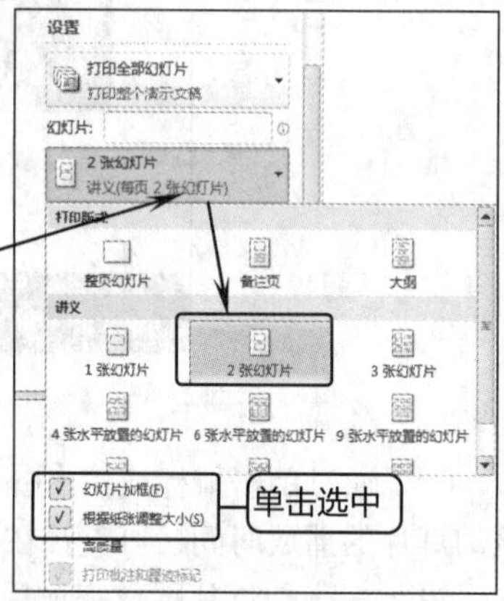

图 6-82 设置幻灯片布局

（4）单击“打印”按钮，开始打印幻灯片。

6. 打包演示文稿

演示文稿制作好后，有时需要在其他计算机上进行放映，要想在其他没有安装 PowerPoint 2010 的计算机上也能正常播放其中的声音和视频等对象，除了将演示文稿保存为视频之外，还可将制作的演示文稿打包。下面将前面设置好的课件打包到文件夹中，并命名为“课件”，具体操作如下。

W6.4.3 打包演示文稿

（1）选择“文件”→“保存并发送”命令，在工作界面右侧的“文件类型”栏中选择“将演示文稿打包成 CD”选项，然后单击“打包成 CD”按钮。

（2）打开“打包成 CD”对话框，单击复制到文件夹(F)...按钮，打开“复制到文件夹”对话框，在“文件夹名称”文本框中输入“课件”，在“位置”文本框中输入打包后的文件夹的保存位置，单击确定按钮，如图 6-83 所示。

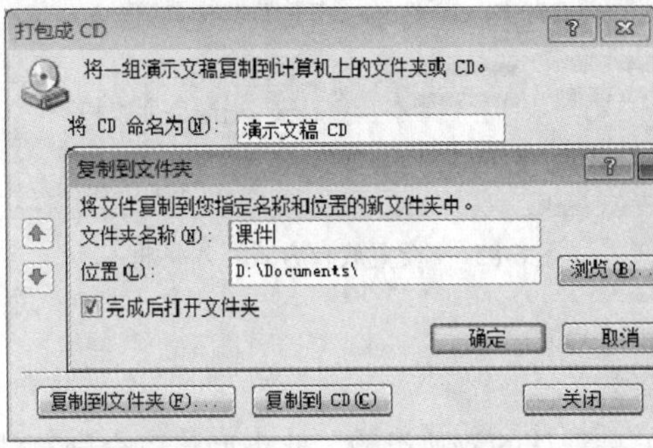

图 6-83　复制到文件夹

（3）打开提示对话框，提示是否保存链接文件，单击是(Y)按钮，如图 6-84 所示。稍作等待后即可将演示文稿打包成文件夹。

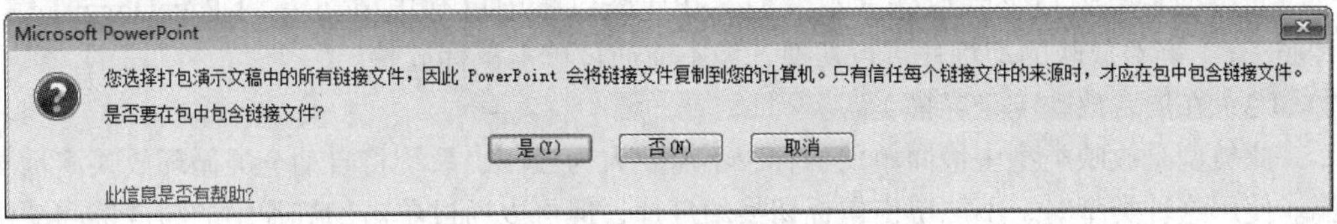

图 6-84　保存链接文件

【拓展训练】

打开“6.4 拓展训练.pptx”演示文稿，按照下列要求对演示文稿进行编辑并保存。

W6.4.4　查看具体操作

（1）在标题幻灯片中设置标题的“字体”为“黑体”，“字号”为“40 号”；为下方的文本设置超链接，链接到第 4 张幻灯片。

（2）在第 5 张幻灯片中插入图片“别墅”，并将其移动到幻灯片右侧。

（3）调整第 5 张和第 6 张幻灯片的位置。

（4）设置所有幻灯片的切换动画为“旋转”，声音为“照相机”。

（5）设置标题幻灯片的标题“动画”为“出现”，“开始方式”为“单击时”，“声音”为“爆炸”；再设置标题“动画”为“画笔颜色”，“开始方式”为“上一动画之后”，“持续时间”为“01.50”，“延迟”为“00.50”。

【知识链接】

1. 幻灯片放映类型

演示文稿的最终目的是放映，在 PowerPoint 2010 中用户可以根据实际的演示场合选择不同的幻灯片放映类型，PowerPoint 2010 提供了 3 种放映类型，其设置方法为：选择“幻灯片放映”→“设置”组，单击“设置幻灯片放映”按钮，打开“设置放映方式”对话框，在“放映类型”栏中单击选中不同的单选项即可选择相应的放映类型，如图 6-85 所示，设置完成后单击确定按钮。

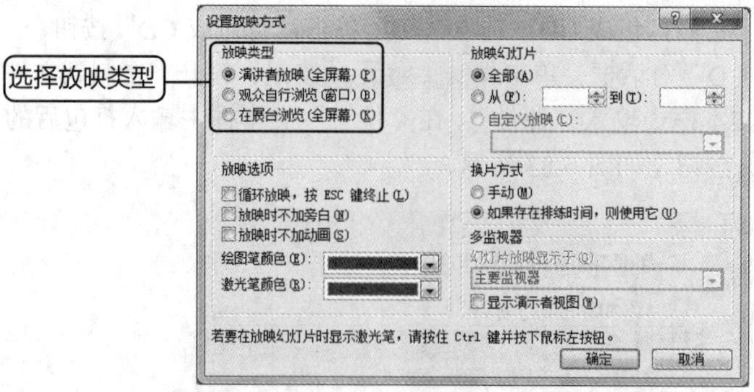

图 6-85 “设置放映方式”对话框

各种放映类型的作用和特点如下。

（1）演讲者放映（全屏幕）

演讲者放映（全屏幕）是默认的放映类型，此类型将以全屏幕的状态放映演示文稿，在演示文稿放映过程中，演讲者具有完全的控制权，演讲者可手动切换幻灯片和动画效果，也可以将演示文稿暂停、添加会议细节等，还可以在放映过程中录下旁白。

（2）观众自行浏览（窗口）

此类型将以窗口形式放映演示文稿，在放映过程中可利用滚动条、【PageDown】键、【PageUp】键对放映的幻灯片进行切换，但不能通过单击鼠标放映。

（3）在展台放映（全屏幕）

此类型是放映类型中最简单的一种，不需要人为控制，系统将自动全屏循环放映演示文稿。使用这种类型时，不能单击鼠标切换幻灯片，但可以通过单击幻灯片中的超链接和动作按钮来进行切换，按【Esc】键可结束放映。

2. 幻灯片输出格式

在 PowerPoint 2010 除了可以将制作的文件保存为演示文稿，还可以将其输出成其他多种格式。操作方法较简单，选择“文件”→“另存为”命令，打开“另存为”对话框，选择文件的保存位置，在“保存类型”下拉列表中选择需要输出的格式选项，单击 保存(S) 按钮即可。下面讲解 4 种常见的输出格式。

（1）图片

选择“GIF 可交换的图形格式（*.gif）”“JPEG 文件交换格式（*.jpg）”“PNG 可移植网络图形格式（*.png）”或“TIFF Tag 图像文件格式（*.tif）”选项，单击 保存(S) 按钮，根据提示进行相应操作，可将当前演示文稿中的幻灯片保存为一张对应格式的图片。如果要在其他软件中使用，还可以将这些图片插入对应的软件。

（2）视频

选择“Windows Media 视频（*.wmv）”选项，可将演示文稿保存为视频，如果在演示文稿中排练了所有幻灯片，则保存的视频将自动播放这些动画。保存为视频文件后，文件播放的随意性更强，不受字体、PowerPoint 版本的限制，只要计算机中安装了视频播放软件，就可以播放，这对于一些需要自动展示演示文稿的场合非常实用。

（3）自动放映的演示文稿

选择“PowerPoint 放映（*.ppsx）”选项，可将演示文稿保存为自动放映的演示文稿，以后双击该演示文稿将不再打开 PowerPoint 2010 的工作界面，而是直接启动放映模式，开始放映幻灯片。

（4）大纲文件

选择“大纲/RTF 文件（*.rtf）”选项，可将演示文稿中的幻灯片保存为大纲文件，生成的大纲 RTF 文件中将不再包含幻灯片中的图形、图片及插入幻灯片的文本框的内容。

课外训练

1．单选题

（1）一个 PowerPoint 2010 演示文稿是由若干个______组成的。

（A）幻灯片　　（B）图片和工作表

（C）Office 文档和动画　　（D）电子邮件

（2）在 PowerPoint 2010 普通视图窗口中，当前幻灯片的序号及幻灯片的总页数等信息显示在______。

（A）状态栏　　（B）工具栏　　（C）视图方式按钮　　（D）菜单栏

（3）在 PowerPoint 2010 的各种视图中，用户可以看到______的画面变成上下两部分，上面是一张缩小了的幻灯片，下面的方框可以输入幻灯片的一些备注信息。

（A）备注页视图　　（B）幻灯片浏览视图

（C）幻灯片视图　　（D）幻灯片放映视图

（4）在 PowerPoint 2010 的幻灯片浏览视图下，不能完成的操作是______。

（A）调整个别幻灯片位置　　（B）删除个别幻灯片

（C）编辑个别幻灯片内容　　（D）复制个别幻灯片

（5）在 PowerPoint 2010 中，有关选定幻灯片的说法中错误的是______。

（A）在幻灯片浏览视图下，单击幻灯片，即可选定

（B）在幻灯片浏览视图下，利用【Ctrl】键和单击可选定多张不连续的幻灯片

（C）在幻灯片浏览视图下，利用【Shift】键和单击可选定多张连续的幻灯片

（D）在幻灯片浏览视图下，不可选定多张幻灯片

（6）PowerPoint 2010 中，在浏览视图下，按住【Ctrl】键并拖动某幻灯片，可以完成______操作。

（A）移动幻灯片　　（B）复制幻灯片　　（C）删除幻灯片　　（D）选定幻灯片

（7）在 PowerPoint 2010 的各种视图中，______可以同时浏览多张幻灯片，便于选择、添加、删除、移动幻灯片等操作。

（A）备注页视图　　（B）幻灯片浏览视图

（C）幻灯片普通视图　　（D）幻灯片放映视图

（8）在 PowerPoint 2010 中，若想将选中的文字移动，下面的说法正确的是______。

（A）先将选中的文字“剪切”到剪贴板，然后将鼠标指针定位到要移动的位置，单击“粘贴”按钮

（B）先将选中的文字“复制”到剪贴板，然后将鼠标指针定位到要移动的位置，单击“粘贴”按钮

（C）先将选中的文字“剪切”到剪贴板，然后将鼠标指针定位到要移动的位置，单击“复制”按钮

（D）按住【Ctrl】键，然后将选中的文字拖动到要移动的位置

（9）在 PowerPoint 2010 中，在幻灯片中插入多媒体内容的说法中，错误的是______。

（A）可以插入声音　　（B）可以插入音乐

（C）可以插入影片　　　　　　　　　　（D）不可以插入图片

（10）在 PowerPoint 2010 中，关于图片的来源，下面说法中错误的是______。

（A）剪贴画中的图片　　　　　　　　　（B）来自文件的图片

（C）来自扫描仪的图片　　　　　　　　（D）来自打印机的图片

（11）在 PowerPoint 2010 中，下列有关幻灯片背景设置的说法错误的是______。

（A）可以为幻灯片设置不同的颜色、图案或者纹理的背景

（B）可以使用图片为幻灯片设置背景

（C）可以为单张幻灯片进行背景设置

（D）不可以同时为当前演示文稿中的所有幻灯片设置背景

（12）在 PowerPoint 2010 中，有关幻灯片母版中的页眉页脚的说法错误的是______。

（A）页眉或页脚是加在演示文稿中的注释性内容

（B）典型的页眉/页脚内容是日期、时间以及幻灯片编号

（C）在打印演示文稿的幻灯片时，页眉/页脚的内容也可打印出来

（D）不能设置页眉和页脚的文本格式

（13）在 PowerPoint 2010 中，下列说法错误的是______。

（A）可以在幻灯片中插入“批注”

（B）不可以在幻灯片中插入自选图形

（C）可以在幻灯片中插入“时间和日期”

（D）可以在幻灯片中插入“幻灯片编号”

（14）在空白幻灯片中不可以直接插入______。

（A）文本框　　　（B）超链接　　　（C）艺术字　　　（D）表格

（15）在 PowerPoint 2010 中，下列说法正确的是______。

（A）不可以在幻灯片中插入超级链接

（B）可以在幻灯片中插入声音和影像

（C）不可以在幻灯片中插入艺术字

（D）不可以在幻灯片中插入剪贴画和自定义图像

（16）下列有关幻灯片叙述错误的是______。

（A）它是演示文稿的基本组成单位　　　（B）可以插入图片、文字

（C）可以插入各种超链接　　　　　　　（D）单独一张幻灯片不能形成放映文件

（17）在 PowerPoint 2010 中，下列说法错误的是______。

（A）超链接可以创建在任何文本或对象上

（B）可以链接到同一文稿中的其他位置

（C）如果文本在图形中，不能为文本设置超链接

（D）代表超链接的文本一般会添加下画线

（18）在 PowerPoint 2010 中，下列有关创建超级链接的说法错误的是______。

（A）可以创建跳转到其他文件或 Web 页的超级链接

（B）可以创建跳转到本演示文稿中其他幻灯片的超级链接

（C）不能创建跳转到新建演示文稿的超级链接

（D）可以创建跳转到电子邮件地址的超级链接

（19）在 PowerPoint 2010 中，下列说法错误的是______。

（A）可以在幻灯片浏览视图中更改幻灯片上动画对象的出现顺序

（B）可以在幻灯片普通视图中设置动画效果

（C）可以在幻灯片浏览视图中设置幻灯片切换效果

（D）可以在幻灯片普通视图中设置幻灯片切换效果

（20）如要终止幻灯片的放映，可直接按______键。

（A）【Ctrl+C】　（B）【Esc】　（C）【End】　（D）【Alt+F4】

2．操作题

（1）以“北京市旅游景点”为主题，制作演示文稿，具体要求如下。

① 演示文稿包含 3 张幻灯片，按图 6-92 所示输入文本，3 张幻灯片均选择“标题和正文”版式。

【操作提示】：执行“开始”功能选项卡中的“幻灯片”组的“版式”命令。

② 将第 1 张幻灯片中标题字设置为“行楷”、加粗、红色（RGB 颜色模式：247,0,0）、阴影。

【操作提示】：选择第 1 张幻灯片的标题，执行“开始”功能选项卡中的“字体”命令，进行相应的设置。

③ 在第 2 张幻灯片中插入图片“故宫.jpg”，在第 3 张幻灯片中插入图片“颐和园.jpg”，且对图片进行相应的格式设置（如放置到相应的位置，调整图片大小）。

【操作提示】：选择第 2 张幻灯片，执行“插入”功能选项卡中“图像”组的“图片”命令，选择相应的图片。选择第 3 张幻灯片，执行“插入”功能选项卡中“图片”组的“来自文件中的图片”命令，选择相应的图片。

④ 在第 1 张幻灯片中插入声音文件“轻音乐.mid”。

【操作提示】：选择第 1 张幻灯片，执行“插入”功能选项卡中“媒体”组的“音频”命令，选择相应的声音。

⑤ 设置第 1 张幻灯片的切换效果为“从全黑淡出”，速度为“慢速”，换页方式为“单击鼠标换页”。设置第 2 张幻灯片的切换效果为“溶解”，速度为“中速”，换页方式为“单击鼠标换页”。设置第 3 张幻灯片的切换效果为“向左擦除”，速度为“中速”，换页方式为“单击鼠标换页”，声音为“疾驰”。

【操作提示】：分别选择第 1、2、3 张幻灯片，执行“切换”功能选项卡中“切换到此幻灯片”组中相应的命令，进行相应的设置。

⑥ 设置第 2 和第 3 张幻灯片中的图片的动画效果为“水平百叶窗”，声音为“风铃”，单击鼠标启动动画。

【操作提示】：分别选择第 2 张和第 3 张幻灯片中图片，分别执行“动画”功能选项卡中“动画”组中相应的命令，进行相应的设置。

⑦ 以“北京市旅游景点介绍.pptx”命名并保存到“我的文档”中。在幻灯片浏览效果下，演示文稿的最终效果如图 6-86 和图 6-87 所示。

（2）以“笑傲江湖”为主题，制作演示文稿，具体要求如下。

① 演示文稿包含 4 张幻灯片，按图 6-88 所示输入文本，制作 4 张幻灯片。

② 第 1 张幻灯片选择“标题”版式，第 2 张幻灯片选择“标题和内容”版式，第 3 张幻灯片选择“标题，文本和剪贴画”版式。

【操作提示】：执行“开始”功能选项卡中“幻灯片”组的“版式”命令。

③ 在第 3 张幻灯片插入图片“人影.wmf”。

【操作提示】：选择第 3 张幻灯片，执行“插入”功能选项卡中“图像”组的“图片”命令，选择相应的图片。

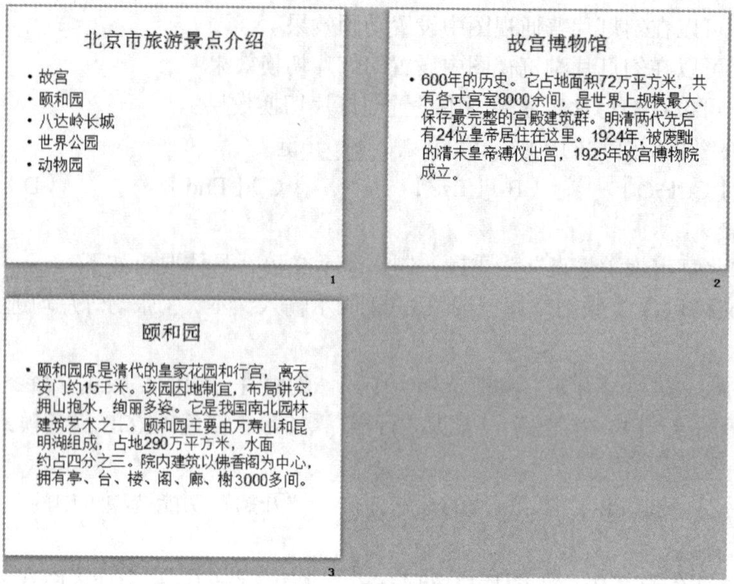

图 6-86 “北京市旅游景点介绍.pptx”在“幻灯片浏览”下的初始效果

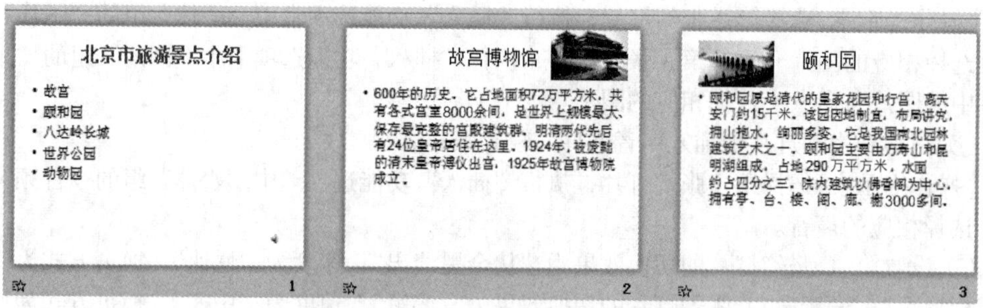

图 6-87 “北京市旅游景点介绍.pptx”在“幻灯片浏览”视图下的最终效果

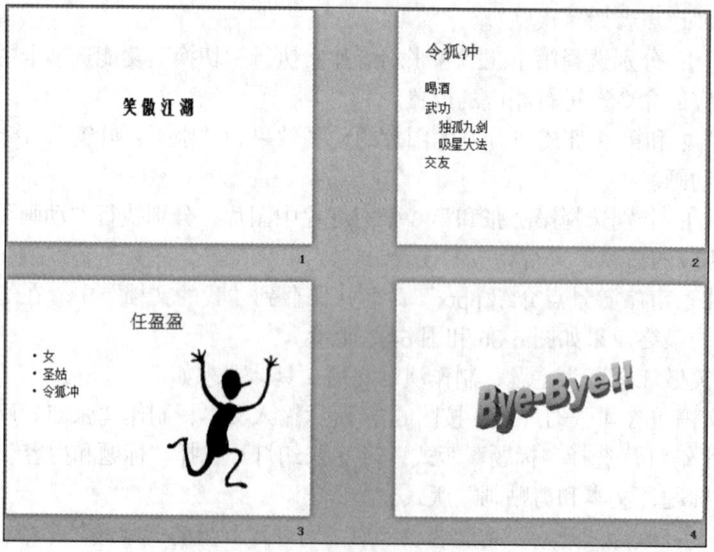

图 6-88 “笑傲江湖.pptx”在“幻灯片浏览”视图下的初始效果

④ 将第 1 张幻灯片的主标题“笑傲江湖”的字体设置为“黑体”，字号不变。

【操作提示】：选择第 1 张幻灯片中的“笑傲江湖”，执行“开始”功能选项卡中“字体”组中相应的命令，并进行设置。

⑤ 给第 1 张幻灯片设置页脚为“杭州中智”。

【操作提示】：选择第 1 张幻灯片，执行“插入”功能选项卡中“文本”组的“页眉和页脚”命令，在页脚文本框中输入“杭州中智”。

⑥ 将第 2 张幻灯片的背景设置为“信纸”纹理。

【操作提示】：选择第 2 张幻灯片，执行“设计”功能选项卡中“背景”组的“背景样式”命令，在弹出的“设置背景格式”对话框中选择“填充”中的“图片或纹理填充”，“纹理”选择“信纸”。

⑦ 给第 3 张幻灯片的剪贴画建立超链接，链接到“上一张幻灯片”。

【操作提示】：选择第 3 张幻灯片中的剪贴画，执行“插入”功能选项卡中“链接”组的“链接”命令，进行相应的设置。

⑧ 将演示文稿的应用“跋涉”主题。

【操作提示】：执行“设计”功能选项卡中“主题”组的“跋涉”命令。

⑨ 以“笑傲江湖.pptx”命名并保存到“我的文档”中。在幻灯片浏览效果下，演示文稿的最终效果如图 6-89 所示。

图 6-89 “笑傲江湖.pptx”在“幻灯片浏览”视图下的初始效果

（3）打开“计算机实用技术讲座.pptx”演示文稿，进行如下操作。

① 设置第 1 张幻灯片的背景纹理为“羊皮纸”。

② 设置第 2 张幻灯片的标题文字“Windows 应用技术”的字体为“方正姚体”，字号不变。

③ 将第 2 张幻灯片的切换方式设置为“垂直百叶窗”。

④ 设置第 4 张幻灯片中的正文文本的动画效果为“随机线条”，其他为默认设置。

⑤ 以原文件名保存在“我的文档”中。

（4）以“智能测试”为主题，制作演示文稿，具体要求如下。

① 演示文稿包含 3 张幻灯片，制作 3 张幻灯片。

② 请在打开的演示文稿中插入 1 张幻灯片，选择版式为“标题和文本”。

③ 在标题处添加标题为“智力测验”，选择字体为“宋体”，字号为“60”，字形为“加粗”。

④ 在文本处添加文本为“第一题”“第二题”。

⑤ 插入 1 张版式为“空白”的幻灯片，插入一个水平文本框，在文本框中插入文本“你能用线提起一块豆腐吗？”，并设置字号为“54”，字形为“加粗”，接着再插入图片“豆腐.jpeg”，图片大小设置为 200%。

⑥ 再插入 1 张版式为“空白”的幻灯片，插入一个水平文本框，文本框内容为“什么是幸福？”，并设置字号为“54”，字形为“加粗”，然后再在第 3 张幻灯片中插入图片“幸福.jpeg”，图片大小设置为 50%。

⑦ 对第 1 张幻灯片中的“第一题”进行动作设置，使其在单击鼠标时链接到第 2 张幻灯片，然后对“第二题”进行动作设置，使其在单击鼠标时链接到第 3 张幻灯片。

⑧ 以“智力测试.pptx”命名并保存到“我的文档”文件夹中。在幻灯片浏览效果下，演示文稿的最终效果如图 6-90 所示。

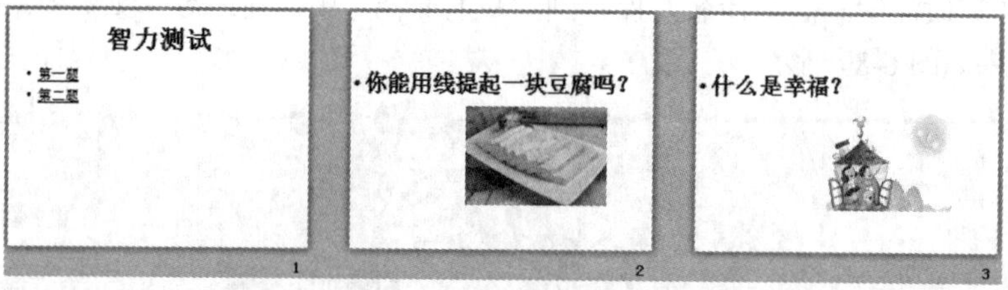

图 6-90　力测试.pptx”在“幻灯片浏览”下的最终效果

（5）以“新年祝福”为主题，制作命名为“新年贺卡.pptx”的演示文稿。

新年将至，用 PowerPoint 2010 制作一张贺卡，送给父母、老师、亲朋好友及同学，以表示对他们良好的祝愿。各幻灯片内容不做具体要求。

【操作提示】: 在用 PowerPoint 2010 制作贺卡时，除了要设计出精美的画面外，还要有动画效果和背景声音的配合才能使贺卡具有栩栩如生的效果。因此，在制作贺卡前，先要搜集素材，素材包括图形和声音，可以从网上收集，也可采用专用软件自己制作。

素材准备好之后，就可以开始制作了。用 PowerPoint 2010 制作贺卡大致可分成两个部分，即贺卡的静态部分和动态部分。静态部分包括版式和背景的设置，动态部分包括各部分的出现方式和幻灯片的切换方式。

附录 1

汉字录入技术

输入汉字的方法很多，根据编码原理通常可归纳为四大类，即音码、形码、音形码以及顺序码等。每类输入法又有许多具体的编码方法，日常生活中常用的有属于音码的拼音输入法和属于形码的五笔字型输入法等。

一、拼音输入法

常用的拼音输入法有智能 ABC、紫光拼音、搜狗拼音等，操作方法基本相同，智能 ABC 是 Windows 自带的汉字输入法，其他输入法一般需先安装然后才能使用。

使用拼音输入法录入汉字时只要依次输入汉字的拼音字母（声母和韵母）即可，一般只要会汉字拼音就可以轻松掌握拼音输入法输入汉字。

由于汉字的同音字较多，输入汉字时往往需要进行选择。每次键入汉字的拼音，再敲空格键，会出现汉字提示栏，提示行中的每个汉字旁边有一个数字，若提示栏上出现你需要的汉字，则按下相应的数字键即可输入该汉字，若提示栏上未显示出所需的字时，可按“=”键向后翻页（或按“-”键向前翻页）查找，找到后按下相应的数字键即可。

二、五笔字型输入法

拼音输入法虽然简单，但因同音字太多而造成的重码现象非常严重，影响其输入速度，使用五笔字型输入法基本可以克服这一缺点。

五笔字型的基本思路是：汉字分为 3 个层次，即笔画、字根和单字，由若干笔画复合连接交叉形成相对不变结构的基本字根（见附表 1-1），再将基本字根按一定位置关系拼合起来构成单字。五笔字型输入法得名于其使用的基本笔画为 5 种，分别是横（一）、竖（丨）、撇（丿）、捺（丶）和折（乙），并分别指定一个代号，分别是 1、2、3、4、5。

1. 五笔字型的字根表

五笔字型使用的基本字根有 130 余个，按照每个字根的起笔代号分为五个“区”，它们是 1 区（横区）、2 区（竖区）、3 区（撇区）、4 区（捺区）和 5 区（折区），每个区按次笔画代号分为 5 个“位”，区和位对应的编号就是“区位号”，25 个区位号的代码分别表示为 11、12、13、14、15；21、22……51、52、53、54、55，这样基本字根规律地分布在 25 个区位号上，区位号分别对应到键盘的 25 个英文字母键（字母 Z 在五笔字型中用作学习键），称为字根表（如附表 1-1），也称字根键盘。字根表中，每个区位上的第一个字根称为“键名字根”，字母称为该区位上所有字根的编码。

记住字根表是学习五笔字型输入法的基础，字根表符合如下某种规律：基本字根与键名字根形态相近；字根首笔代号与区一致，次笔代号与位号一致；首笔代号与区一致，笔画数目与位号一致；与主要字根形态相近或有渊源。

附表 1-1　五笔字型字根表及其助记词

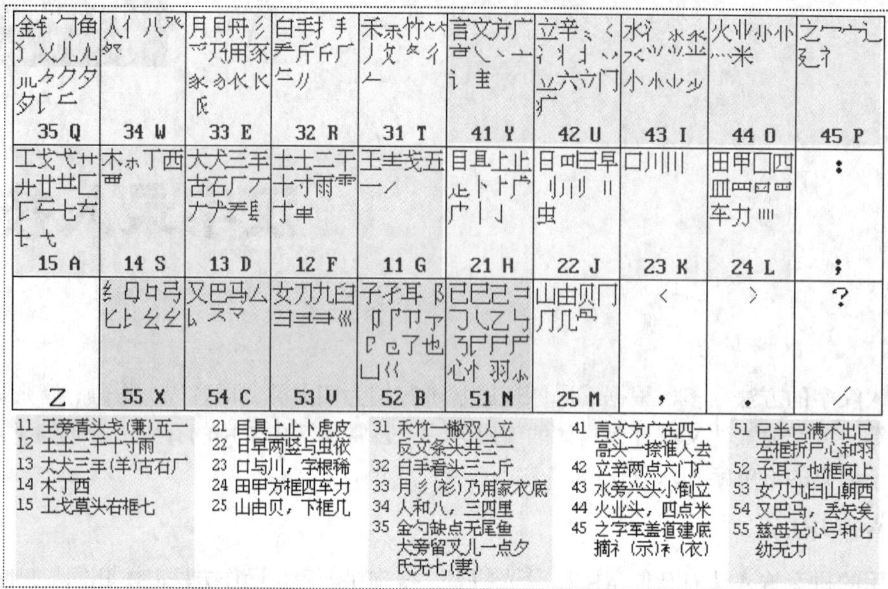

2. 汉字拆字原则

五笔字型汉字的拆分，就是把一个字拆成若干个基本字根。要正确掌握五笔字型拆分方法，必须了解几点要素。

（1）字根间的位置关系

五笔字型将组成汉字的字根间的位置关系分为 4 种类型。

① 单：由一个基本字根单独构成一个汉字。这类字有近百个，如王、五、土、士等。

② 散：构成汉字不止一个字根，且字根间保持一定的距离，不相连也不相交。这是最常见的字根间关系，大多数汉字均属于这种情况，如讲、肥、衡、阳、财等。

③ 连：由一个基本字根与一个基本笔画构成汉字，且单笔画与基本字根间的距离不明显，也不相交。若为带点结构，即单笔画为“丶”，则一律认定为连结构，如自、入、正、不、太、户、义等。但“旧、丈、来”等字不属于单结构汉字。

④ 交：多个字根交叉套迭构成汉字，如申、里、丈、击、我等。

（2）拆字原则

① 书写顺序。

② 取大优先（也称能大不小）。

③ 兼顾直观。

④ 能连不交。

⑤ 能散不连（交）。

部分汉字的拆分解析如附表 1-2 所示。

附表 1-2　部分汉字拆分解析

汉字	正确拆法	不正确拆法	原因
夷	一 弓 人	大 弓	书写顺序
夫	二 人	一 大	取大优先
国	口 王 丶	冂 王 丶 一	兼顾直观

续表

汉字	正确拆法	不正确拆法	原因
天	一 大	二 人	能连不交
矢	𠂉 大	𠂋 人	能散不连（交）

3．汉字的编码规则

五笔字型编码将汉字分为键面字（即单结构汉字）和非键面字分别进行编码，前者又分键名汉字和成字字根，后者需进行正确拆分后才能进行编码。五笔字型编码的基本规则如下。

五笔字型均直观，依照笔顺把码编；

键名汉字打四下，基本字根请照搬；

一二三末取四码，顺序拆分大优先；

不足四码请注意，交叉识别补后边。

（1）键名汉字输入

键名是指字根表中每个键位上的第一个字根，共 25 个键名字。键名汉字的编码方法：重复 4 次键名代码。例如以下几种。

王：GGGG　上：HHHH　月：EEEE　言：YYYY　女：VVVV

（2）成字字根汉字输入

在每个键位上，除了一个键名外，还有数量不等的几种其他字根，其本身也是一个汉字，称为成字字根。成字字根的编码方法是：键名代码+首笔代码+次笔代码+末笔代码。若该字根只有两笔画，则以空格键结束。例如以下几种。

由：MHNG　十：FGH　干：FGGH　虫：JHNY　八：WTY

特别地，5 种单笔画的编码为：两次单笔画代码+LL。例如以下几种。

一：GGLL　丨：HHLL　丿：TTLL　丶：YYLL　乙：NNLL

（3）单字输入

这里的单字是指除键名汉字和成字字根汉字之外的汉字，将汉字拆分成若干字根后，其编码方法是：前三个字根代码+最后一个字根代码。若不足四个字根，则需添加识别码，仍然不足 4 个码，则以空格键结束。例如以下几种。

给：XWGK（纟人一口）　规：FWMQ（二人冂儿）

输：LWGJ（车人一月刂）　衡：TQDH（彳角大二丨）

（4）识别码

由上可知，当构成汉字的字根不足 4 个时，一般需添加识别码。识别码是由“末笔”代号加“字形”代号构成的一个附加码。五笔字型将汉字“字形”归纳为 3 种，即左右型、上下型、杂合型，其代号分别指定为 1、2、3，而由前可知汉字“末笔”的代号分别是 1、2、3、4、5，这样汉字的识别码形成如附表 1-3 所示。

附表 1-3　汉字识别码形成规则

识别码 末笔 / 字型	横（代码为 1）	竖（代码为 2）	撇（代码为 3）	捺（代码为 4）	折（代码为 5）
左右型	G（11）	H（21）	T（31）	Y（41）	N（51）
上下型	F（12）	J（22）	R（32）	U（42）	B（52）
杂合型	D（13）	K（23）	E（33）	I（43）	V（53）

需添加识别码的汉字编码如下。

副：GKLJ（一口田 21）　　香：TJF（禾日 12）

驭：CCY（马又 41）　　仇：WVN（亻九 51）

注意　五笔字型输入法对识别码的末笔有以下特殊规定。

① 所有包围（含半包围）结构汉字中的末笔，规定取被包围里面的最后一个字根的末笔。如“国”字末笔为“、”，识别码为 I（33），“远”字末笔为“乙”，识别码为 V（53）。

② 所有由“刀、九、力、七、匕”等字根形成识别码时，末笔规定为“乙”，如“仇”字识别码为 N（51），“旯”字识别码为 B（52），“切”字识别码是 N（51），但“刀”作为汉字单独编码时的末笔是“丿”，而非“乙”。

4．汉字的简码编码

五笔字型为常用汉字定义了简码，输入时只需取前边一个、两个或 3 个字根来编码。这样减少了输入汉字时的击键次数，从而提高了输入效率。

（1）一级简码 （也称高频字）

在键盘上被用作字根编码的 25 个键位上，为每个键安排一个使用频度最高的汉字，称为一级简码。输入时只需按击一次高频字所在键位，再击一次空格键。25 个高频字分别如下。

一区：	一 11（G）	地 12（F）	在 13（D）	要 14（S）	工 15（A）
二区：	上 21（H）	是 22（J）	中 23（K）	国 24（L）	同 25（M）
三区：	和 31（T）	的 32（R）	有 33（E）	人 34（W）	我 35（Q）
四区：	主 41（Y）	产 42（V）	不 43（I）	为 44（O）	这 45（P）
五区：	民 51（N）	了 52（B）	发 53（V）	以 54（C）	经 55（X）

（2）二级简码

二级简码只需输入其正常编码的前两个编码加空格键即可，理论上二级简码共有 625 个（25×25），对应的都是常用的汉字，如吧（KC）、给（XW）等。

（3）三级简码

三级简码只需输入其正常编码的前 3 个编码加空格键即可，通常大多数汉字都属于三级简码编码对象，如华（WXF）、碧（GRD）、简（TUJ）等。

实际上，常用汉字中只有极少数必须要全部输入 4 个编码后才能输入汉字，大部分汉字输入都对应有简码。

5．词组编码

词组输入是五笔字型输入法的一大特色，五笔字型输入法中单字或词组输入时不需要切换，可以自由输入字或词组。输入词组可以大大提高汉字输入速度。

（1）双字词组编码

分别取两个字的全码中前两个字根代码，例如以下几种。

机器：SMKK　　汉字：ICPB

运动：FCFC　　优秀：WDTE

（2）三字词组编码

前两个字各取其第一码，最后一个字取其前二码，组成三字词组编码，例如以下几种。

计算机：YTSM　　运动员：FFKM

公务员：WTKM　　适应性：TYNT

（3）四字及四字以上词组

前 3 个字和最后一个字各取其第一码，组成多字词组编码，例如以下几种。

汉字编码：IPXD　　　　　　光明日报：IJJR

百闻不如一见：DUGM

现在许多公司在招聘员工时都要求应聘者具备五笔字型输入能力，对于立志从事文秘及相关工作的人员来说，掌握五笔字型输入法更是不二选择。

附录 2

全国计算机等级考试一级 MS Office 考试大纲（2018 年版）

基本要求

1. 具有微型计算机的基础知识（包括计算机病毒的防治常识）。
2. 了解微型计算机系统的组成和各部分的功能。
3. 了解操作系统的基本功能和作用，掌握 Windows 的基本操作和应用。
4. 了解文字处理的基本知识，熟练掌握文字处理 MS Word 的基本操作和应用，熟练掌握一种汉字（键盘）输入方法。
5. 了解电子表格软件的基本知识，掌握电子表格软件 Excel 的基本操作和应用。
6. 了解多媒体演示软件的基本知识，掌握演示文稿制作软件 PowerPoint 的基本操作和应用。
7. 了解计算机网络的基本概念和因特网（Internet）的初步知识，掌握 IE 浏览器软件和 Outlook Express 软件的基本操作和使用。

考试内容

一、计算机基础知识

1. 计算机的发展、类型及其应用领域。
2. 计算机中数据的表示、存储与处理。
3. 多媒体技术的概念与应用。
4. 计算机病毒的概念、特征、分类与防治。
5. 计算机网络的概念、组成和分类；计算机与网络信息安全的概念和防控。
6. 因特网网络服务的概念、原理和应用。

二、操作系统的功能和使用

1. 计算机软、硬件系统的组成及主要技术指标。
2. 操作系统的基本概念、功能、组成及分类。
3. Windows 操作系统的基本概念和常用术语，文件、文件夹、库等。
4. Windows 操作系统的基本操作和应用：

（1）桌面外观的设置，基本的网络配置；

（2）熟练掌握资源管理器的操作与应用；

（3）掌握文件、磁盘、显示属性的查看、设置等操作；

（4）中文输入法的安装、删除和选用；

（5）掌握检索文件、查询程序的方法；

（6）了解软、硬件的基本系统工具。

三、文字处理软件的功能和使用

1. Word 的基本概念，Word 的基本功能和运行环境，Word 的启动和退出。
2. 文档的创建、打开、输入、保存等基本操作。
3. 文本的选定、插入与删除、复制与移动、查找与替换等基本编辑技术；多窗口和多文档的编辑。
4. 字体格式设置、段落格式设置、文档页面设置、文档背景设置和文档分栏等基本排版技术。
5. 表格的创建、修改；表格的修饰；表格中数据的输入与编辑；数据的排序和计算。
6. 图形和图片的插入；图形的建立和编辑；文本框、艺术字的使用和编辑。
7. 文档的保护和打印。

四、电子表格软件的功能和使用

1. 电子表格的基本概念和基本功能，Excel 的基本功能、运行环境、启动和退出。
2. 工作簿和工作表的基本概念和基本操作，工作簿和工作表的建立、保存和退出；数据输入和编辑；工作表和单元格的选定、插入、删除、复制、移动；工作表的重命名和工作表窗口的拆分和冻结。
3. 工作表的格式化，包括设置单元格格式、设置列宽和行高、设置条件格式、使用样式、自动套用模式和使用模板等。
4. 单元格绝对地址和相对地址的概念，工作表中公式的输入和复制，常用函数的使用。
5. 图表的建立、编辑和修改以及修饰。
6. 数据清单的概念，数据清单的建立，数据清单内容的排序、筛选、分类汇总，数据合并，数据透视表的建立。
7. 工作表的页面设置、打印预览和打印，工作表中链接的建立。
8. 保护和隐藏工作簿和工作表。

五、PowerPoint 的功能和使用

1. 中文 PowerPoint 的功能、运行环境、启动和退出。
2. 演示文稿的创建、打开、关闭和保存。
3. 演示文稿视图的使用，幻灯片基本操作（版式、插入、移动、复制和删除）。
4. 幻灯片基本制作（文本、图片、艺术字、形状、表格等插入及其格式化）。
5. 演示文稿主题选用与幻灯片背景设置。
6. 演示文稿放映设计（动画设计、放映方式、切换效果）。
7. 演示文稿的打包和打印。

六、因特网（Internet）的初步知识和应用

1. 了解计算机网络的基本概念和因特网的基础知识，主要包括网络硬件和软件，TCP/IP 的工作原理，以及网络应用中常见的概念，如域名、IP 地址、DNS 服务等。
2. 能够熟练掌握浏览器、电子邮件的使用和操作。

考试方式

上机考试，考试时长 90 分钟，满分 100 分。

1．题型及分值

单项选择题（计算机基础知识和网络的基本知识） 20 分

Windows 操作系统的使用 10 分

Word 操作 25 分

Excel 操作 20 分

PowerPoint 操作 15 分

浏览器（IE）的简单使用和电子邮件收发 10 分

2．考试环境

操作系统：中文版 Windows7

软件环境：Microsoft Office 2010

附录 3

全国计算机等级考试一级 MS Office 考试样题

一、选择题（计算机基础知识和网络的基本知识）（20 分）

1. 下列 4 项中不属于微型计算机主要性能指标的是______。
（A）字长　　（B）内存容量　　（C）重量　　（D）时钟脉冲

2. 在一个非零无符号二进制整数之后去掉一个 0，则此数的值为原数的______倍。
（A）4　　（B）2　　（C）1/2　　（D）1/4

3. 下列 4 种设备中，属于计算机输入设备的是______。
（A）UPS　　（B）服务器　　（C）绘图仪　　（D）鼠标器

4. 在各类计算机操作系统中，分时系统是一种______。
（A）单用户批处理操作系统　　（B）多用户批处理操作系统
（C）单用户交互式操作系统　　（D）多用户交互式操作系统

5. 目前各部门广泛使用的人事档案管理、财务管理等软件，按计算机应用分类，应属于______。
（A）实时控制　　（B）科学计算
（C）计算机辅助工程　　（D）数据处理

6. 在微型机中，普遍采用的字符编码是______。
（A）BCD 码　　（B）ASCII　　（C）EBCD 码　　（D）补码

7. WPS、Word 等文字处理软件属于______。
（A）管理软件　　（B）网络软件　　（C）应用软件　　（D）系统软件

8. 与十进制数 291 等值的十六进制数为______。
（A）123　　（B）213　　（C）231　　（D）132

9. 二进制数 1001001 转换成十进制数是______。
（A）72　　（B）71　　（C）75　　（D）73

10. 计算机软件系统是由______两部分组成的。
（A）网络软件、应用软件
（B）操作系统、网络系统
（C）系统软件、应用软件
（D）服务器端系统软件、客户端应用软件

11. 计算机的操作系统是______。
（A）计算机中最重要的应用软件　　（B）最核心的计算机系统软件

（C）微机的专用软件　　（D）微机的通用软件

12. Internet 实现了分布在世界各地的各类网络的互联，其最基础和核心的协议是______。

（A）HTTP　　（B）TCP/IP　　（C）HTML　　（D）FTP

13. 某人的电子邮件到达时，若他的计算机没有开机，则邮件______。

（A）退回给发件人　　（B）开机时对方重发

（C）该邮件丢失　　（D）存放在服务商的 E-mail 服务器

14. 在计算机领域中通常用 MIPS 来描述______。

（A）计算机的运算速度　　（B）计算机的可靠性

（C）计算机的可运行性　　（D）计算机的可扩充性

15. 下列关于计算机病毒的 4 条叙述中，有错误的一条是______。

（A）计算机病毒是一个标记或一个命令

（B）计算机病毒是人为制造的一种程序

（C）计算机病毒是一种通过磁盘、网络等媒介传播、扩散，并能传染其他程序的程序

（D）计算机病毒是能够实现自身复制，并借助一定的媒体存在的具有潜伏性、传染性和破坏性的程序

16. 区位码输入法的最大优点是______。

（A）一字一码，无重码　　（B）易记易用

（C）只用数码输入，简单易用　　（D）编码有规律，不易忘记

17. 配置高速缓冲存储器（Cache）是为了解决______。

（A）内存与辅助存储器之间速度不匹配问题

（B）CPU 与辅助存储器之间速度不匹配问题

（C）CPU 与内存储器之间速度不匹配问题

（D）主机与外设之间速度不匹配问题

18. 将高级语言编写的程序翻译成机器语言程序，采用的两种翻译方式是______。

（A）编译和解释　　（B）编译和汇编　　（C）编译和连接　　（D）解释和汇编

19. Pentium4/1.7G 中的 1.7G 表示______。

（A）CPU 的运算速度为 1.7GMIPS

（B）CPU 为 Pentium4 的 1.7GB 系列

（C）CPU 的时钟主频为 1.7GHz

（D）CPU 与内存间的数据交换速率是 1.7Gbit/s

20. 下面是与地址有关的 4 条论述，其中有错的一条是______。

（A）地址寄存器是用来存储地址的寄存器

（B）地址码是指令中给出源操作数地址或运算结果的目的地址的有关信息部分

（C）地址总线上既可传送地址信息，也可传送控制信息和其他信息

（D）地址总线上除传送地址信息外，不可以用于传输控制信息和其他信息

二、基本操作题（10 分）

1. 将考生文件夹下 PENCIL 文件夹的 PEN 文件夹移动到考生文件夹下的 BAG 文件夹中，并改名为 PENCIL。

2. 在考生文件夹下创建文件夹 GUN，并设置属性为只读。

3. 将考生文件夹下 ANSWER 文件夹中的 BASKET.ans 文件复制到考生文件夹下的 WHAT 文件夹中。

4. 将考生文件夹下 PLAY 文件夹中的 WATERYLY 文件删除。

5. 为考生文件夹中的 WEEKDAY 文件夹中的 HARD.exe 文件建立名为 HARD 的快捷方式，并存放在考生文件夹中。

三、Word 操作题（25 分）

1. 在考生文件夹下打开文档“WDT41.docx”，按要求完成以下操作并原名保存。

（1）将标题段文字（“2006 中国软件工程大会暨系统分析员年会召开”）设置为小三号、宋体、红色、加单下画线、居中并添加文字蓝色底纹，段后间距设置为 1 行。将正文各段中（“2006 中国软件工程大会暨系统分析员年会于 9 月 23 日在湖南长沙……我国软件工程实践领域的应用发展水平”）所有英文文字设置为 BookmanOldStyle 字体，中文字体设置为仿宋 GB2312，所有文字及符号设置为小四号，常规字形。

（2）各段落左右各缩进 2 字符，首行缩进 1.5 字符，行距为 2 倍行距。将正文第二段（“本次大会由中国系统分析员顾问团主……最高的 3500 余人次。”）与第三段（“此次大会会期 2 天……实践领域的应用发展水平。”）合并，将合并后的段落分为等宽的两栏，其栏宽设置成 18 字符。

2. 在考生文件夹下打开文档“WDT42.docx”，按要求完成以下操作并按要求保存。

（1）将文档中最后 6 行文字转换成一个 6 行 3 列的表格，再将表格设置文字对齐方式为垂直居中，水平对齐方式为右对齐。

（2）将表格的第一行的单元格设置成绿色底纹，再将表格内容按“商品单价”的递减次序进行排序，以原文件名保存文档。

四、Excel 操作题（20 分）

在考生文件夹下打开文件“EX1.xlsx”，要求如下。

（1）将 Al：Fl 区域中的字体设置为粗体，字号设置为小二号。

（2）设置工作表文字、数据的水平对齐方式为填充，垂直对齐方式为靠上。

（3）以“科室”为关键字升序排序。

（4）按“科室”为分类字段进行分类汇总。

（5）分别将每个科室的“应发工资”汇总求和，汇总数据显示在数据下方。

完成以上操作后原名保存。

五、PowerPoint 操作题（15 分）

打开考生文件夹下的演示文稿“yswg3.pptx”，按要求完成此操作并保存。

（1）在第一张幻灯片的标题区中输入“中国的 DXF100 地效飞机”，字体设置为：红色（注意：请用自定义标签中的红色 255，绿色 0，蓝色 0），黑体，加粗，54 磅。插入一个版式为“项目清单”的新幻灯片，作为第 2 张幻灯片。

输入第 2 张幻灯片的标题内容：DXF100 主要技术参数。

输入第 2 张幻灯片的文本内容：可载乘客多人，装有两台 300 马力的航空发动机。

（2）第 2 张幻灯片的背景预设颜色为“宝石蓝”，底纹样式为“横向”；全文幻灯片切换效果设置为“从上抽出”；第 1 张幻灯片中的飞机图片动画设置为“右侧飞入”。

六、浏览器（IE）的简单使用和电子邮件收发（10 分）

1. 打开中国教育考试网的主页，浏览“等级考试”页面，查找“等级考试介绍”的页面内容并将它以文本文件的格式保存到考生文件夹下，命名为“DJKSJS.txt”。

2. 接收并阅读由 xuexq@mail.neea.edu.cn 发来的 E-mail，并立即回复，回复内容是“您所要索取的资料已用快递寄出”。

注意：在“格式”菜单的“编码”命令中选择“简体中文（GB2312）”项。

附录 4

计算机病毒及信息安全

一、计算机病毒典型事件分析

2017 年 5 月 12 日，一款“蠕虫式”的敲诈勒索病毒大规模爆发，在全球大范围蔓延。该病毒软件名为 WannaCry（想哭，又叫 Wanna Decryptor），大小为 3.3MB，由不法分子利用美国国家安全局（National Security Agency，NSA）泄露的危险漏洞“Eternal Blue”（永恒之蓝）进行传播。

病毒软件会扫描计算机上的 TCP 445 端口（Server Message Block，SMB），以类似于蠕虫病毒的方式传播，攻击主机并加密主机上存储的文件，然后要求以比特币的形式支付赎金。勒索金额为 300～600 美元。

2017 年 5 月 14 日，WannaCry 病毒出现了变种——WannaCry 2.0，传播速度更快。截至 2017 年 5 月 15 日，WannaCry 已造成至少 150 个国家受到网络攻击，并影响到金融、能源、医疗等行业，造成严重的危机管理问题。我国部分 Windows 操作系统用户遭受感染，校园网用户首当其冲，受害严重，大量实验室数据和毕业设计被锁定加密。

中病毒系统的文档、图片资料等常见文件都会被病毒加密，然后被勒索高额比特币赎金，并且病毒使用 RSA 非对称算法，没有私钥就无法解密文件。

二、病毒常见处理方式

1. 启用 Windows 防火墙

防火墙是协助确保信息安全的硬件或者软件，使用防火墙可以过滤掉不安全的网络访问服务，提高上网安全性。Windows 7 操作系统提供了防火墙功能，用户应将其开启。

（1）选择“开始”→“控制面板”命令，打开“所有控制面板项”窗口，单击“Windows 防火墙”超链接。

（2）打开“Windows 防火墙”窗口，单击左侧的“打开或关闭 Windows 防火墙”超链接，如附图 4-1 所示。

（3）打开“自定义设置”窗口，在“专用网络设置”和“公用网络设置”栏中单击选中“启用 Windows 防火墙”单选项，单击 确定 按钮，如附图 4-2 所示。

2. 使用第三方软件保护系统

对于普通用户而言，防范计算机病毒、保护计算机最有效、最直接的措施是使用第三方软件。一般使用两类软件即可满足需求，一是安全管理软件，如 QQ 电脑管家、360 安全卫士等；二是杀毒软件，如 360 杀毒、金山新毒霸、百度杀毒、卡巴斯基等。这些杀毒软件的使用方法都类似。

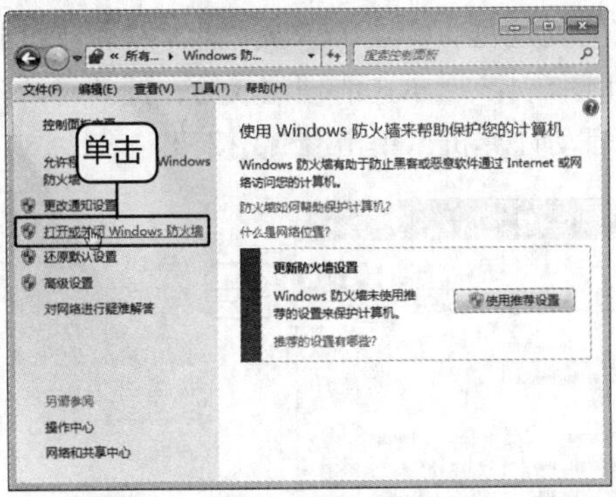

附图 4-1 “Windows 防火墙”窗口

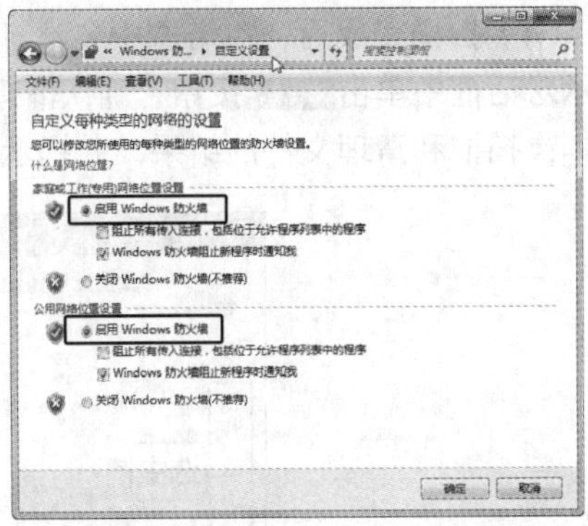

附图 4-2 启用 Windows 防火墙

例如，360 杀毒软件，使用该软件快速扫描计算机中的文件，然后清理有威胁的文件；接着在 360 安全卫士软件中对计算机进行体检，修复后扫描计算机中是否存在木马病毒。

（1）安装 360 杀毒软件后，启动计算机的同时默认自动启动该软件，其图标在状态栏右侧的通知栏中显示。

（2）单击状态栏中的“360 杀毒”图标，打开 360 杀毒工作界面，选择扫描方式，这里选择“快速扫描”选项，如附图 4-3 所示。

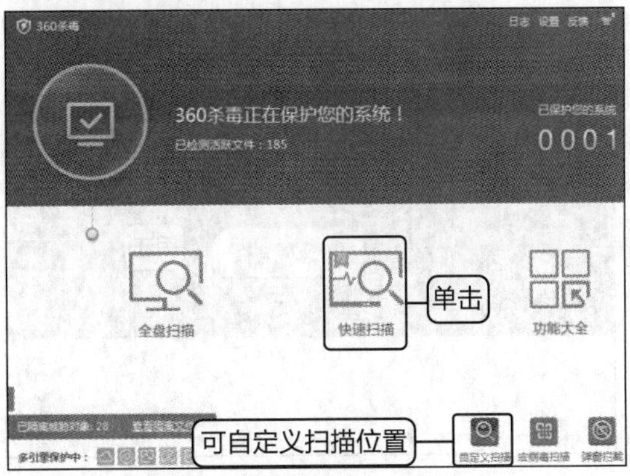

附图 4-3 选择扫描方式

（3）程序开始对指定位置的文件进行扫描，将疑似病毒文件或对系统有威胁的文件都扫描出来，并显示在打开的窗口中，如附图 4-4 所示。

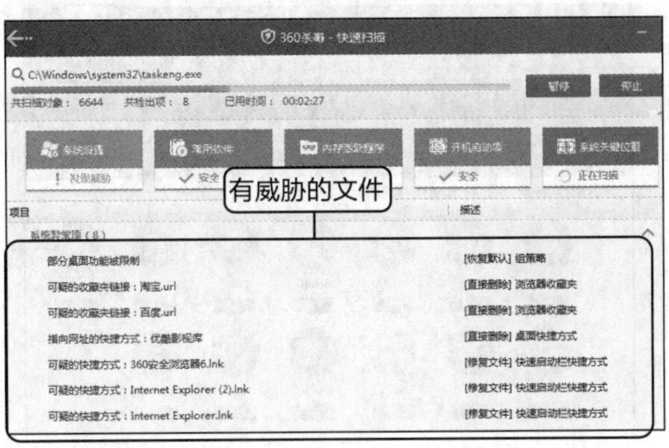

附图 4-4 显示疑似病毒文件或有威胁的文件

（4）扫描完成后，单击选中要清理的文件前的复选框，单击立即处理按钮，然后在打开的提示对话框中单击确认按钮，确认清理文件，如附图 4-5 所示。清理完成后，打开对话框提示本次扫描和清理文件的结果，并提示需要重新启动计算机，单击立即重启按钮。

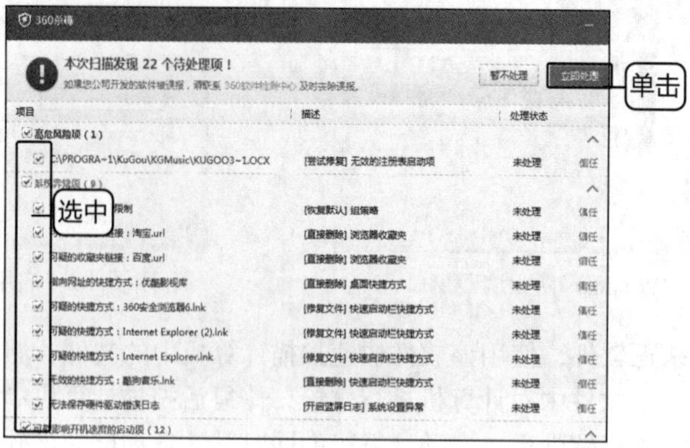

附图 4-5　选中要清理的文件

（5）单击状态栏中的“360 安全卫士”图标，启动 360 安全卫士并打开其工作界面，单击中间的立即体检按钮，软件自动运行并扫描计算机中的各个位置，如附图 4-6 所示。

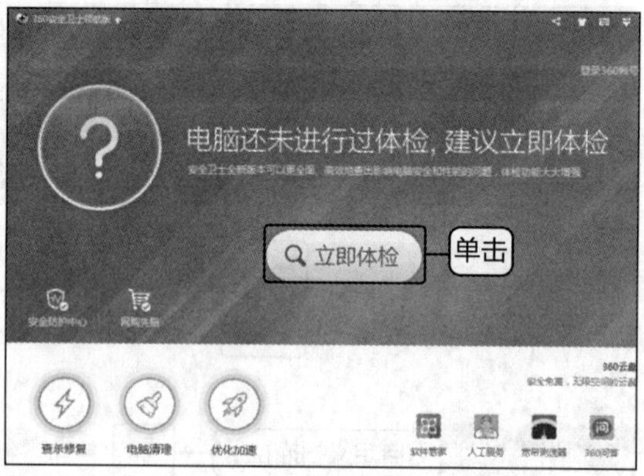

附图 4-6　对电脑进行体检

（6）360 安全卫士将检测到的不安全的选项列在窗口中显示，单击一键修复按钮，对其进行清理，如附图 4-7 所示。

附图 4-7　修复不安全选项

（7）返回360工作界面，单击左下角的“查杀修复”按钮，在打开的界面中单击“快速扫描”按钮，将开始扫描计算机中的文件，查看其中是否存在木马文件，若存在木马文件，则根据提示单击相应的按钮进行清除。

三、计算机病毒常识

1. 计算机病毒的特点和分类

计算机病毒是一种具有破坏计算机功能或数据、影响计算机使用并且能够自我复制传播的计算机程序代码，它常常寄生于系统启动区、设备驱动程序以及一些可执行文件内，并能利用系统资源进行自我复制传播。计算机中毒后会出现运行速度突然变慢、自动打开不知名的窗口或者对话框、突然死机、自动重启、无法启动应用程序和文件被损坏等情况。

（1）计算机病毒的特点

计算机病毒虽然是一种程序，但是和普通的计算机程序又有着很大的区别，计算机病毒通常具有以下特征。

① 破坏性。病毒的目的在于破坏系统，主要表现在占用系统资源、破坏数据以及干扰运行，有些病毒甚至会破坏硬件。

② 传染性。当对磁盘进行读写操作时，病毒程序将自动复制到被读写的磁盘或其他正在执行的程序中，以达到传染其他设备和程序的目的。

③ 隐蔽性。病毒往往寄生在U盘、光盘或硬盘的程序文件中，等待外界条件触动其发作，有的病毒有固定的发作时间。

④ 潜伏性。计算机被感染病毒后，一般不会立刻发作，病毒的潜伏时间有的是固定的，有的却是随机的，不同的病毒有不同的潜伏期。

（2）计算机病毒的分类

计算机病毒从产生之日起到现在，发展了多年，也产生了很多不同的病毒种类，总体说来，病毒的分类可根据其病毒名称的前缀判断，主要有以下9种。

① 系统病毒。系统病毒是指可以感染Windows操作系统的后缀名为*.exe和*.dll的文件，并通过这些文件进行传播，如CIH病毒。系统病毒的前缀名为Win32、PE、Win95、W32和W95等。

② 蠕虫病毒。蠕虫病毒通过网络或者系统漏洞进行传播，很多蠕虫病毒都有向外发送带毒邮件、阻塞网络的特性，如冲击波病毒和小邮差病毒。蠕虫病毒的前缀名为Worm。

③ 木马病毒、黑客病毒。木马病毒是通过网络或者系统漏洞进入用户的系统，然后向外界泄露用户的信息；黑客病毒则有一个可视的界面，能对用户的计算机进行远程控制。木马病毒和黑客病毒通常是一起出现的，即木马病毒负责入侵用户的计算机，而黑客病毒则会通过该木马病毒来控制计算机。木马病毒的前缀名为Trojan，黑客病毒的前缀名一般为Hack。

④ 脚本病毒。脚本病毒是使用脚本语言编写，通过网页进行传播的病毒，如红色代码（Script.Redlof）。脚本病毒的前缀名一般为Script，有时还会有表明以何种脚本编写的前缀名，如VBS、JS等。

⑤ 宏病毒。宏病毒表现为感染Office系列文档，然后通过Office模板进行传播，如美丽莎（Macro.Melissa）。宏病毒也属于脚本病毒的一种，其前缀名为Macro、Word、Word97、Excel和Excel97等。

⑥ 后门病毒。后门病毒通过网络传播找到系统，给用户计算机带来安全隐患。后门病毒的前缀名为Backdoor。

⑦ 病毒种植程序病毒。该病毒的特征是运行时从病毒体内释放出一个或几个新的病毒

到系统目录下，由释放出来的新病毒产生破坏，如冰河播种者（Dropper.BingHe2.2C）、MSN射手（Dropper.Worm.Smibag）等。病毒种植程序病毒的前缀名为 Dropper。

⑧ 破坏性程序病毒。该病毒通过好看的图标来诱惑用户单击，从而对用户计算机产生破坏。如格式化 C 盘（Harm.formatC.f）、杀手命令（Harm.Command.Killer）等。破坏性程序病毒的前缀名为 Harm。

⑨ 捆绑机病毒。该病毒使用特定的捆绑程序将病毒与应用程序捆绑起来，当用户运行这些程序时，表面上运行应用程序，实际上同时也在运行捆绑在一起的病毒，从而给用户造成危害，如捆绑 QQ（Binder.QQPass.QQBin）、系统杀手（Binder.killsys）等。捆绑机病毒前缀名为 Binder。

说明：按其寄生场所不同，计算机病毒可分为引导型病毒和文件型病毒两大类；按对计算机的破坏程度不同，病毒可分为良性病毒和恶性病毒两大类。

2．计算机感染病毒的表现

计算机感染病毒后，根据感染的病毒不同，其症状差异也较大，当计算机出现如下情况时，可以考虑是否已感染病毒。

（1）计算机系统引导速度或运行速度减慢，经常无故死机。

（2）Windows 操作系统无故频繁出现错误，计算机屏幕上出现异常显示。

（3）Windows 系统异常，无故重新启动。

（4）计算机存储的容量异常减少，执行命令出现错误。

（5）在一些非要求输入密码的时候，要求用户输入密码。

（6）不应占用内存的程序一直占用内存。

（7）磁盘卷标发生变化，或者不能识别硬盘。

（8）文件丢失或文件损坏，文件的长度发生变化。

（9）文件的日期、时间、属性等发生变化，文件无法正确读取、复制或打开。

3．计算机病毒的防治方法

计算机病毒的危害性很大，用户可以采取一些方法来防范病毒的感染。在使用计算机的过程中使用一些方法技巧可减少计算机感染病毒的概率。

（1）切断病毒的传播途径。最好不要使用和打开来历不明的光盘和可移动存储设备，使用前最好先进行查毒操作以确认这些介质中无病毒。

（2）良好的使用习惯。网络是计算机病毒最主要的传播途径，因此用户在上网时不要随意浏览不良网站，不要打开来历不明的电子邮件，不下载和安装未经过安全认证的软件。

（3）提高安全意识。在使用计算机的过程中，应该有较强的安全防护意识，如及时更新操作系统、备份硬盘的主引导区和分区表、定时体检计算机、定时扫描计算机中的文件并清除威胁等。

4．计算机安全的相关概念

（1）信息

信息泛指人类社会传播的一切内容。人通过获得、识别自然界和社会的不同信息来区别不同事物，得以认识和改造世界。迄今为止，信息的概念仍然仁者见仁、智者见智。一般而言，信息是指以适合于通信、存储或处理的形式来表示的知识或消息。信息具有可感知、可存储、可加工、可再生等属性。

（2）信息技术

信息技术（Information Technology，IT）是用于管理和处理信息所采用的各种技术的总称。它主要是应用计算机科学和通信技术来设计、开发、安装和实施信息系统及应用软件。它也常被称为信息和通信技术（Information and Communications Technology，ICT）。主要包括传感技术、计算机与智能技术、通信技术和控制技术。

信息技术代表着当今先进生产力的发展方向，信息技术的广泛应用使信息的重要生产要素和战略资源的作用得以发挥，使人们能更高效地进行资源优化配置，从而推动传统产业不断升级，提高社会劳动生产率和社会运行效率。就传统的工业企业而言，信息技术在以下几个层面推动着企业升级：将信息技术嵌入到传统的机械产品中；计算机辅助设计技术、网络设计技术可显著提高企业的技术创新能力；利用信息系统实现企业经营管理的科学化，统一整合调配企业人力物力和资金等资源；利用互联网开展电子商务。

（3）信息处理

信息处理是指对信息进行接收、存储、转化、传送和发布等操作，信息的接收包括信息的感知、信息的测量、信息的识别、信息的获取以及信息的输入等；信息的存储就是把接收到的信息或转换、传送、发布中的信息通过存储设备进行缓冲、保存、备份等处理；信息转化就是把信息根据人们的特定需要进行分类、计算、分析、检索、管理、综合等处理；信息的传送就是把信息通过计算机内部的指令或计算机之间构成的网络从一地传送到另外一地；信息的发布就是把信息通过各种表示形式展示出来。

（4）信息化社会

人类社会形态从生产力的角度看，可以分为农业社会、工业社会、信息社会。信息社会也称信息化社会，是脱离工业化社会以后，信息将起主要作用的社会。

在农业社会和工业社会中，物质和能源是主要资源，人们所从事的是大规模的物质生产。而在信息社会中，信息成为比物质和能源更为重要的资源，以开发和利用信息资源为目的的信息经济活动迅速扩大，逐渐取代工业生产活动而成为国民经济活动的主要内容。信息经济在国民经济中占据主导地位，并构成社会信息化的物质基础。以计算机、微电子和通信技术为主的信息技术革命是社会信息化的动力源泉，从根本上改变了人们的生活方式、行为方式和价值观念。

信息化社会的主要特点如下。

① 信息、知识成为重要的生产力要素，和物质、能量一起构成社会赖以生存的三大资源。

② 信息社会的经济是以信息经济、知识经济为主导的经济。

③ 在信息社会，劳动者的知识成为基本要求。

（5）信息安全

信息安全是指信息系统（包括硬件、软件、数据、人、物理环境及其基础设施）受到保护，不受偶然的或者恶意的原因而遭到破坏、更改、泄露，系统连续可靠正常地运行，信息服务不中断，最终实现业务连续性。信息安全主要包括信息的保密性、真实性、完整性及未授权复制和所寄生系统的安全性。

信息安全策略是指为保证提供一定级别的安全保护所必须遵守的规则。实现信息安全，不仅要靠先进的技术，而且也要靠严格的安全管理、法律约束和安全教育。